基于下游水环境改善的三峡水库出库流量调控研究

余明辉 孙昭华 周 毅 陆 晶 黄宇云 等 编著

国家水体污染控制与治理科技重大专项（2014ZX07104-005）
资助出版

科学出版社
北 京

内 容 简 介

本书围绕三峡及其上游水库群联合调度改善水库下游水环境问题，阐述利用溪洛渡—向家坝—三峡三库联合调度改善三峡下游水环境对三峡水库出库流量需求及其调控的方法。主要内容包括：三峡水库蓄水前后长江中下游生态环境变化及生态调度效果；三峡水库蓄水前后荆江—洞庭湖水文水力关联性动态响应；三峡水库下游河道水动力–水质模拟技术及数学模型；长江中游生态流量和枯水期环境水位阈值确定；长江河口压咸流量阈值计算与分析。在此基础上，提出以改善下游水环境为目标的三峡水库出库流量，以及长江中游突发污染事件应急调度的三峡水库出库流量过程需求及其确定方法。

本书适合水利工程、环境工程及相关专业的本科生和研究生阅读，也可供科研机构及规划设计单位参与水能规划、水环境保护、调度管理的人员和水利水电工程技术人员参考。

图书在版编目(CIP)数据

基于下游水环境改善的三峡水库出库流量调控研究/余明辉等编著. —北京：科学出版社，2020.7

ISBN 978-7-03-065713-8

Ⅰ. ①基⋯ Ⅱ. ①余⋯ Ⅲ. ①三峡水利工程–水库–流量计算 Ⅳ. ①TV697.2

中国版本图书馆 CIP 数据核字（2020）第 127516 号

责任编辑：孙寓明/责任校对：高 嵘
责任印制：彭 超/封面设计：苏 波

科学出版社 出版
北京东黄城根北街 16 号
邮政编码：100717
http://www.sciencep.com

武汉中远印务有限公司印刷
科学出版社发行　各地新华书店经销

*

开本：787×1092　1/16
2020 年 7 月第 一 版　印张：14 插页：8
2020 年 7 月第一次印刷　字数：356 000

定价：128.00 元
（如有印装质量问题，我社负责调换）

前　　言

　　长江是中国第一大河，横贯东西，水资源总量约 9 600 亿 m³，流域人口约 4 亿人，人均水资源占有量并不丰富。长江径流量年际差异大、年内分配不均，汛期来水量充沛会给沿江带来巨大的防洪压力，枯水期来水量不足，也会造成一系列生态环境问题。为保护沿江自然环境，促进经济发展和保障人民生活需要，自中华人民共和国成立以来，国家重点关注长江流域水资源开发利用和江河湖泊治理，建设有多项功能迥异的重大水利工程，如荆江分蓄洪工程和三峡、向家坝、溪洛渡等系列水利枢纽工程。其中，三峡工程是长江中游水资源开发利用和江河治理的重要标志性工程。

　　三峡水库自 2003 年蓄水以来，在防洪、发电、航运、供水等方面产生了巨大的社会效益和经济效益。三峡水库的运行不仅大大提高了水库下游防洪标准，也对改善下游河道通航和保证沿岸取用水安全起到了积极的作用。然而，三峡水库在造福长江流域经济和民生福祉的同时，在一定程度上改变了长江中下游原有的河道发展。入库水流挟带的泥沙淤积在库区，导致水库库容因泥沙淤积逐年消减。水库长期周期性常规调控出流，必然给下游河床带来新的调整态势，这种新的冲淤调整态势不仅改变了长江中下游的江湖关系，也在一定程度上致使下游河道形成较陡岸坡，威胁长江干堤的防洪和航运安全。同时改变了下游河道生物多样性及其生态系统良性发展的需求条件。例如：调控出库流量过程对入库流量过程的"平坦化"作用，影响长江流域洄游性鱼类的产卵繁殖；影响洞庭湖、鄱阳湖等通江湖泊湖区生态安全水平；影响沿江湿地生态系统动态平衡和生物多样性的和谐共生；影响长江河口盐水入侵造成的民生取用水安全。

　　2012 年和 2013 年，三峡水库上游溪洛渡和向家坝两座水库建成并投入运营，与三峡水库形成了长江流域溪洛渡—向家坝—三峡梯级水库群相互依存、相得益彰的新格局，据此，学者开始越来越多地思考是否可以通过三峡及其上游向家坝、溪洛渡三库群体联合调度来实现长江流域水资源的合理调配的科学方法和手段，达到改善长江中下游水生态环境的目的。

　　基于国家"十一五"深入研究三峡库区支流水华防控的丰硕成果，结合"十二五"溪洛渡—向家坝—三峡水库联合调度可能出现的水环境问题，武汉大学联合湖北工业大学、中国长江三峡集团有限公司、三峡大学和华北电力大学共同承担国家水体污染控制与治理科技重大专项"三峡水库水污染综合防治技术与工程示范"项目课题"基于三峡水库及下游水环境改善的水库群联合调度关键技术研究与示范"研究（2014ZX07104-005）。本书以课题研究成果为基础，系统汇集子课题"基于库区下游生态环境改善的联合调度方案研究及示范"的研究成果。通过野外资料调查、实测资料分析、理论研究、数学模型模拟等方法，阐明三峡水库调蓄对下游江湖关系—水环境安全和中游干流水流—水环境耦合变化的影响规律；综合考虑三峡水库出流、主要支流清江和汉江水流水环境动力条件遭遇及长江中游复杂的江湖联通关系，建立水库群联合调度下的三峡下游河道"水动力–水质"耦合数学模型；揭示三峡及其上游梯级水库联合调度对长江中游河道水环境安全的影响机制，界定长江中下游生态流量、环境水位及河口压咸流量在内的关键约束条件的阈值；调查分析长江中游典型水源地突发性污染事故风险，形成改善下游生态环境的水库群中长期预防联合调度和突发污染事故短期应急调度三峡水库出库流量方案；保障长江中下游枯水期流量达到生态流量，干流、主要支流及江湖交换连通河道入汇口枯水期水位达到环境水位，提出有利于压制咸潮入侵的枯水期河口流量过程和三峡水库压咸响应调度出库流量方案；完善长江口水环境改善调度体系。这些技术成果可为三峡及其上游向家坝、溪洛渡梯级水库群实现联合生态环境调度提供技术参考。

在本书编著过程中，余明辉、黄宇云、朱思瑾撰写第 1、4、7、8 章；周毅、王朴撰写第 2 章，并参与编写第 8 章；孙昭华撰写第 3、6 章，并参与编写第 2 章；陆晶撰写第 5 章，并参与编写第 2 章。田浩永、赖昊、李琦、李奇、严鑫、向宇、胡诗怡、吴瑞霖、王睿璞、尚宇等也参与了部分内容的研究和编写工作。本书提炼和汇集三峡水库群联合调度改善下游水环境技术成果，得到了武汉大学杨国录教授的悉心指导，在此一并致谢！

限于作者水平有限，科学技术方法实践不足，编写难免存在疏漏，敬请读者批评指正。

作　者

2020 年 3 月

目 录

第1章 绪论 ·· 1
   1.1 背景与意义 ··· 1
   1.2 研究进展 ··· 3
      1.2.1 河流健康的概念 ··· 3
      1.2.2 河流生态环境健康评价指标 ··· 4
      1.2.3 水库对河流生态环境健康的影响 ··· 7
      1.2.4 河流数值模拟 ··· 9

第2章 三峡水库蓄水前后长江中下游生态环境变化及生态调度 ··················· 14
   2.1 长江中下游概况 ·· 14
      2.1.1 基本概况 ·· 14
      2.1.2 宜昌至武汉河段水体功能及重要水源地 ······································· 18
      2.1.3 宜昌至武汉河段入汇污染负荷估算 ··· 20
      2.1.4 宜昌至武汉河段水质状况 ··· 26
      2.1.5 三峡水库蓄水前后长江中游生态环境变化 ··································· 34
      2.1.6 长江口及北支倒灌影响下盐水上溯概况 ······································· 42
   2.2 三峡水库群联合调度原则 ·· 45
      2.2.1 溪洛渡水库及其调度原则 ··· 45
      2.2.2 向家坝水库及其调度原则 ··· 46
      2.2.3 三峡水库及其调度原则 ··· 47
      2.2.4 水库群联合调度准则及调度空间 ··· 48
   2.3 近年来三峡水库试验性生态调度实例 ··· 50
      2.3.1 促进四大家鱼产卵的生态调度 ··· 50
      2.3.2 抑制河口盐水入侵的生态调度 ··· 52
   2.4 小结 ··· 53

第3章 三峡水库蓄水前后荆江—洞庭湖水文水力关联性动态响应 ··············· 55
   3.1 三峡水库蓄水前后江湖来水来沙变化及河床冲淤调整 ····················· 55
      3.1.1 长江干流径流泥沙变化及河床冲淤 ··· 55
      3.1.2 洞庭湖四水来流变化特性 ··· 57
      3.1.3 城陵矶（七里山）站出流变化 ··· 57
      3.1.4 三口洪道冲淤及分流分沙变化 ··· 58

3.2 三峡水库蓄水后荆江三口分流特性变化及其影响 ································ 59
3.2.1 荆江三口分流关系的建立 ································ 59
3.2.2 河道调整对三口分流关系的影响 ································ 64
3.2.3 三峡建库对三口分流的综合影响 ································ 65
3.3 三峡水库蓄水前后洞庭湖区与城陵矶站水位关联性变化 ································ 67
3.3.1 研究区域与数据资料 ································ 67
3.3.2 洞庭湖区水位与城陵矶站水位关联特征 ································ 68
3.3.3 洞庭湖区水位估算经验模式 ································ 70
3.3.4 三峡水库蓄水后湖区冲淤和水文条件变化对水位关联性的影响 ································ 74
3.4 三峡水库蓄水前后江湖汇流区水位变化及影响 ································ 77
3.4.1 干支交汇区水位流量关系拟合原理 ································ 77
3.4.2 汇流区水位–流量关系的建立 ································ 78
3.4.3 河道冲淤对江湖汇流区水位的影响 ································ 79
3.4.4 来流变化对江湖汇流区年内水位过程的影响 ································ 82
3.4.5 三峡水库蓄水后汇流区水位变化对湖区水位的影响 ································ 84
3.5 小结 ································ 86

第4章 三峡水库下游河道水动力–水质模拟技术及数学模型 ································ 87
4.1 基本原理及解算方法 ································ 87
4.1.1 一维非恒定流水动力–水质数学模型 ································ 87
4.1.2 带闸、堰等内边界条件的一维河网水动力–水质数学模型 ································ 89
4.1.3 平面二维水动力–水质数学模型 ································ 92
4.1.4 平面二维溢油模型 ································ 93
4.2 数学模型的建立 ································ 99
4.2.1 模拟范围及河网概化 ································ 99
4.2.2 长江宜昌—大通段一维河网水动力数学模型的率定与验证 ································ 100
4.2.3 三峡水库下游典型河段平面二维水动力–水质数学模型的率定与验证 ································ 104
4.3 小结 ································ 107

第5章 长江中游生态流量和枯水期环境水位 ································ 108
5.1 生态流量计算方法 ································ 108
5.1.1 水文学方法 ································ 108
5.1.2 水力学方法 ································ 110
5.1.3 栖息地法及综合法 ································ 111
5.1.4 生态流量计算方法的选择 ································ 111
5.1.5 改进 RVA 法计算生态流量值 ································ 112
5.2 环境水位计算方法 ································ 114

5.2.1 天然水位资料法	114
5.2.2 湖泊形态分析法	115
5.2.3 生物空间最小需求法	115
5.2.4 保证率设定法	116
5.2.5 消落带面积法	116
5.3 长江中游生态流量确定	117
5.3.1 典型河段生态流量的确定	117
5.3.2 监利河段四大家鱼的生态流量需求	122
5.4 长江中游枯水期城陵矶站环境水位确定	125
5.4.1 城陵矶站水位代表性分析	126
5.4.2 洞庭湖环境水位确定	126
5.4.3 城陵矶江段环境水位确定	132
5.4.4 监利江段全年环境水位确定	132
5.5 小结	133
第6章 长江河口南支上段水源地压咸流量阈值	**134**
6.1 长江口北支倒灌影响下典型区域盐度预测经验模型	134
6.1.1 方法现状	134
6.1.2 研究区域与数据处理	135
6.1.3 模型建立与验证	136
6.2 满足河口压咸需求的临界大通流量	142
6.2.1 研究区域与资料来源	142
6.2.2 入海径流特征统计	142
6.2.3 潮差特征统计	143
6.2.4 盐水入侵特征统计	144
6.2.5 基于实测资料统计的临界大通站流量确定	145
6.2.6 基于氯（盐）度预测经验模型的临界大通流量确定	147
6.3 小结	151
第7章 以改善下游水环境为目标的三峡水库出库流量过程需求	**152**
7.1 三峡水库优化调度代表年选取	152
7.1.1 数据来源	152
7.1.2 分析方法	153
7.1.3 干支流径流特性分析	153
7.1.4 调度代表年选取	154
7.2 水库下游生态环境指标阈值	156
7.2.1 城陵矶环境水位指标	156

- 7.2.2 监利四大家鱼产卵流量过程指标 ... 156
- 7.2.3 长江河口压咸流量下限指标 ... 156
- 7.2.4 宜昌至汉口主要监测站全年生态流量下限指标 ... 156

7.3 基于实测资料分析的典型平、枯水年城陵矶环境水位对宜昌流量需求 ... 157
- 7.3.1 城陵矶站水位与螺山站水位的关系 ... 157
- 7.3.2 满足城陵矶站环境水位的螺山站流量需求 ... 158
- 7.3.3 典型平、枯水年城陵矶站环境水位对宜昌站流量的需求分析 ... 158

7.4 基于数模计算的典型平、枯水年宜昌站流量过程需求 ... 159
- 7.4.1 典型平、枯水年长江中下游生态环境指标不达标情况统计 ... 159
- 7.4.2 支流同枯水组合条件下三峡水库出库流量过程需求 ... 159
- 7.4.3 典型特枯水年三峡水库出库流量过程需求 ... 162
- 7.4.4 典型平水年三峡水库出库流量过程需求 ... 166

7.5 以改善下游水环境为目标的三峡水库出库流量过程需求及效果评价 ... 169
- 7.5.1 枯水年出库流量过程需求及效果评价 ... 169
- 7.5.2 平水年出库流量过程需求及效果评价 ... 171

7.6 以改善下游水环境为目标的三峡水库出库流量调度规程设想 ... 171
- 7.6.1 现状调度规程 ... 171
- 7.6.2 枯水年（包括特枯水年）调度规程设想 ... 172
- 7.6.3 平水年调度规程设想 ... 172

7.7 小结 ... 173

第8章 长江中游突发污染事件应急调度三峡出库流量需求 ... 174

8.1 长江中游典型水源地突发性污染事故风险分析 ... 174
- 8.1.1 江河饮用水水源地突发性污染事故风险源类型和辨识 ... 174
- 8.1.2 研究河段突发性污染的案例及分析 ... 175

8.2 可降解污染物应急调度方案 ... 178
- 8.2.1 宜昌江段枯水期应急调度水量需求 ... 178
- 8.2.2 荆州河段枯水期应急调度水量需求 ... 190
- 8.2.3 长江中游突发事件应急调度效果 ... 197

8.3 不可降解污染物应急调度方案 ... 201
- 8.3.1 计算条件 ... 201
- 8.3.2 计算结果 ... 202

8.4 应急调度方案在长江中游河段的流量响应关系 ... 204

8.5 小结 ... 206

参考文献 ... 208

附图 ... 215

第 1 章 绪 论

1.1 背景与意义

长江是我国的第一大河,发源于青藏高原唐古拉山脉各拉丹冬峰西南侧,干流流经青海、西藏、四川、云南、重庆、湖北、湖南、江西、安徽、江苏、上海 11 省(自治区、直辖市),最终于崇明岛以东汇入东海,全长 6 300 余千米,总流域面积达 180 万 km²,多年平均径流量约 9 600 亿 m³,水量居世界第三。通常习惯性地将长江干流按照水流流路分为上游、中游及下游河段。上游河段自发源地开始至宜昌为止,长约 4 504 km,控制流域面积达 100 万 km²,该河段主要特点为山区峡谷深,水位落差大,水流流速急,有雅砻江、岷江、嘉陵江、乌江等主要支流。中游河段从宜昌至江西省湖口,长约 955 km,控制流域面积 68 万 km²,中游河段以平原地貌为主,河道比降逐渐减缓,其间与众多支流、湖泊相连具有比较复杂的江湖关系。湖口到入海口为下游段,长约 938 km,流域面积 12 万 km²,该段江水宽深,水面比较平缓,主要支流有青弋江水系、水阳江水系、太湖水系和巢湖水系。长江中下游水系如图 1.1.1 所示。

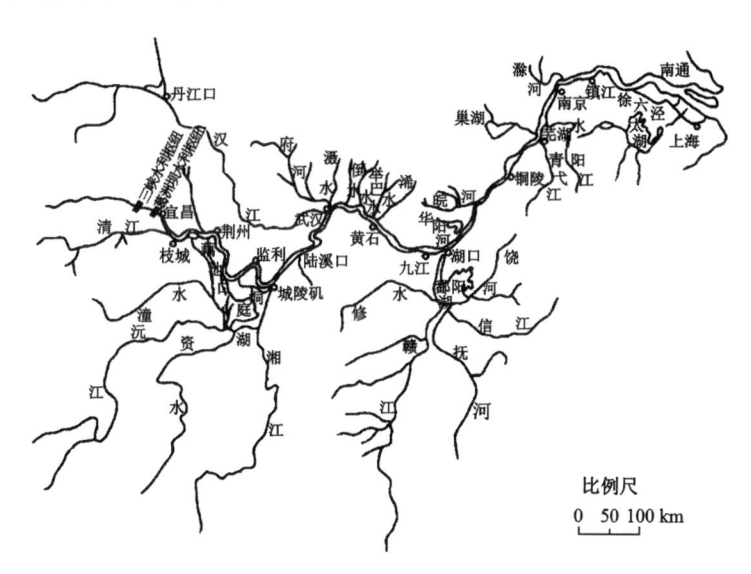

图 1.1.1 长江中下游水系图

长江横贯东西,流域人口约 4 亿人,人均水资源占有量并不丰富。此外,其径流量具有年际差异较大、年内分配不均等特点,汛期来水量过于充沛给沿岸带来巨大的防洪压力,枯水期来水量不足,又会造成一系列生态环境问题。为保护沿江自然环境,促进经济发展和保障人民生活需要,自中华人民共和国成立以来,国家就重点关注长江流域水资源的开发和治理，实施了多项意义重大的水利工程，如荆江分蓄洪工程，丹江口工程，三峡、向家坝、溪洛渡等一系列水利枢纽工程。大型水利工程的修建能够更加合理地配置水资源，满足人类社会对于防洪、发电、灌溉、供水等需求，为人类社会创造了巨大的经济效益和社会效益，但是与此同时也会改变河流天然的水文情势，水文情势的变化反映在水温、输沙量、年内径流分配等因素的改变，这些因素的改变将对流域内水生动植物的生长繁殖产生直接或间接的影响，进而改变生物群落结构，影响生物多样性。

三峡水库是长江中游水资源开发和治理的重要示范性工程，也是开发和治理长江的关键性工程，是中国乃至全世界最大的水利枢纽工程。三峡工程坝址位于宜昌市三斗坪，控制集雨面积 100 万 km^2，约占长江流域面积的 56%，年均径流量达 4 510 亿 m^3，约占长江年总径流量的 47%。大型水电工程的建设，在人与水之间搭建了一座良好的桥梁，使水资源充分有效地满足人们的生产生活需求。筑坝水库的修建除完成河道防洪安全这一首要任务外还要统筹兼顾水库发电、农田灌溉、优化控制流域年内水量分配、改善枯水期航运条件等目标。在实现上述兴利效益的同时，筑坝水库的修建也对河流原本所处状态造成了一定的影响，如破坏河道完整性和水库下游已经处于相对平衡的河床形态、组成，改变河流水流流态并带来库区泥沙淤积问题，恶化河流自然生态环境等。自 2003 年三峡水库蓄水以来，入库水流挟带的泥沙大量淤积在库区，导致库区泥沙逐年淤积消耗水库库容；而水库长期"清水下泄"必然带来下游河床冲刷，这种冲刷态势不断向下游发展也在一定程度上致使下游河道形成较陡岸坡，威胁长江干堤的防洪安全及航运畅通。下游河道诸多生态环境需求也难以满足。例如：人为调控水库出库流量过程带来的对天然来流过程的"平坦化"作用大大影响了长江流域洄游性鱼类的产卵繁殖，导致野生中华鲟的濒危及长江四大家鱼（青鱼、草鱼、鲢鱼、鳙鱼）数量的锐减；洞庭湖、鄱阳湖等通江湖泊湖区面积受三峡水库汛末蓄水过程及人类活动影响缩减幅度较大，水体水质呈现恶化趋势，富营养化趋势加重，湿地生态系统出现退化，严重威胁湖区生物多样性；长江河口连续多年盐水入侵造成河口地区枯水期居民取用水安全受到威胁。

随着社会区域产业经济的快速发展，重要地区的水体污染负荷加重，水环境安全问题日益凸显。《2018 年中国生态环境状况公报》[1]指出，全国 1935 个地表水国控断面（点位），I～III 类、IV～V 类和劣 V 类水质断面分别占 71.0%、22.3% 和 6.7%。根据 2017 年《长江流域及西南诸河水资源公报》[2]，长江河流水质 I～III 类水河长占总评价河长的 83.9%，劣于 III 类水河长占总评价河长的 16.1%。水质为 III 类、IV 类、V 类和劣 V 类所占比例分别为 24.2%、8.6%、5.0% 和 7.6%。长江中下游素有"黄金水道"之称，过往船只较多，沿江分布有大量的化工企业，易发生突发性水污染事故。不完全的统计显示，自 1990 年，长江干线发生的水污染事故多达 30 余起。如 1997 年 6 月 3 日，发生在南京锚地的"大庆 243"游轮爆炸沉没事故；2001 年 9 月 4 日，发生在武穴港的两艘载有 203 t 浓硫酸的货船沉没事故；2008 年 9 月 22 日，黄石阳新一化工厂发生废水泄漏事故。近年来，由于三峡水库蓄水运行，库区航道条件大为改善，长江中下游航运及工业产业迅猛发展，突发性水污染事件风险增大。因此，如何促使大型水利工程更好地发挥其积极效应，同时减少工程负面影响是当代水利人需要解决的重要课题。重大突发性水污染事件在各方面具有不确定性,大量污染物会在短时间内瞬间释放,污染物随水流向下游输移,严重破坏下游的水生态环境,同时对水源地的居民用水安全造成巨大影响,对人民群众的健康与社会公共秩序产生严重影响。应对突发性水污染事故,除采取隔离、打捞、化学消除等应急措施外,能否借助长江流域关键性控制工程的应急调度来减轻事故引起的灾害,需要进一步探索。作为下游城市主要集中饮用水源地,基于三峡及下游水环境现状和趋势,研究在重要水源地附近发生突发性水污染事件,利用水库群联合调度确定有效的应急调度方案以降低事件影响十分必要。作为预测水环境污染的重要方法之一,水动力–水质数学模型包含了各水质组分在水体中发生的各类变化与反应,是水环境污染治理规划决策与分析中不可缺少的重要工具[3]。利用一维、二维水动力–水质模型,结合三峡水库群联合调度对下游水动力及污染物输移进行模拟,对于制定有效的应急方案具有重要作用。

不少学者关注到长江中下游生态环境与河流开发利用间的矛盾问题,生态需水量、环境需水量、生态流量、环境流量等诸多概念被不断提及以期改善长江干支流生态环境问题,但由于学者的研究出发点、目的、层次等都各不相同,尚没有对这些概念的定义和内涵有一个统一的认识,需理清河流生态相关概念间的相关关系并对其内涵进行深入阐述再将其应用于长江中下游环境问题的研究中。同时关于三峡水库考虑生态环境需求的调度运行方式,众多学者提出了自己的观点,钮新强和谭培伦[4]、余文公[5]较早提出了改善长江口盐水入侵和促进四大家鱼产卵的三峡水库调度目标和建议措施;郭文献等[6]、赵越等[7]、徐薇等[8]以促进长江中下游鱼类产卵为主要研究目标,分析了三峡水库调度对鱼类的生存和产卵的影响并提出了三峡水库的适宜调度方法;卢有麟等[9]以宜昌站生态流量作为生态目标,研究了改进三峡—葛洲坝梯级水库多目标生态优化调度模型算法;潘明祥[10]结合三峡水库下游沿程多个测站生态流量需求和中华鲟、四大家鱼产卵适宜流量,提出三峡水库调度目标;丁雷[11]考虑三峡水库生态流量要求,提出水库优化调度方案;梁鹏腾[12]结合四大家鱼生态流量和三峡水库防洪、发电的需求,选择典型年份比较调度方案的优劣。可见,近年来对三峡水库优化调度的研究不断深入,但是前人的研究集中围绕促进鱼类产卵或压制长江口盐水入侵生态目标而开展的,大多研究单一目标,而且倾向于提出三峡水库调度目标或模型算法改进,并非真正落脚于制定三峡水库实际定量出库流量过程的方案设计。近年来,随着三峡水库上游溪洛渡和向家坝两座水库的建成,与三峡共同构成了长江流域溪洛渡—向家坝—三峡三座梯级水库群的新格局,由此,学者开始越来越多地思考是否可以通过三峡及其上游向家坝、溪洛渡三座水库的联合调度实现长江流域水资源的合理调配,进而达到改善长江中下游水环境的最终目的。

1.2 研究进展

1.2.1 河流健康的概念

20 世纪 80 年代,欧美部分学者率先意识到河流不仅是可开发利用的水资源,更是河流中生物生命的载体,应该在关注河流资源利用的同时考虑其生态功能[13]。河流保护行动自此在全球范围内揭开序幕,其中第一要务就是如何定义河流健康,如何选取合适的指标评价河流健康水平。

现阶段对于河流健康的概念界定还有很多不同的说法,不同专家学者对此有着自己的见解。Simpon等[14]认为河流生态系统中具有多样性和功能性的群落在受到干扰后进行自我恢复,回到干扰前的能力,即为河流健康程度。Norris和Thoms[15]认为河流生态系统健康应在充分考虑一般意义上的生物、化学等自然系统指标的基础上,兼顾社会系统所关注的人类福利需求。文伏波等[16]对此的解读为:健康的河流应该是满足可持续发展观要求的,在基本人类活动影响下依然能够保持生态环境良好、正常发挥河流功能的河流。具体解读为5个方面:①河流水量、动力充足且水质与水土保持功能得以实现;②保持河流完整性与稳定性;③保持水生生物多样性;④调蓄和泄流能力充足;⑤水资源被合理开发利用。孙雪岚和胡春宏[17]同样认识到河流并非是一个脱离社会经济与人类活动的自然系统,这决定了河流健康具有多重层次:第一层是河流本身的健康,第二层是人水关系的健康,这一观点与Norris和Thoms[15]的研究不谋而合。将以上专家学者的观点综合起来,评价一条河流生态系统是否健康,关键点为在允许该河流所处环境进行正常的资源开发和人为活动干扰的前提下,河流依然能长期保持其必要特性。其中,必要特性包括一系列指标,如水动力特性、泥沙输移特性、水质指标、水生生物多样性、河流稳定性和恢复力等。

1.2.2 河流生态环境健康评价指标

基于前文对河流健康概念的探讨,专家提出了许多能够比较和量化的、适用于评价河流生态环境健康状况的指标。目前,比较常用的指标包括河流生态环境需水量、河流水质、水生生物多样性等。

1. 河流生态环境需水量

20世纪七八十年代,美国、英国、澳大利亚、新西兰等国家开始了对河流生态环境需水量的研究。Gleick[18]明确给出基本生态需水的概念框架:给天然生境提供一定质量和数量的水,以求最小化地改变天然生态系统的过程,实现保护人类健康、维护生态系统稳定和物种多样性的目标。孙雪岚和胡春宏[19]提出的最小河道环境需水量的概念用于描述满足河道自净、生态和输沙三者用水需求的耦合水量,并推荐以最小环境需水量满足率对河流生态环境健康状况进行评价。除提出相应概念外,学者也探索了多种研究河流生态环境流量的方法,其中广泛应用的有:水文基础方法,包括河道湿周法、枯水频率法(7Q10)、Tennant法;栖息地偏爱法,包括流量增加法、水流河岸计算机辅助模拟模型(computer aided simulation model for instream flow and riparia, CASMFIFR)法;地形结构(building block methodology, BBM)法等。

刘凌等[20]以内陆河流为研究对象,提出了考虑河流水生生物生存、河流水体自净及水面蒸发损失的内陆河流生态环境需水量的计算方法,并应用到北京妫水河生态环境需水量的计算。阳书敏等[21]为计算生态需水量,提出了BOD-DO模型,并在长江干流这一典型的季节性缺水河流实例中进行了可行性论证。卿晓霞等[22]基于重塑季节性河流天然健康流态的出发点,以重庆伏牛溪河为例,研究城市小型季节性河流枯水期生态补水调度方案,实现传统补水方式的优化。

很多研究中生态需水量一般以流量的形式表达。1992年在里约热内卢召开的地球峰会推动了将生态作为一种社会公共资源进行保护,作为延伸,水资源被要求"还"给河流和河流生物,2000年在海牙召开的第二次世界水论坛高度重视水资源管理在河流生态保护中扮演的重要角色,很多国家都已经发布相关法规法令要赋予河流生态"水权"[23]。流量、河道和河岸的形态结构、水质、河流开发程度等决定了河流生态的健康状况[15],但是在早期学者都认为所有的河流生态环境问题都只与低流量有关,只要流量能够长期保持在一个临界流量之上,河流生态就能够得到保护,因此环境流量关注的核心便是这个临界最小流量。随着研究的深入,越来越多的学者意识到流量的各种组成,包括低流量、平水流量、洪水流量对于保护河流生态都有着重要作用[24]。总体上说,环境流量越来越多地考虑河流生态的完整性,被运用于解决各种各样的河流生态环境问题。

从20世纪70年代中期开始,学者就开始提出各种各样针对特定河流的环境流量计算方法[25],每种方法都有其适用的范围,计算方法的选择标准一般包括要解决问题的类型、河流管理目标、时间和成本等。水文学方法是出现最早且应用最广泛的计算方法,水文学依据长系列的流量观测值,对某一流量值(如月均流量或历年最枯流量等)取一定百分数作为环境流量的推荐值,如法国《淡水渔业法》在1984年规定河段基流最小要达到日平均流量的1/10[26]。水力学方法则不再简单聚集于流量序列,而更加关注河道形态,其通过界定一些水力学参数(如湿周、水深等)的临界值来估算环境流量[27]。栖息地法将水力学数据与目标生物栖息地相结合,Dunbar等[28]建立了生物栖息地和水位、流速等水力参数的响应关系,进而估算环境流量。到了20世纪末,以南非《BBM法》为代表的综合法拓宽了思路,充分利用专家的经验分析水力信息和生物信息来建立水力和河流生态功能的联系[29]。环境流量计算方法的演变发展对应着环境流量内涵的拓展,计算中越来越能直接体现出水力条件与河流生态的紧密联系。

我国对于环境流量这方面的研究最早可溯源至20世纪70年代末,长江水资源保护科学研究所编制的《环境用水初步探讨》第一次提到"环境用水"这一名词,但是当时并未引起很多学者的关注,紧接着在我国的第一次全国水资源评价工作中提到了用于净化水质、河流景观等用途的河道内其他用水[30],而国务院环境保护委员会在《关于防治水污染技术政策的规定》中进一步明确指出"在水资源规划时,要保证为改善水质所需的环境用水"。由于国家层面对环境用水的重视及黄河断流现象的频繁出现,国内对于环境用水的研究在20世纪90年代达到了第一个小高潮,生态流量和环境流量这两个概念也在这个时期首次出现,王丹予等[31]提出要在枯水期保证松花江哈尔滨段维持在最小环境流量之上;唐蕴等[32]通过寻找水位-水面宽曲线变形点来确定黄河下游河道最小生态流量;郑建平等[33]同样立足于河流形态对海河流域河道最小生态流量进行了计算。2006年9月,世界自然保护联盟(International Union for Conservation of Nature,IUCN)与中国水利部黄河水利委员会在北京共同发布了《环境流量——河流的生命》的中文版[34],在这一年有关黄河及北方诸多河流的环境流量的研究也达到了最热。由于北方河流干旱易出现断流的情况,研究基本只考虑了河流枯水期最小流量,计算方法多采用基于河道形态的水力学方法。

自2003年三峡水库的运行及此后引江济太、南水北调东线和中线等一系列调水工程的实施极大地改变了长江的可用水量及水文情势,以水资源丰富著称的长江局部地区开始出现用水危机,水质污染也有加剧的迹象,长江入海水量的减少更是导致了枯季长江口海水的倒灌,长江流域内的生态环境遭遇着前所未有的挑战。陈进和黄薇[35]认为长江有着自身的特点,与欧洲河流和国内北方河流都不一样,为了维护健康长江,长江的基流标准相对北方河流应该更大一些,需要分河段、分季节分别研究和确定,并且要遵循生态过程原则、正算法原则、累积影响原则、多因素综合原则、河道内外综合原则。马赟杰等[36]认为长江环境流量的管理实施需要广泛的公众、基层单位及科研力量参与,使得对环境流量的认知更为广泛系统、实施更有保障。李昌文等[37]基于日均流量构建逐时段流量历时曲线并选取曲线上90%历时流量点作为汉江各月最小生态流量。

目前,我国对于长江上的环境流量研究工作尚不是太多,大都停留在定性分析的层次上,对生态流量、环境流量等概念也没有清晰的辨识,计算方法多是选用Tennant法、7Q10法等较为简单、古老的水文学方法,对于长江上水力与生态的结合的探讨仍然不够深入。

2. 河流水质

河流水质是河流物理化学特性及其动态特征,影响河流水质的主要因素包括:河水的补给来源,水文气候因素,流域内的岩石、土壤、植被条件和人类活动等。河流水质一般以《地表水环境质量标准》(GB 3838—2002)中水质指标来表示,如生化需氧量(biochemical oxygen demand,BOD)、化学需氧量(chemical oxygen demand,COD)指标[38]、氨氮(NH_3-N)指标[39-41]。

另外,长江河口与外海衔接,潮汐动力下日复一日的盐水上溯造成徐六泾以下水体在枯水期盐度间断性超标,给河口段居民的生活取用水安全带来了极大威胁。盐度(Cl^-)指标是评判盐水入侵的常用指标。

盐水入侵是河口地区普遍存在的现象,目前主流研究方法主要分为实际观测、数学模型和物理模型。早在20世纪30年代,美国的水道实验站(The Water-ways Experiment station,WES)和荷兰的Delft水力研究所就开始了观测河口盐水入侵并对观测结果进行资料分析和实验研究。到了20世纪50年代,盐水入侵研究开始深入化和系统化,其中Schigf和Schonfeld[42]最早基于盐水楔理论导出了盐水入侵长度的解析解。随着对于盐水入侵理论研究的深入,应用计算机对盐水入侵进行数值模拟成为研究盐水入侵的重要手段,国内外已形成了很多成熟的用于研究盐水入侵的数学模型,包含一维至三维模型。直到20世纪80年代,我国对于河口盐水入侵的研究才较为系统的展开。初期主要的方法为应用实测资料分析,朱留正[43]将长江口的盐淡水混合定性为缓混合型,入侵的盐水对河口产生的最显著影响是形成了错综的环流形态。宋元平等[44]、匡翠萍[45]通过数学模型模拟,对长江口门附近的盐度场和盐度分层现象进行了分析。Wu和Zhu[46]对ECOM模式物质输运方程中平流项的数值格式进行了修正,可用来分析盐水入侵和倒灌过程。

3. 水生生物多样性

生物多样性是人类社会赖以生存和发展的基石,可作为自然界多样化的表征[47-48]。对于河流而言,水生生物多样性同样代表了河流中生物多样化的程度。一般而言,现阶段水生生物多样性研究大多基于实际水生生物群落监测,通常所开展的水生生物监测对象主要为水中浮游生物群落和底栖动物群落。

国外对水生生物多样性的研究工作起步较早,Hensen 被人们认为是研究浮游生物的奠基者,他于 1887 年开始对海洋微小生物进行概化和量化分析。与浮游生物一样,底栖动物同样是水生生物多样性研究的典型代表[49-50]。鱼类多样性的研究起步较早,近年来的研究方式与学科延伸更加丰富[51],如 Covich[52] 采用主成分分析法研究鱼类对于河流的环境因子的响应作用。他所采用的分析方法和相应研究成果为水生生物多样性更深层次的探索提供了大量科学依据。

20 世纪 20 年代,国内开始了对于水生生物的系统研究。钱崇澍[53] 总结了当时国内已有的对于水生生物的研究发现,被认为是较早的国内对水生生物的研究。到了 50 年代,史若兰[54]、李思忠[55]、郑重[56] 分别对舟山群岛浮游生物、河北渤海沿海鱼类分布和厦门的海洋生物种类分布进行了调查研究。自 20 世纪七八十年代,中国学者逐渐将监测结果与河流水质评价相联系,开始从生态学角度分析和评价若干河流的水生生物和水质状况,为全面评价我国河流水质与污染控制提供参考。Huang[57] 和 Shen[58] 分别建议以 Margalef 多样性指数和 Shannon 多样性指数作为参考划分水体受污染程度,具有可量化、直观性等优势。文航等[59] 通过对滇池流域中藻类及底栖动物等对象的研究,对水质污染影响因素和分布特征进行了分析。

1.2.3 水库对河流生态环境健康的影响

近几十年,全球范围内对诸多流域进行过大规模的水利工程开发建设,并且主要以修建筑坝水库为开发建设方式。目前,诸多研究表明,修建筑坝水库已经导致了一系列流域退化现象,对河流生态系统的生态环境产生了负面影响,这样的结果引起了国内外专家学者的广泛关注。

Ligon 等[60] 阐明修建筑坝水库可以改变下游河流的生态过程,包括流量、水位、泥沙输移过程、营养物质和能量运输、地形地貌、水生生物等。这些改变必定会与河流所处的生态环境相互作用,由此可知筑坝水库对河流生态系统、生态环境的改变是其水流、泥沙、地貌等综合作用的结果。Bunn 和 Arithington[61] 同样认为大坝的修建对上下游河流水文情势变化具有重要的影响作用,甚至是最为重要的影响因素。他们选择以水生生物为研究载体,从其生命循环周期、栖息地萎缩和外来生物入侵等角度分析筑坝水库可以通过改变河流的水文过程进而影响水生生物的生境条件。王国平和张玉霞[62] 研究了霍林河流域白云花水库建设对下游半干旱区域科尔沁国家级自然保护区湿地的影响,发现水库建设对湿地植物和水禽产生了严重不良后果并提出了相应的综合利用水利工程改善措施。陈文祥等[63] 和胡宝柱等[64] 通过研究水库建设产生的河道形态、河流水文特性、水质状况和生态系统变化进而导致的生态环境改变,并提出了一些解决方案来降低其影响,实现可持续发展。马颖[65]以长江干支流葛洲坝、丹江口和三峡三座大型水库为研究对象,分析了水库运行对下游水文要素的影响,结果表明,水库运行使得长江干支流年径流分配趋于平缓,在一定程度上影响了长江水沙关系和葛洲坝下游河段中华鲟产卵情况。魏红义[66]以冯家山水库为例研究了陕西省渭河流域部分典型水利工程建设对流域水环境的影响,结果表明,自水库蓄水以来水库下游河道水量远不能满足最小生态流量需求,由此给流域水生生物生境构成严重威胁。与此同时,渭河流域内径流量大幅下降,水污染现象明显加剧。原居林等[67]针对钦寸水库开发的实际情况,从生态学的角度阐述了水库建设对鱼类栖息环境、食物类型、繁殖时间、繁殖习性及洄游等特性产生的负面影响,预测水库建设造成的阻隔影响、水文情势变化、饵料和生境改变,将会成为该流域鱼类物种多样性严重丧失的主要原因,并建议采取相应的保护措施,如建立自然保护区、增殖放流等。张俊华等[68]以燕山水库为例,选取能够反映水库生态环境的陆生生物、水生生物、水土流失等 7 个显著影响因子,采用模糊综合评价法对燕山水库生态环境影响效果进行定量分析,说明了燕山水库的建设对生态环境产生了一定的正面影响。王波[69]和班璇等[70]都以三峡水库为研究对象,分别研究了水库建设对库区生态环境和下游河道水沙变化的影响。前者研究结果表明,水库建设有利于改善生物多样性、减小水土流失、优化水质,但也会对陆生生态系统、鱼类资源、库区生态承载力、支流水质等产生负面影响;后者研究发现,下游河道含沙量较蓄水前有大幅下降,流量在 7~11 月下降幅度明显。段唯鑫等[71]根据长江上游水库群建设的实际情况,利用水文变化指标(indicators of hydrological alteration, IHA)和变化范围(range of variability approach, RVA)方法评估了水库群建设对宜昌水文站水文情势的改变情况,结果表明,宜昌水文站水文情势已经发生了中等程度的改变,主要体现在与小流量相关的一些因子,并预测这种影响在未来还会进一步发生改变。

总结以上内容,可以将筑坝水库建设对河流生态环境的影响大体划分为三个层次,也可以称为三级效应,具体如图 1.2.1 所示。第一级影响是水库建设对河流水文情势、泥沙输移及水质变化等的影响,以及对能量和物质(悬浮物、生源要素等)输送通量的影响。第二级影响是水库建设对浮游生物、大型水生生物及河道结构(河流河道形态、河道基

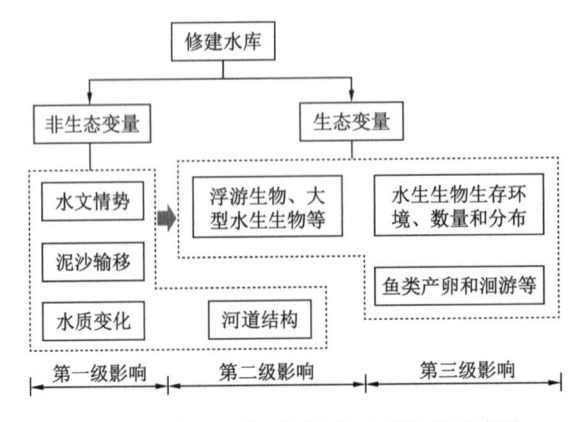

图 1.2.1 水库建设对河流生态环境的影响图

质构成等）的影响。第三级影响是第一级影响和第二级影响的综合效应，是水库建设对河流生态系统影响的最终体现。水库建设对河流水文情势、泥沙输移和水体物理、化学特性的变化会改变河流生态系统的稳定性，改变水生生物的生存环境，从而影响水生生物的分布和数量；大坝的阻隔导致鱼类的洄游通道被堵塞，影响了鱼类的产卵和繁殖，鱼类的数量和种类会发生显著变化[72]。

1.2.4 河流数值模拟

实际的水利工程问题中，面对边界几何形状的不规则和流动的非线性性质，理论分析解难以求得，多通过实验手段和物理模型来解决。对于复杂地区河网水流运动规律和水质问题，通常将河道简化为一维情形，但由于河道交错、水流结构复杂，物理模型和实验手段很多时候不能顺利解决问题，更没办法求出解析解，数值模拟的方法应运而生，并且具有很好的实用效果。河流数值模拟实质上是通过数学公式来概化和描述河流水动力、水质和水环境中各种物质之间的相互作用，进而模拟河道水流现象和地貌变化过程。

1. 河网水动力模型

通常来说，河网计算的核心问题是建立数学模型及求解，其中水动力学模型是建立其他模型（如水质预报模型、水环境质量模型及水环境容量模型）的基础。平原河网的水动力学模型在模型建立及求解方法等方面具有不同于单一河流的特点。

20世纪50年代以前，河流数学模拟的基本理论已经建立，描述河网地区河道水流运动的基本方程组是圣维南（Saint-Venant）方程组，包括水流连续方程和水流运动方程，它属于非线性双曲型偏微分方程组。这类方程没有可普遍适用的解析解，但在早期人们无法实现对圣维南方程组的精确求解只能求其解的简化形式，先后出现了纯经验方法、线性化方法、基于质量守恒方程的水文学方法及简化形式的水力学方法。但是这些简化计算方法普遍存在精度低，且适用范围受到简化假定的限制等缺陷，不具有普适性。因此，这些理论真正运用于工程问题的解决还依赖于计算机的出现和计算机技术的飞速发展。近几十年来，水流运动的数值计算领域也获得了蓬勃发展，并形成了水力学新的分支——计算水力学。Stoke[73]首次将完整的圣维南方程组用于河流洪水计算，此后出现了大量的针对完整圣维南方程组的数学模型，根据其离散方法的不同，分为显式和隐式。显式方法的先驱是 Stoke，其后 Kamphuis[74]将显式方法用于模拟河道及水库的洪水，Liggett 和 Cunge[75]给出了数种显式差分格式的表达式及分析结果，对于每一计算时刻，关于计算断面的未知量，显示方法可以直接从代数方程组中得出结果。由于显式方法在计算的稳定性要求方面存在时间步长限制，1953年，Isaacson首次提出了有限差分隐式方法，由此隐式方法凭借计算稳定、精度较高的优点进入了人们的视野。后来，学者又将隐式差分求解线性方程组的技术不断完善和成熟，大致可分为直接解法和分级解法两大类。直接解法是直接求解的内断面方程和边界方程组成的方程组，如中山大学数力系计算数学专业珠江小组[76]最早提出的河网隐格式的稀疏矩阵解法，徐小明等[77]提出的用 Newton-Raphson 方法直接求解非线性方程组；分级解法是近期发展起来的方法，由荷兰水力学家 Dronkers

提出，以后又有许多学者使之完善，形成三级解法、四级解法、汊点分组解法和树形河网分组解法等。实践证明，分级解法较直接解法更有效使用，因而在河网非恒定流计算中得到广泛的应用。

2. 水质模型

1）水质模型的概念和分类

污染物进入水体后，随水流迁移。污染物在水体输移中受到各类因子的影响，导致降解、分解等使浓度等特征发生变化。水质模型描述了各类水体的水质成分在各种因素影响下的随时间、空间变化的过程，根据数学描述可以定量地表达污染物在水体中的变化规律[78]。

水质数学模型根据不同的标准有以下 5 种分类[79]。

（1）稳态模型和动态模型：根据模型是否随时间变化划分。稳态模型为各变量与物质不随时间变化的模型；动态模型为当水流为非恒定流时的情况；准动态模型为介于前两者之间的模型，水流为恒定流而物质量随时间变化。

（2）确定性模型和非确定性模型：根据模型是否为随机改变划分。确定性模型为一组给定的条件得出一组确定的值；非确定性模型为给定随机条件得出的结果具有随机性。

（3）一维、二维和三维模型：根据空间维数划分。

一维水质模型：

$$\frac{\partial c}{\partial t}+u\frac{\partial c}{\partial x}=(E_x+D_x)\frac{\partial^2 c}{\partial x^2}+S-Kc \tag{1.2.1}$$

式中：c 为流入的某物质浓度；t 为时间；u 为平均流速；E_x 为纵向扩散系数；D_x 为纵向紊动扩散系数；K 为反应速率系数；S 为源汇项。

由于河水较浅，污水排放后在水深方向混合均匀时间较短，可采用二维水质模型来描述水深方向均匀混合的水质变化。

$$\frac{\partial(hc)}{\partial t}+\frac{\partial(uhc)}{\partial x}+\frac{\partial(vhc)}{\partial y}=\frac{\partial}{\partial x}\left(hD_x\frac{\partial c}{\partial x}\right)+\frac{\partial}{\partial y}\left(hD_y\frac{\partial c}{\partial y}\right)+S-Khc \tag{1.2.2}$$

式中：c 为流入的某物质浓度；h 为水深；u 为 x 方向的平均流速；v 为 y 方向的平均速度；D_x 为 x 向紊动扩散系数；D_y 为 y 向紊动扩散系数；K 为反应速率系数；S 为源汇项。

三维水质模型：

$$\begin{aligned}&\frac{\partial(hc)}{\partial t}+\frac{\partial(uhc)}{\partial x}+\frac{\partial(vhc)}{\partial y}+\frac{\partial(whc)}{\partial z}\\&=\frac{\partial}{\partial x}\left(hD_x\frac{\partial c}{\partial x}\right)+\frac{\partial}{\partial y}\left(hD_y\frac{\partial c}{\partial y}\right)+\frac{\partial}{\partial z}\left(hD_z\frac{\partial c}{\partial z}\right)+S-Khc\end{aligned} \tag{1.2.3}$$

式中：c 为流入的某物质浓度；h 为水深；u、v、w 为 x、y、z 方向平均速度；D_x 为纵向紊动扩散系数；D_y 为横向紊动扩散系数；D_z 为竖向紊动扩散系数；K 为反应速率系数；S 为源汇项。

（4）对流模型、扩散模型和对流扩散模型：根据物质输移特性划分。物质在水中运动主要有对流和扩散。当对流作用远大于扩散作用使扩散项可以被忽略时为对流模型；相反则称为扩散模型；对流扩散模型两项均不能略去。

（5）纯输移模型、纯反应模型、输移及反应模型和生态模型：根据物质反应性质划分。纯输移模型为物质只随水流运动而不衰减；纯反应模型为水体基本静止,物质只发生生化反应；输移及反应模型即随水流运动也发生生化反应。生态模型既考虑生物过程又考虑水的输移现象和水质的变化。

2）水质模型发展阶段

第一阶段（1925~1960年），S-P 模型[80]是第一个水质模型，由 Streeter 和 Phelps 提出。后来在此前提下总结出的 BOD-DO 模型运用到了水质预测等方面。这一阶段只包含了生物需氧量及溶解氧（dissolved oxygen，DO）的双线性系统。S-P 模型及其修正式为主要应用形式[81]。

第二阶段（1960~1965年），科学家在 S-P 模型的基础上引进了空间变量和物理、生物化学、动力学系数等参数。温度作为变量也被引入模型中，使水库（湖泊）模型中涉及空气和水面的热交换。津田[82]在美国 Bartsch 所做的河流"河流水质污染与生物关系模式图"论述了环境与生物的互相关系，研究了其模型建立及影响因素。Falk[83]等研究得出影响水体自净过程的因素有稀释、水温、辐射等，而稀释作用与河流宽度、深度、流速、流量、污水密度、排放方式和河床结构等条件有关。

第三阶段（1965~1970年），在这个时期中其他来源及丢失源（包括硝化需养量、光合作用、呼吸作用、沉降和再悬浮等）被考虑进不连续的一维模型中。同时计算机的飞速发展也使水质模型有了巨大的突破。

第四阶段（1970~1975年），数学模型已是各种模型相互影响的线性化体系。二维模型中采用有限元算法，有限差分法也被采用于模型计算，发展了高维数的模型。

第五阶段（1975~1995年），这一阶段的重点在于模型的可靠性和评价能力的研究。随着各类模型的发展，水动力和水质的耦合越来越受到重视。水质模型的研究更加综合化，这一阶段中对于水库、湖泊的富营养化的模型受到重视，如美国国家环境保护局（U.S. Environmental Protection Agency，EPA）成功开发 qual-II[84]模型。传统的 S-P 模型随着研究的发展已不再适用，形态模型随之出现。形态模型着重于讨论各种情况下污染物与水体的交互过程,研究了在水体中形态的不同而导致的完全不同的生态反应和环境行为[85]。例如：Lawrence 等[86]针对重金属污染物的形态模拟的研究；Forsther 等[87]对有机物的形态模拟的相关研究均有一定的突破。在这一阶段，水质模型更切合现实状况。

第六阶段（1995年至今），水环境研究中快速发展的计算机软硬件、在线仪表监测系统、卫星遥感技术、GPS 技术、GIS 技术和信息技术得到应用，水环境数学模型发展迅速。进一步提高了模型的预见性、综合性、可靠性。另外，在这一阶段，在统计学理论、模糊数学、3S 技术的水质模型以及模型不确定性研究等新方向的基础上逐渐发展起来。例如，Erickson 等[88]在贝叶斯分类的原理基础上发明了的蒙特卡罗不确定性分析方法；Yin 等[89-90]开发了模糊关系分析模型;Campolo 等[91]通过人工神经网络的方法预测河流枯水期流量。

目前，数值模拟的发展趋势是更高的效率、更好的稳定性、更高的精度、更高的保真度及可视化、软件化。现在常用的软件是以美国环保局为代表的 QUAL2K、WASP7、BASISNS 等。另外，丹麦水力研究所（Danish Hydraulic Institute，DHI）推出的 MIKE 系列软件最为典型，包括 MIKE11、MIKE21 等典型模型；被广泛使用的还有荷兰 WLIDelft 水利研究院开发的 DELFT-3D 系列软件、英国 Wallingford 软件公司的 ISIS 模型、美国弗吉尼亚州海洋研究所开发集成的综合水动力水质模型、EFDC 模型等[92]。

3）突发性水污染事件应急研究进展

（1）突发性水污染事件风险评价研究进展。风险评价是对人类和自然灾害所产生的不良影响严重程度及可能性的评价。最初应用于保险理赔中，如今在生态环境、经济、火情发生、核相关产业、矿产开发、危险品运输和存储、化工生产过程、医疗防疫等领域广泛应用[93-98]。由于突发性水污染事件具有突发性，风险评价在这类事件中是通过定性定量的研究确定其中的风险进而判断发生危险的可能性和严重程度，以寻找最佳的决策措施，使其影响尽可能减小。

美国核管理委员会在 20 世纪 70 年代完成的 WASH 21400 报告——《核电厂概率风险评价实施指南》是最具代表性的风险评价体系，报告中提出了一套系统的概率风险评价方法[99]。van Baardwijd[100]在 1994 年以荷兰可允许排放的污染物为背景得出风险分析方法学，对常见事故隐患分类并给予相应的事故频率，根据实际情况给出修正系数得到的事故频率，对水质污染事件的预防起到了指导作用。Hengel 和 Kruitwagen[101]在 1996 年为评价内陆河流的交通运输可能发生的污染事故采用风险分级评分方法，用污染物浓度来表示危害后果。Scott[102]在 20 世纪末提出了"环境事故指数"法，即运用评价模型对突发性化学污染的事件风险源进行识别，将事故以最快的速度半定量分级。Jenkins[103]在 2000 年通过整理分析丰富的砾石数据选取其中几次典型事故作为标准，研究找出突发性污染事故具有的相似特性，获得全部有概率发生的事故的相应损失评估值。

我国的风险评价研究起步于 20 世纪 90 年代。环境风险评价通常使用的途径有定性评价法、矩阵评价法、指数评价法、模糊评价法、概率评价法等[104-105]。张维新等[96]在 1994 年将模糊优选理论引入工厂环境污染事故风险中，提出了实用事故风险模糊评价方法；刘国东等[95]在 1999 年研究了交通事故导致的污染事故对水质影响的风险评价方法；徐峰等和石剑荣[106-107]以扩散模型为基础推导出了一套定量估算公式，用来评价突发性水污染事故产生的危害。曾光明等[108]于 2002 年对河流发生突发性与非突发性水污染事故进行比较探讨，根据结果可知在不同条件下两类结果有差异；毕建培和刘晨[109]于 2015 年从时空分布、风险因子、风险诱因等多方面分析识别了珠江流域水质突发性污染风险特征并分析预测了风险发展趋势。

（2）突发性水污染事件数值模拟研究进展。在突发性水污染事件的数值模拟研究中，国内外进展主要集中于海上溢油事故的模拟。从 20 世纪 60 年代开始，各类溢油数值模型相继开发，建立了大量的油品行为预测数值模式，如 OSRA、OILMAP、OSIS、MU-SLICK 及 MOHID 等[110]。

国内方面，方雪[111]在 2008 年以黑龙江省与内蒙古自治区交界的嫩江干流上的尼尔基水库为背景，在水库建成前后考虑水动力变化及河道特征，根据相关经验公式得出模型中各类参数，建立了一套一维非恒定水流水质数学模型；王庆改等[112]于 2008 年通过 MIKE11 计算软件模拟了在汉江中下游各类水文环境中污染物的输移扩散过程，对水污染事故进行了各方面的定量预测；2012 年，沈洋等[113]利用数值模拟手段对金牛山水库溃坝进行了模拟，对风险事故进行了预测；李春[114]于 2013 年在东江博罗水文站至石龙水文站河段建立了干流的一维重金属水质模型，通过数值模拟手段研究分析了重金属在该河段的输移转化等；魏泽彪[115]在 2014 年针对南水北调东线工程中的小运河段输水干渠段，假设了多种典型水污染事件进行模拟研究；徐月华[116]结合水动力水质模型模拟了南四湖上级湖发生水污染事故时污染物的情况，并依此分析了临界值与主航道的单位划分；2015 年郭媛[117]构建了二维浅水水动力水质耦合模型，并利用情景分析法，对汾河水库不同环境与情况下发生突发性水污染事件时污染物规律模拟进行研究。

4) MIKE FLOOD 模型应用

MIKE 系列数学模型是由丹麦水动力研究所研发，经过 20 年来数量众多的工程经验的积累逐渐发展，针对水资源管理有很大的发展空间[118]。其中，MIKE FLOOD 是一个可以把一维（MIKE 11）和二维（MIKE 21）动态耦合的模型，根据用户的不同需求将一维河网与二维地形连接。MIKE FLOOD 模型将一维与二维模型同时计算，通过在完成水量交换计算的基础上能够较好地预测水体成分对流扩散过程。现阶段其主要应用于蓄洪区洪水风险分析、城市洪水内涝分析、溃坝等侧重于水量交换方面的内容，较少涉及水质方面的一维、二维动态耦合的应用与研究。

Prashant 和 Dhrubajyoti[119]在 2012 年以位于西孟加拉邦的 Ajoy 河为背景采用 MIKE FLOOD 模型将一维、二维耦合，为洪水风险图与洪水风险区域预测提供依据。Alam[120]在 2015 年以澳大利亚珀斯的 Punrak 流域为背景利用 MIKE 系列软件在考虑降雨因素下对流域洪水进行预测分析洪水特征。Vidyapriya 和 Ramalingam[121]在 2016 年利用 MIKE FLOOD 模型将 MIKE11 与 MIKE21 耦合对位于印度泰米尔纳德邦的 Adayar 河的洪水过程进行模拟，研究洪水发生的原因。国内方面，2012 年姚双龙[122]基于 MIKE 系列的一维城市管网模块与二维地表漫流模块利用 MIKE FLOOD 耦合，对城市内涝发生进行模拟研究；2013 年王晓磊等[123]利用 MIKE FLOOD 模型建立宁晋泊和大陆泽蓄滞洪区的一维、二维耦合模型，模拟了蓄滞洪区 50 年一遇的洪水淹没过程，为蓄滞洪区的安全建设规划提供了重要依据；2014 年潘薪宇和张洪雨[124]利用 MIKE FLOOD 模型模拟了在极端洪水情况下青龙莲花河部分河段发生漫堤时该区域的泛洪区的平面二维洪水淹没过程；2015 年许文斌[125]利用 MIKE FLOOD 模型实现了城市管网、河道及二维地形的耦合模拟，完成了南昌市排水防涝综合规划的设计任务；2016 年朱婷和王鑫[126]利用 MIKE FLOOD 模型实现了一维、二维动态耦合，构建中顺大围洪水风险图计算模型，分析预测了在几种来流边界下，典型溃口的产生造成溃堤后洪水的传播过程。

第 2 章　三峡水库蓄水前后长江中下游生态环境变化及生态调度

2.1　长江中下游概况

2.1.1　基本概况

长江中下游宜昌至大通河段，囊括洞庭湖区域、江汉平原、鄱阳湖区域等，水系如图 1.1.1 所示。其中长江中下游河势复杂多变，藕节状河网密布，沿程不断有支流入汇，江河湖网关系复杂。主要有三部分支流汇入，一为洞庭湖区域，三口（荆江河段松滋口、太平口、藕池口）分流进入洞庭湖，四水（湘江、资水、沅江、澧水）注入洞庭湖，并都通过城陵矶汇入长江；二是清江、汉江等支流直接汇入长江；三是鄱阳湖区域，五河（赣江、抚河、信江、饶河和修河）流入鄱阳湖后由湖口汇入长江。这其中，径流有约 50%水量来自上游，而泥沙则主要来自宜昌以上干支流。位于三峡出口的宜昌水文站多年平均径流量约 4 300 亿 m^3，多年平均输沙量达 5 亿 t。长江大通以下为感潮河段，水位日变化为非正规半日潮型，河口平均潮差为 2.67 m，受河口地形束窄，潮流多为往复流，流速一般约为 1.0 m/s，最大可达 2 m/s 以上。

长江中下游地区地形的显著特点是地势低平，一般海拔为 5~100 m，但海拔大部分都在 50 m 以下，因此是洪水灾害频发地。在气候上大部分属北亚热带，小部分属于中亚热带北缘，气候温暖湿润，年均温为 14~18℃，最冷月均温为 0~0.5℃，最热月均温为 27~28℃，农业一年二熟或三熟。年降水量为 1 000~1 400 mm，属于典型的季风气候，年内分配不均，主要集中于春、夏两季，而最集中的时段为 5~6 月。

1. 长江中下游主要水文站、水质监测站

研究河段水文站包括：宜昌水文站、枝城水文站、荆州水文站、监利水文站、城陵矶（七里山）水文站、莲花塘水位站、螺山水文站、汉口水文站、九江水文站、湖口（鄱阳湖）水位站、大通水文站[①]。本书研究涉及的水质自动监测站包括南津关水质自动监测站、城陵矶水质自动监测站、岳阳楼水质自动监测站，各站位置如图 2.1.1 所示。

长江干流的南津关水质自动监测站位于长江干流、葛洲坝水电站库区尾部，距三峡大坝 36 km，设有三峡下游的第一个水文站和第一个水质自动监测站，与三峡大坝间仅有年径流量 2.18×10^8 m^3 的乐天溪汇入，因此，该断面的水位、流量等水文观测资料和水质监测资料均可以作为三峡下游河段水动力–水质研究的进口断面资料。

---

① 下文中将"XX 水文站"简称为"XX 站"，如宜昌水文站，简称为宜昌站。

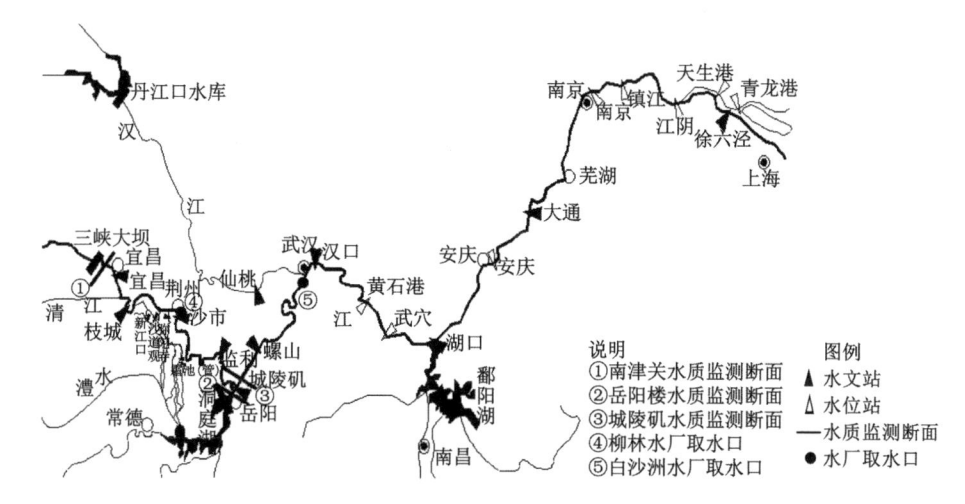

图 2.1.1　长江中下游主要水文站、水质监测站、水源地取水口位置示意图

城陵矶水质自动监测站位于长江干流、洞庭湖入汇江段北岸,监测成果反映了洞庭湖入汇后长江干流水质。城陵矶（七里山）站位于洞庭湖入江洪道,其水位反映了洞庭湖水域面积与水深情况。洞庭湖入汇后长江干流最近的水位监测站点设在莲花塘站,该站是城陵矶（七里山）站的一部分,其水位可代表城陵矶江段的水位。莲花塘站下游的螺山站具有水位、流量观测信息,且与城陵矶江段间无支流入汇,其流量可以代表城陵矶江段流量。

岳阳楼水质自动监测站位于洞庭湖入江洪道岳阳楼断面,该断面至洞庭湖的入江口间再无支流入汇,其监测成果反映了洞庭湖入江前的水质。讨论洞庭湖入汇对长江干流水质的影响时,对应的水文资料应以同位于洞庭湖入江洪道上的城陵矶站为准。岳阳楼水质自动监测站的水质资料、城陵矶站的水文资料在研究洞庭湖入汇对长江干流影响时具有对应关系。

2. 长江中下游干流河道

长江中下游河道流经广阔的冲积平原河流,沿程河势、床面泥沙组成和水文条件各不相同,导致天然情况下洲滩冲淤多变。同时,长江中下游的河床组成较为复杂,沿程河型多变,分几段对长江中下游河道特征进行概述。

1) 宜昌至城陵矶

宜昌至城陵矶河段是长江中游的上段,根据沿程河型变化大致可分三段:宜昌至枝城河段属顺直微弯型河道,它由山区性河道逐渐过渡为冲积平原型河道,长约 60.8 km,河宽约 1 190 m,右岸宜都市有清江汇入长江干流;枝城至藕池口段称上荆江,属微弯分汊型河道,长约 171.7 km,河宽约 1 600 m,该段包括了松滋口、太平口、藕池口三口门分泄长江干流流量至洞庭湖,河段沿程逐渐呈现出蜿蜒型河道的态势;藕池口至城陵矶段称下荆江,属典型的蜿蜒型河道,长约 175.5 km,河宽约 1 650 m。下荆江作为典型蜿蜒型河道,其河道演变的规律突出表现为,弯道处凹岸崩塌、凸岸边滩淤长、弯顶逐渐下移；主流变化遵循小水傍岸、顶冲点上提、大水趋直、顶冲点下挫的规律，河床及河岸可动性较强。

2）城陵矶至武汉段

城陵矶至武汉段为长江中游的中段，其间有陆水、东荆河、汉江等众多支流汇入。河道平面形态有别于之前以单一河道为主的河势，中间夹杂几处藕节状宽窄相间的分汊型河段，分为顺直型、弯曲型和鹅头型三种汊道。

3）武汉至湖口段

武汉至湖口段为长江中游的下段，全长约 280 km，其间无大型支流汇入。由于大地构造和基岩节点的控制，河势大多为宽窄相间的藕节状分汊河段。多年来，武汉至湖口河段河势较为稳定，平面形态变化特点主要表现为：主流线左右摆动带来的两岸交错受冲崩塌，但是其强度普遍低于蜿蜒型河段的凹岸崩塌。阳逻至湖口段，除黄石段为单一微弯型河道外，其余均为分汊型河段，河床演变主要表现为局部河段深泓摆动不定，洲滩冲淤变化较快和主支汊的交替消长。

4）湖口至大通段

长江干流下游河段为湖口至河口段，全长约 722 km。其中，湖口至大通河段为研究的最后一个河段，全长约 220 km，沿江广泛的分布着因基岩断层露头形成的节点，上下节点之间大多形成江心洲或江心滩分汊河段，这种不均匀的边界条件对河道平面形态的控制作用十分明显。湖口至大通河段藕节状分汊河段约有 10 处，汊道类型可分为顺直微弯型、弯曲型和鹅头型。其中，鹅头型分汊河道多位于左岸，左岸地层组成以易冲的粉细砂为主，同时河道平面形态的改变也较多发生在左岸。

3. 宜昌至武汉河段主要支流

宜昌至武汉段主要支流包括清江、汉江。清江发源于利川市西南齐岳山脉的都亭山麓，是长江中游的主要支流之一，在宜昌站下游约 25 km 处与长江干流汇合。清江全长 423 km，由西向东自然流动，该地区河流数量较多，但河床较深，河谷陡峭，落差大，流速快，且有洪水暴涨、河水丰枯比大等特点。恩施以上为上游，恩施至资丘为中游，资丘以下为下游。同时还有区域、年际、四季分布不均，汛期径流泥沙量大等特征。清江流域内多年平均径流量约 227.4 亿 m^3，多年平均流量达 427 m^3/s，最大洪峰流量达 18 900 m^3/s，平均年径流深 944 mm，平均年径流系数为 0.64，对水资源的理论储量为 5 090 万 kW，可开发量约 349 万 kW，水能丰富。

汉江发源于秦岭南麓陕西省西南部汉中市宁强县大安镇的嶓冢山，是长江中游最大的支流。汉江流经陕西、湖北两省，在武汉汇入长江，干流全长 1 577 km，流域面积 15.9 万 km^2。干流丹江口以上称上游，长约 925 km，落差 555 m，平均比降 0.60‰；丹江口至钟祥为中游，长约 270 km，落差 50 m，平均比降 0.19‰；钟祥以下为下游，长 382 km，落差 34 m，平均比降 0.09‰。丰富的降水是汉江流域河水的主要补给来源，由此汉江流域各河流年内径流变化与年内降水变化基本上是一致的，主要表现为年内分布不平均，7~10 月径流量占全年径流量的 50%左右，特殊年份高达 75%以上。根据汉江主要水文站现有实测资料统计,最大年径流量与最小年径流量相差一般均在 3 倍以上,年径流量的变差系数都在 0.3 以上,为长江各大支流之冠。

4. 长江中游江湖关系

长江中下游湖泊可谓星罗棋布，如洞庭湖、鄱阳湖等，如同长江干流边上的颗颗明珠，增添不少亮色，江湖一体互动，干流水文情势改变必然引起湖泊的连动作用。同样支流也是如此。三峡水库运行引起下游干支流及通江湖泊的调蓄作用变化，都是需要密切关注的。

1）长江与洞庭湖

洞庭湖为我国第二大淡水湖，位于湖南省北部、长江中游荆江南岸，是目前长江出三峡进入中下游平原后最为典型的吞吐型湖泊，具有维系长江中下游防洪安全的功能。湖区生物资源非常丰富，拥有水生植物 70 余种，湿生植物 160 余种，是被称作长江生态的"活化石"和"水中大熊猫"的长江江豚的主要栖息地，现有鱼类 113 种，是我国主要淡水商品鱼基地。洞庭湖湿地气候温和湿润，地理位置特殊，为鸟类，尤其是水禽类提供了优良的生存、越冬环境，是中国鸟类主要越冬栖息地之一，也是亚洲重要的水禽栖息地。洞庭湖区目前有记载的鸟类 296 种。

洞庭湖湖区总面积约 1.9 万 km^2，天然湖泊面积约 2 600 km^2，洪道面积约 1 400 km^2，如图 2.1.2 所示。洞庭湖位于长江中游荆江河段南岸，向南汇集湘江、资水、沅水、澧水及环湖中小河流来水，向北纳入长江经松滋口、太平口、藕池口分流量，向东承接汨罗江和新墙河水，最后经城陵矶注入长江，是一个典型的面积庞大、关系复杂的吞吐型湖泊。洞庭湖的分流和调蓄功能，对长江中游地区防洪起着十分重要的作用。荆江与洞庭湖之间

图 2.1.2 长江与洞庭湖关系示意图

的分汇流关系经历了长期的变化过程。1958年调弦口封堵，四口减为三口。20世纪60年代以来，下荆江中洲子、沙滩子和上车湾发生了自然裁弯或实施了人工裁弯，三口分流量减小而下荆江流量增大，这在一方面减少了进入洞庭湖的水量、沙量，另一方面加大了下荆江出口的江湖顶托。自2003年三峡水库运行以来，水库具有显著的削峰补枯作用，而坝下游河道也发生了明显的冲刷。这些作用综合影响之下的江湖水情变化趋势，是研究荆江与洞庭湖水位、流量及水生态问题的重要前提。

2）长江与鄱阳湖

鄱阳湖位于江西省北部、长江中下游交接处南侧，是我国第一大淡水湖，面积为4 436 km²，容积327亿m³，上承赣江、抚河、信江、饶河、修水五大河，下接滔滔长江，是长江中下游流域仅有的两大通江湖泊之一，与长江进行着复杂的水文和水动力交互作用，如图2.1.3所示。鄱阳湖是吞吐型、季节性淡水湖泊，高水湖相，低水河相，洪、枯水期的湖泊面积、容积相差极大。鄱阳湖与长江的水量交换形式可分为三种：倒灌、自由下泄和顶托。当长江水位快速上涨时，而鄱阳湖来水量变化不大，长江水位高于鄱阳湖水位时，将出现江水倒灌入鄱阳湖的现象；枯季长江水位降低，鄱阳湖水量进入长江的方式以自由下泄为主；当长江处于汛期或者江水快速上涨时，鄱阳湖与长江的水量交换形式以顶托为主。

在三峡水库论证期间，由于鄱阳湖区距三峡坝址较远，长江江湖关系及三峡水库蓄水影响以洞庭湖区为重点。但是随着三峡水库投入运行，水库蓄水位的抬升与连续枯水年份相遇，三峡水库汛后对鄱阳湖区的影响同样不容忽视。

图2.1.3 长江与鄱阳湖关系示意图

2.1.2 宜昌至武汉河段水体功能及重要水源地

1. 宜昌至武汉段水体功能及水质标准

重点关注长江干流宜昌至武汉市中心城区河段，该区域水功能一级分区情况如图2.1.4所示。

该区域水体目标水质为地表Ⅱ类水标准。地表水环境质量标准见表2.1.1。集中式生活饮用水地表水源地补充项目标准限值见表2.1.2。

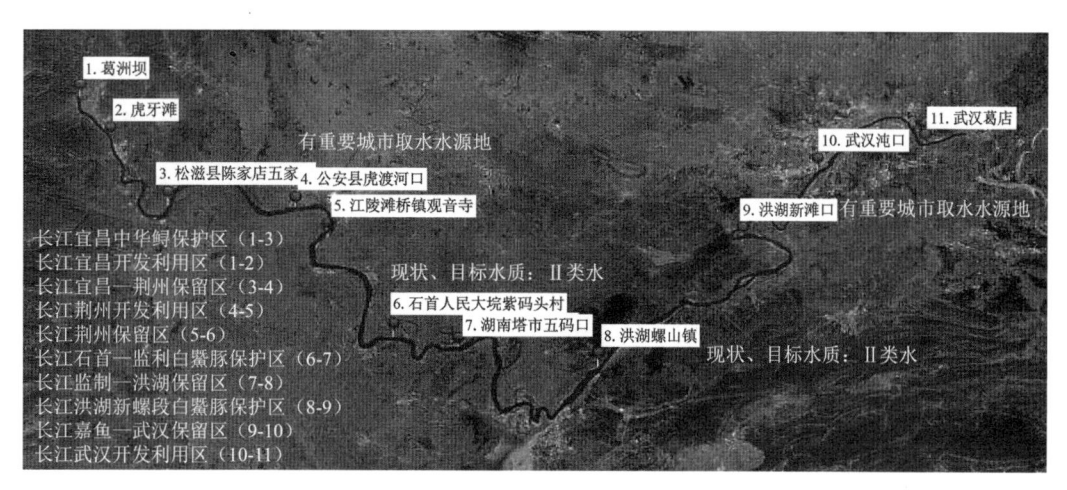

图 2.1.4 长江中游干流河段（研究区域）水功能分区区位图

表 2.1.1 《地表水环境质量标准》（GB 3838—2002） （单位：mg/L）

指标	I类	II类	III类	IV类	V类
水温/℃	人为造成的环境水温变化应限制在：周平均最大温升≤1；周平均最大温降≤2				
pH	6～9				
溶解氧≥	饱和率90%（或7.5）	6	5	3	2
高锰酸盐指数≤	2	4	6	10	15
化学需氧量≤	15	15	20	30	40
五日生化需氧量≤	3	3	4	6	10
氨氮≤	0.15	0.5	1	1.5	2
总磷（以P计）≤	0.02（湖、库0.01）	0.1（湖、库0.025）	0.2（湖、库0.05）	0.3（湖、库0.1）	0.4（湖、库0.2）
铜≤	0.01	1	1	1	1
锌≤	0.05	1	1	2	2
氟化物（以F⁻计）≤	1	1	1	1.5	1.5
硒≤	0.01	0.01	0.01	0.02	0.02
砷≤	0.05	0.05	0.05	0.1	0.1
汞≤	0.000 05	0.000 05	0.000 1	0.001	0.001
镉≤	0.001	0.005	0.005	0.005	0.01
铬（六价）≤	0.01	0.05	0.05	0.05	0.1
铅≤	0.01	0.01	0.05	0.05	0.1
氰化物≤	0.005	0.05	0.2	0.2	0.2
挥发酚≤	0.002	0.002	0.005	0.5	1
石油类≤	0.05	0.05	0.05	0.5	1
阴离子表面活性剂≤	0.2	0.2	0.2	0.3	0.3
硫化物≤	0.05	0.1	0.2	0.5	1

表 2.1.2　集中式生活饮用水地表水源地补充项目标准限值　　　（单位：mg/L）

项目	1	2	3	4	5
指标	硫酸盐（以 SO_4^{2-} 计）	氯化物（以 Cl^- 计）	硝酸盐(以 N 计)	铁	锰
标准值	250	250	10	0.3	0.1

2. 长江荆州段、武汉段水源地概况

为了研究水库群联合调度对长江中游调用水区域水质安全的影响，保证荆州市和武汉市的重要取水口水质达到要求，选取荆州市和武汉市两个重要的水源地——荆州市柳林水厂水源地和武汉市白沙洲水厂水源地，进行重点研究。

1）荆州市柳林水厂水源地

柳林水厂所在的沙市区为荆州市中心城区，位于荆州城区东部，长江荆江段北岸。水厂东接潜江市，南靠长江，与公安县隔江相望，西依荆州古城，北邻荆门市沙洋县，距省会武汉市 237 km。全境跨东经 112°13′～112°31′，北纬 30°12′～30°2′，全区面积 522.75 km²。柳林水厂水源地属于河流型水源地，柳林水厂为该水源地的主要取水水厂，供水区域主要涵盖沙市区江汉路以东片区，包括 60%的城区居民、荆州开发区企业和锣场、观音垱、岑河、江陵资市和滩桥等乡镇，服务人口近 50 万人。目前该水厂日均制水量 30 万 m³，取水方式是岸边浮船式取水。

2）武汉市白沙洲水厂水源地

白沙洲水厂水源地，位于武汉市洪山区青菱街，属于河流型水源地。白沙洲水厂目前占地面积 17.4 万 m²，制水能力 82 万 m³/d，服务整个武昌地区 70%的区域，东至东湖新技术开发区，西至长江边，南至江夏大桥新区，北至武昌区武珞路。采用浮船式取水，共有钢制泵船四艘，取水规模超过 100 万 m³/d。

2.1.3　宜昌至武汉河段入汇污染负荷估算

1. 主要支流入汇污染负荷

统计支流汉江（宗关水质监测站、仙桃水文站数据）2004～2016 年高锰酸盐指数（COD_{Mn}）、氨氮（$NH_3\text{-}N$）入江总量的统计，见图 2.1.5。

若污染物入江总量为 G，该污染物浓度为 c，入江流量为 Q，该流量持续时间为 T，则有

$$G = c \times Q \times T \tag{2.1.1}$$

在 2004～2016 年，汉江排入长江的 COD_{Mn} 排放量在 2005 年、2010 年和 2011 年占前三位，均高于这 13 年的平均值，其余年份较低，且都低于平均值。从排放量的年变化趋势看，从 2006～2010 年呈现上升的基本变化趋势，之后呈现明显下降的基本变化趋势。因此，如果以 COD_{Mn} 的排放量为有机污染物的衡量指标，那么从 2011～2016 年，汉江排入长江的污染物呈下降、好转的趋势。

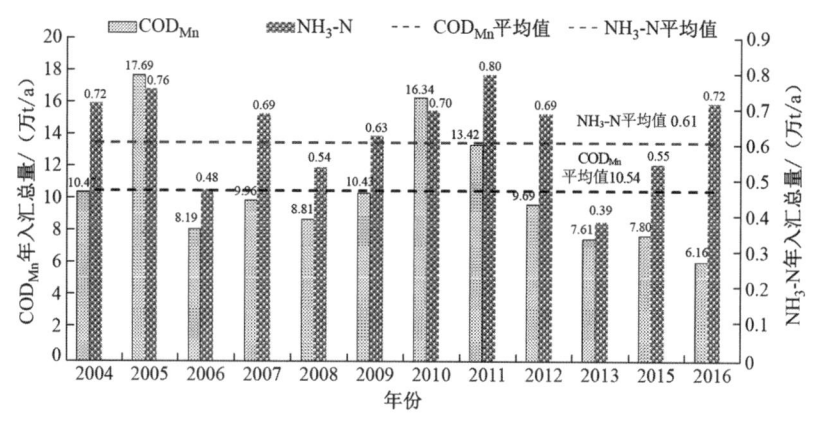

图 2.1.5　汉江入长江污染负荷估算

数据来源：生态环境部数据中心

在同期，汉江排入长江的 NH_3-N 总量在 2004 年、2005 年、2011 年和 2016 年占前三位，整体变化趋势不明显，以波动为主，在经历了 2013 年的最小值后，出现了明显的上升。

2. 主要通江湖泊入汇污染负荷估算

统计洞庭湖（岳阳楼水质自动监测站、城陵矶自动监测站数据）入汇长江的 2004～2016 年 COD_{Mn}、NH_3-N 入江总量，见图 2.1.6。根据式（2.1.1）计算入江污染负荷总量。

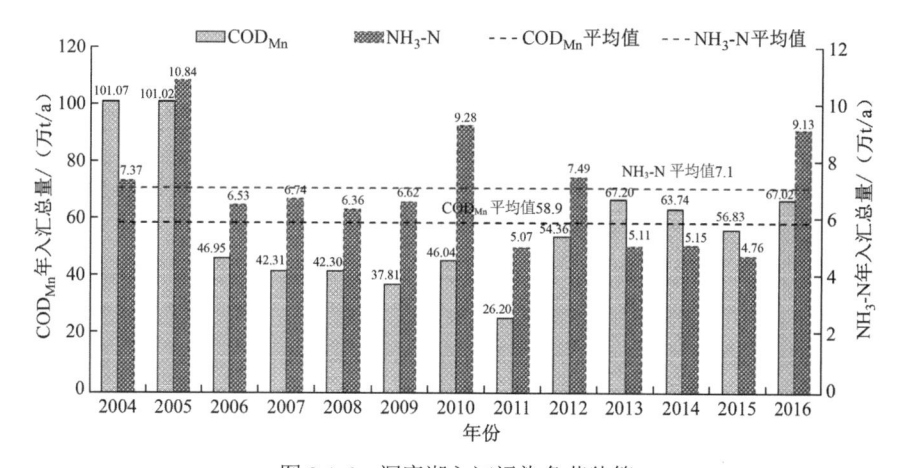

图 2.1.6　洞庭湖入江污染负荷估算

在 2004～2016 年，洞庭湖排入长江的 COD_{Mn} 于 2004 年、2005 年达到最高值，且明显高于其余年份。从年排放量的变化趋势看，2005 到 2009 年呈现明显的下降趋势，2011 年排放量出现低谷，2012～2016 年洞庭湖排入长江的 COD_{Mn} 总量迅速增加且逐渐趋于稳定。

在同期，洞庭湖排入长江的氨氮总量在 2005 年、2010 年和 2016 年占前三位，其余年份的排放量明显低于这最高的三年量。在经历了 2015 年的最小值之后，2016 年和 2017 年又出现了明显的上升。

3. 主要城市入汇污染负荷

1）荆州市

随着经济快速发展，废水排放量逐年增多，查阅《荆州市统计年鉴》，全市经济指标和污染物排放量见表 2.1.3、表 2.1.4，污染物统计数据中 COD 记录年份和组成来源最全面，因此以 COD（只计点源 COD 排放量，下同）为代表，进行污染风险分析。

表 2.1.3 2007~2012 年荆州市人口、GDP、污染物排放情况

指标	2007	2008	2009	2010	2011	2012
人口/万人	642	646	647	657	663	663
GDP/亿元	520	624	709	837	1 043	1 196
人均 GDP/元	8 100	9 659	10 943	12 740	15 732	18 039
工业源 COD 排放量/万 t	2.64	2.16	2.04	2.08	2.64	2.48
生活源 COD 排放量/万 t	2.8	3.09	3.2	3.07	5.16	5.25
COD 排放量/万 t	5.4	5.25	5.24	5.15	7.80	7.73

表 2.1.4 2013~2016 年荆州市人口、GDP、污染物排放情况

指标	2013	2014	2015	2016
人口/万人	661.01	658.45	643.19	646.35
GDP/亿元	1 334.93	1 480.49	1 590.50	1 726.75
人均 GDP/元	23 259	25 774	27 875	30 305
污水排放量/万 t	13 507	14 323	14 255	13 368
污水处理量/万 t	11 725	12 661	12 620	11 992
废水排放总量/万 t	26 454	26 788	27 981	19 455
工业废水排放总量/万 t	10 387	9 923	10 897	5 167
工业废水实际处理量/万 t	4 794	4 864	4 609	2 778
工业废水 COD 排放量/t	24 878	23 423	21 249	6 298
生活污水 COD 排放量/t	53 837	55 590	54 109	45 282

数据来源：湖北省统计局《荆州市统计年鉴》

从表 2.1.3、表 2.1.4 可以看出，荆州市从 2007~2016 年，无论是 GDP 总量还是人均 GDP，都出现稳步上升的趋势，而同期的污水排放量和污水处理能力则存在一定的波动。从工业废水的排放量和工业废水、生活污水中以 COD 为代表的污染物量排放量来看，2013~2015 年仍然存在一定的波动，而 2016 年这些指标则出现显著的下降。因为荆州市市域范围都属于长江流域，所以全市范围内的污染物排放量的下降，从整体上有利于减轻对长江干流荆州段的水污染风险。

表 2.1.5~表 2.1.8 是 2013~2016 年荆州市各县（市、区）污染排放情况。从表 2.1.5~表 2.1.8 对比中看出，荆州区、沙市区和荆州经济开发区人口和工业较集中，生活污水、

表 2.1.5 2013 年荆州市各县（市、区）污染排放情况

县（市、区）	生活污水排放量/万 t	生活污水 COD 排放量/t	工业企业个数/个	工业废水排放总量/万 t
荆州区	3 286.91	7 607	68	1 466
沙市区	3 775.08	6 827	44	1 702
荆州经济开发区	147.56	1 367	97	2 196
江陵县	557.48	2 730	40	626
松滋市	721.74	6 434	62	608
公安县	3 308.92	7 413	43	905
石首市	1 536.75	4 878	49	849
监利县	1 123.74	9 755	28	1 318
洪湖市	1 601.82	6 826	51	717

表 2.1.6 2014 年荆州市各县（市、区）污染排放情况

县（市、区）	生活污水排放量/万 t	生活污水 COD 排放量/t	工业企业个数/个	工业废水排放总量/万 t
荆州区	3 593	7 855	85	1 640
沙市区	4 175	7 249	52	1 129
荆州经济开发区	161	1 412	107	2 238
江陵县	609	2 818	50	431
松滋市	1 006	6 443	62	634
公安县	2 502	7 655	43	903
石首市	1 680	5 036	77	850
监利县	1 228	10 273	32	1 384
洪湖市	1 906	6 849	53	713

表 2.1.7 2015 年荆州市各县（市、区）污染排放情况

县（市、区）	生活污水排放量/万 t	生活污水 COD 排放量/t	工业企业个数/个	工业废水排放总量/万 t
荆州区	2 569.54	8 142.72	100	1 724.00
沙市区	2 253.00	7 139.63	68	892.69
荆州经济开发区	1 081.15	3 426.11	134	3 449.47
江陵县	687.13	2 177.48	44	441.08
松滋市	2 109.45	6 684.72	68	493.91
公安县	2 259.61	7 160.57	54	1 342.02
石首市	1 526.83	4 838.43	101	659.31
监利县	2 478.24	7 853.40	47	1 210.52
洪湖市	2 110.05	6 686.62	58	683.80

表 2.1.8 2016 年荆州市各县（市、区）污染排放情况

县（市、区）	生活污水排放量/万 t	生活污水 COD 排放量/t	工业企业个数/个	工业废水排放总量/万 t
荆州区	2 055.17	4 031.52	89	3 663
沙市区	1 780.45	3 323.80	60	2 190
荆州经济开发区	879.21	2 633.71	131	1 836
江陵县	611.58	2 728.03	50	708
松滋市	1 801.27	7 574.96	57	1 975
公安县	1 916.25	4 533.60	40	2 893
石首市	1 286.43	5 362.89	78	1 367
监利县	2 127.34	7 744.99	52	2 379
洪湖市	1 813.64	7 329.10	54	2 445

工业废水的排放量排名在全市都比较靠前。而且这三个行政区位于长江荆州段的上游，因此它们的排放量对长江荆州段的水质有直接影响。荆州区、沙市区和荆州经济开发区的生活污水排放量无论是绝对数量还是相对比例，2015 年和 2016 年都呈现明显下降的趋势，生活污水 COD 排放量在 2016 年有显著下降，但是工业废水排放量在 2016 年有明显的增加。

由表 2.1.5～表 2.1.8 可见，长江荆州段的生活污水和工业废水的污染物排放总量有下降的趋势，位于上游的荆州区、沙市区和荆州经济开发区生活污水排放量下降明显，但是工业废水排放量在 2013～2015 年经过一定波动后，2016 年出现明显的上升。

《荆州市统计年鉴》中的点源污染排放量是基于整个荆州市（包含下辖县市）统计出来的，那么可以通过中心城区和非中心城区国控重点废水污染企业的总 COD 排放量来估计中心城区工业 COD 的排放量占整个荆州市工业排放量的比例，即认为中心城区工业 COD 的排放量占整个荆州市工业排放量的比例等于中心城区国控重点废水污染企业 COD 的排放量占全市国控重点废水污染企业的总 COD 排放量的比例。由此确定一个折减系数，通过荆州市的工业 COD 总量折算荆州中心城区的工业 COD 总量。通过湖北省企业环境自行监测信息公开平台查询到位于荆州市国控重点废水污染企业的数量、名称及 COD 的排放量。

2014 年荆州市中心城区国控重点废水污染企业 COD 的排放量约占整个荆州市国控重点废水污染企业排放量的 62.09%，因此折减系数定为 0.620 9。

对于荆州市中心城区生活源 COD 的排放量占整个荆州市的比例，可以近似认为与中心城区人口占荆州市总人口的比例相当。查询荆州市人民政府网站（http://www.jingzhou.gov.cn/）得知：荆州全市土地面积 1.41 万 km^2，总人口 658.45 万人（2014 年底），中心城区面积 59 km^2，人口 75 万人。因此，荆州市中心城区生活源 COD 的排放量占整个荆州市的比例近似为 0.113 9。

通过以上对荆州市中心城区工业源 COD 和生活源 COD 的统计与分析，可以求出 2007～2015 年荆州市中心城区总 COD 点源产生量，见表 2.1.9。

表 2.1.9 2007～2015 年荆州市中心城区总点源 COD 产生量　　（单位：万 t）

年份	工业源 COD	生活源 COD	总点源 COD
2007	2.64	2.80	1.98
2008	2.16	3.09	1.71
2009	2.04	3.20	1.65
2010	2.08	3.07	1.66
2011	2.64	5.16	2.25
2012	2.48	5.25	2.16
2013	2.49	5.38	2.18
2014	2.41	5.20	2.11
2015	2.46	5.33	2.16

2）武汉市

2014～2016 年武汉市城市废水中主要污染物排放情况见表 2.1.10，2012～2016 年武汉市污水排放基本情况见表 2.1.11。从各项指标来看，污水排放总量和处理总量都在稳步上升，而未经处理的污水排放量在稳步下降。污水处理能力、排水管长度、污水集中处理率的稳步提高，表明武汉市对城市生活污水的收集处理不断加强，污水对周围水环境的影响正在不断减小，长江干流所受的固定点源污染威胁随之减轻。

表 2.1.10 武汉市城市废水中主要污染物排放情况

年份	工业废水排放量/万 t	工业废水 COD 排放量/t	工业废水氨氮排放量/t	城镇生活污水排放量/万 t	生活 COD 排放量/t	城镇生活污水氨氮排放量/t
2014	17 097	14 847	1 388	71 572	82 571	11 705
2015	15 453	79 632	5 147	76 866	81 290	11 665
2016	12 623	5 632	561	78 367	78 918	11 342

数据来源：国家统计局《中国统计年鉴》http://www.stats.gov.cn/tjsj/ndsj/

表 2.1.11 2012～2016 年武汉市污水排放概况

指标	2012 年	2013 年	2014 年	2015 年	2016 年
污水年排放量/万 m³	66 420	71 643	79 245	83 243	89 110
污水年处理总量/万 m³	58 970	66 557	73 698	79 113	86 799
未处理的污水排放量/万 m³	7 450	5 086	5 547	4 130	2 311
污水处理能力/（万 m³/d）	194.3	215.5	230.8	235.75	278
污水处理厂/座	14	19	19	19	19
排水管道长度/km	8 173	9 010	9 102	9 202	9 316
建成区排水管道密度/（km/km²）	15.7	16.6	16.47	16.25	15.91

指标	2012 年	2013 年	2014 年	2015 年	2016 年
城市生活污水集中处理率/%	88.8	95.4	93	95.1	97.4
污水处理厂集中处理率/%	86.1	92.9	93	95	95.4

数据来源：湖北省统计局《武汉市统计年鉴》http://www.statshb.gov/info/iList.jsp?cat id=10436

2.1.4 宜昌至武汉河段水质状况

1. 长江宜昌至武汉河段水质状况及评价

以 COD_{Mn}、NH_3-N 为主要评价指标，以溶解氧和 pH 为辅助评价指标，对南津关水质自动监测站、城陵矶水质自动监测站、岳阳楼水质自动监测站等主要站点的水质进行总体评价，并对发展趋势进行简单的分析。由图 2.1.7、图 2.1.8 和表 2.1.12 可知，2004～2016 年 13 年间南津关水质自动监测站 COD_{Mn} 周平均浓度除 2005 年、2009 年、2010 年、2013 年、2015 年、2016 年出现短期Ⅲ类水质（2013 年出现 1 周Ⅳ类）外，其他时间均为Ⅱ类及以上水质，浓度在 4 mg/L 以下。2004～2016 年南津关水质自动监测站 COD_{Mn} 呈下降趋势。2004～2016 年 13 年间南津关水质自动监测站 NH_3-N 周平均浓度除 2005 年、

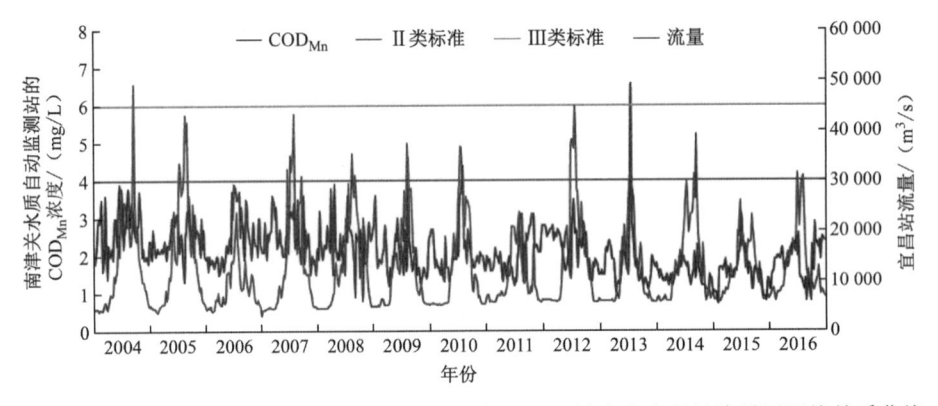

图 2.1.7 2004～2016 年南津关水质自动监测站 COD_{Mn} 浓度和宜昌站流量周平均关系曲线

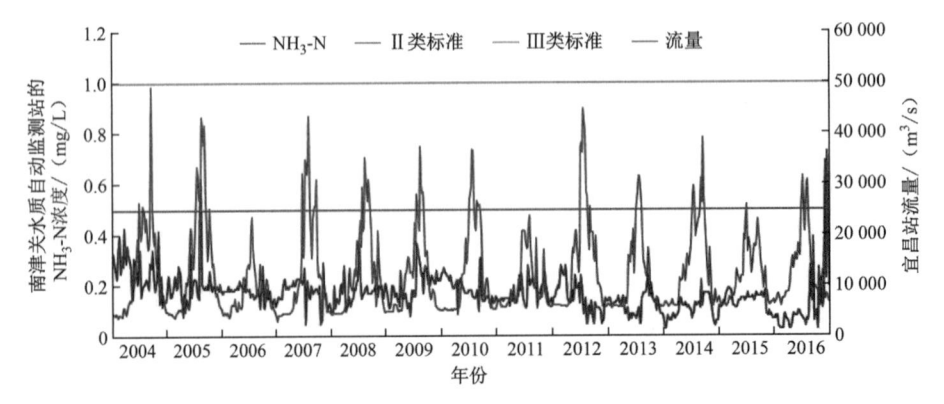

图 2.1.8 2004～2016 年南津关水质自动监测站 NH_3-N 浓度和宜昌站流量周平均关系曲线

2016 年出现短期 III 类水质外，其他时间均为 II 类及以上水质，浓度在 0.5 mg/L 以下。2004~2016 年南津关水质自动监测站 NH_3-N 浓度呈下降趋势。2004~2016 年，南津关水质自动监测站水质良好，且逐渐趋优，如 2014 年中有 32 周为 I 类水质。

表 2.1.12　南津关水质自动监测站历年水质状况

年份	有效监测周数	II 类水质及以上周数	III 类水质及以下周数及出现时间	主要超标指标	发展趋势
2004	52	52	—	—	整体水质优，出现 5 周 I 类水质
2005	52	50	第 32、33 周出现 III 类水质	NH_3-N	全年无 I 类水质，出现 2 周 III 类水质，较上一年差
2006	52	52	—	—	整体水质优良，出现 2 周 I 类水质
2007	52	52	—	—	整体水质优良，出现 1 周 I 类水质
2008	52	52	—	—	整体水质优良，出现 5 周 I 类水质，较上一年更佳
2009	52	51	第 33 周出现 III 类水质	COD_{Mn}	整体良好，出现 1 周 III 类水质，5 周 I 类水质
2010	51	49	第 31、44 周出现 III 类水质	COD_{Mn} 超标 1 次，溶解氧过低 1 次	整体良好，出现 2 周 III 类水质，无 I 类水质出现，水质有所下降
2011	52	52	—	—	整体优，出现 14 周 I 类水质，比上一年水质转好
2012	52	52	—	—	整体优，出现 16 周 I 类水质，水质保持较好
2013	52	50	第 29 周 III 类，第 30 周 IV 类	COD_{Mn} 过高	整体良好，出现 22 周 I 类水质，但是出现连续两周 COD_{Mn} 超标
2014	52	52	—	—	整体优，出现 32 周 I 类水质，较上一年优
2015	51	49	第 11、45 周均出现 III 类水质	NH_3-N 和 COD_{Mn} 各超标一次	整体良好，出现 20 周 I 类水质，水质较上一年略有下降
2016	51	50	第 26 周 III 类	COD_{Mn} 轻微超标	整体良好，出现 18 周 I 类水质，与上一年基本持平
2017	34	33	第 6 周 III 类	NH_3-N 偏高	整体良好，出现 8 周 I 类水质

由图 2.1.9、图 2.1.10、表 2.1.9 和表 2.1.13 可见，2004~2016 年城陵矶水质自动监测站 COD_{Mn} 几乎全在 5 mg/L 以下，大部分符合 II 类水质要求，极少出现 III 类以下水质情况。另外，纵观 2004~2016 年城陵矶水质自动监测站 COD_{Mn} 变化趋势，2006 年以前 NH_3-N 浓度基本在 4 mg/L 左右，2006 年以后，浓度呈下降趋势，至 2016 年为 2 mg/L 左右。纵观 2004~2016 年城陵矶水质自动监测站 NH_3-N 浓度变化趋势，2009 年以前 NH_3-N 浓度基本在 0.4 mg/L 左右，2009 年以后，浓度呈下降趋势。

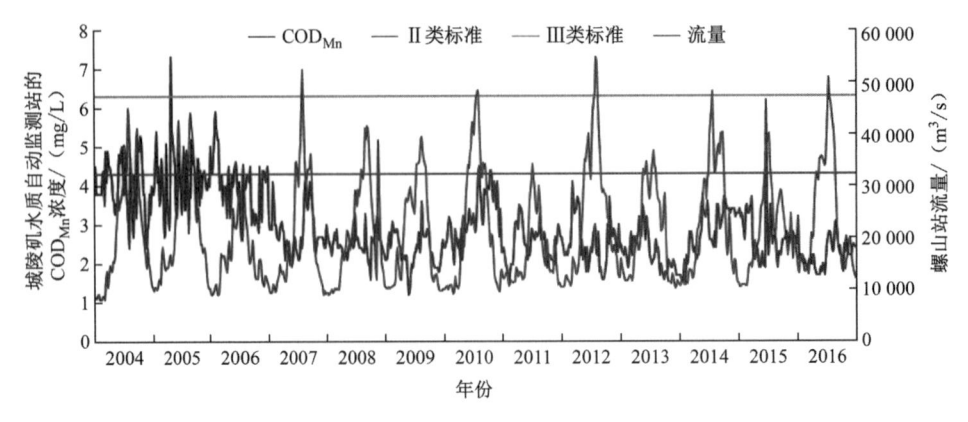

图 2.1.9　2004～2016 年城陵矶水质自动监测站的 COD_{Mn} 浓度和螺山站流量周平均关系曲线

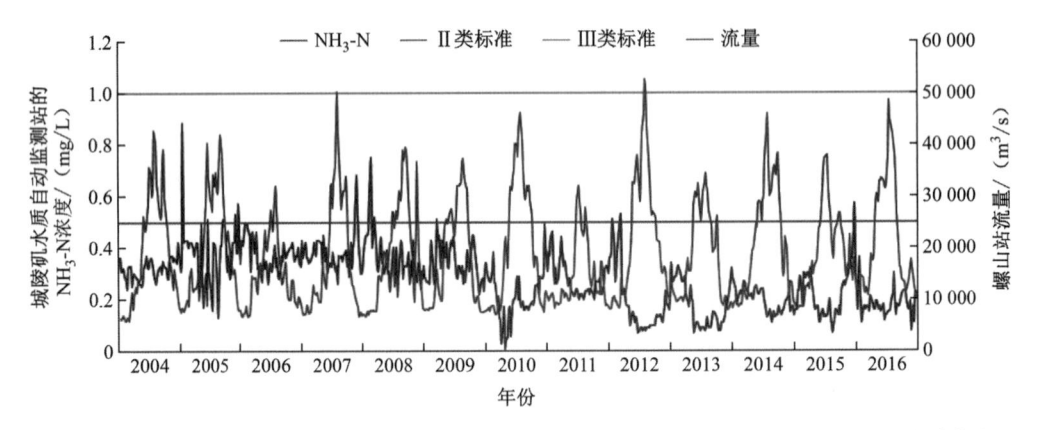

图 2.1.10　2004～2016 年城陵矶水质自动监测站的 $NH_3\text{-}N$ 浓度和螺山站流量周平均关系曲线

表 2.1.13　2004～2016 年城陵矶水质自动监测站水质状况

年份	有效监测周数	Ⅱ类水质及以上周数	Ⅲ类水质及以下周数及出现时间	主要超标指标	发展趋势
2004	52	37	共出现 15 周Ⅲ类水质	COD_{Mn}	全年在各个时段都有出现Ⅲ类水质，整体大都是Ⅱ类水质，状况基本良好
2005	52	28	共出现 23 周Ⅲ类水质，第 18 周出现Ⅳ类水质	COD_{Mn}	全年Ⅱ、Ⅲ类水质交替出现，整体水质一般
2006	52	36	共出现 16 周Ⅲ类水质	COD_{Mn}	整体水质良好，1、2 月水质为Ⅲ类水质，较差
2007	52	49	第 46、47、48 周出现Ⅲ类水质	$NH_3\text{-}N$	全年水质优良，仅在 12 月出现 NH3-N 稍高的情况
2008	52	52	—	—	优，全年水质为Ⅱ类
2009	52	51	第 41 周出现Ⅲ类水质	$NH_3\text{-}N$	整体水质优良
2010	50	47	第 31、41、42 周出现Ⅲ类水质	COD_{Mn}	10 月中旬连续两周出现 COD_{Mn} 超标，上半年水质要优于下半年

续表

年份	有效监测周数	II类水质及以上周数	III类水质及以下周数及出现时间	主要超标指标	发展趋势
2011	52	52	—	—	全年水质均达到II类以上，水质优，较上一年为优
2012	53	50	第4、11周出现III类水质，第8周出现劣V类水质	NH_3-N	前3个月水质较差，之后水质转好，I类水质周出现较上一年更多
2013	52	52	—	—	整体水质优，下半年I类水质更多，较上一年水质更优
2014	52	52	—	—	整体水质较高，全年为II类水质，较上一年水质稍差
2015	47	47	—	—	整体水质优良，全年为II类水质以上，6周I类水质
2016	39	37	第2周为III类水质，第3周出现IV类水质	NH_3-N	整体水质较好，全年仅2周为I类水质，污染主要集中于上半年

岳阳楼水质自动监测站的水质状况较为复杂，见图2.1.11、图2.1.12和表2.1.14，总体情况较城陵矶水质自动监测站的（长江干流）差，且超标指标趋于多元化，除COD_{Mn}、NH_3-N外，另有溶解氧和pH，可以说，洞庭湖的污染入汇是城陵矶河段水质污染的主要贡献者。

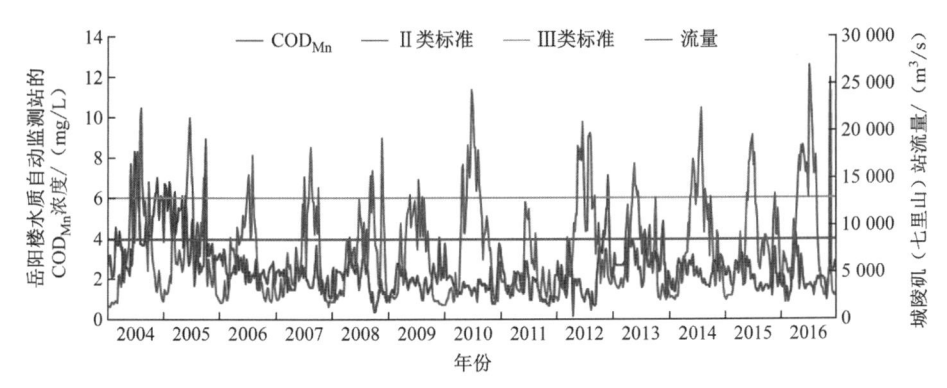

图2.1.11 2004～2016年岳阳楼水质自动监测站的COD_{Mn}浓度和城陵矶（七里山）站流量周平均关系曲线

由图2.1.11、图2.1.12和表2.1.14可见，2004～2016年岳阳楼水质自动监测站的COD_{Mn}周平均浓度除2004年、2005年、2012年、2013年、2016年出现IV类水质外，其他时间均为III类水质，浓度在6 mg/L以下。2004年、2005年水质较差，2006～2012年岳阳楼水质自动监测站的COD_{Mn}呈下降趋势；2013年COD_{Mn}升高，后呈下降趋势。2004～2016年岳阳楼水质自动监测站的NH_3-N周平均浓度除2005年、2016年出现短期IV类水质外，其他时间均为II类及以上水质，浓度在1 mg/L以下。2004～2016年NH_3-N浓度总体上呈下降趋势。

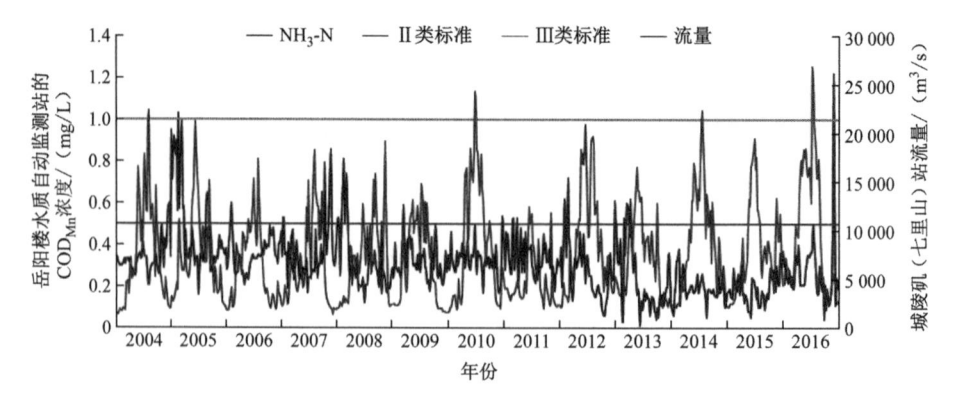

图 2.1.12　2004～2016 年岳阳楼水质自动监测站的 NH$_3$-N 浓度和城陵矶（七里山）站流量周平均关系曲线

表 2.1.14　2004～2016 年岳阳楼水质自动监测站的水质状况

年份	有效监测周数	II 类水质及以上周数	III 类水质以下周数及出现时间	主要超标指标	发展趋势
2004	47	22	出现 17 周 III 类水质，第 15、16、25、26、27、44、45、46、49 周出现 IV 类水质	15、16 周溶解氧过低，其余周属于 COD$_{Mn}$ 超标	全年水质较差，上半年稍好
2005	51	19	出现 22 周 III 类水质，10 周 IV 类水质	8 次 COD$_{Mn}$ 超标，1 次 NH$_3$-N 超标，1 次溶解氧过低	整体水质较差，上半年比下半年出现的超标次数要多，大多数为 COD$_{Mn}$ 超标
2006	52	51	出现 1 周 III 类水质	—	全年水质优良，断流 1 次
2007	52	46	出现 6 周 III 类水质	NH$_3$-N	全年水质良好，出现几次 NH$_3$-N 稍高，但没有低于 III 类水质
2008	52	40	出现 12 周 III 类水质	主要为 NH$_3$-N，有部分为 COD$_{Mn}$ 超标和溶解氧过低	全年水质基本良好
2009	51	49	第 11、47 周出现 III 类水质	NH$_3$-N、COD$_{Mn}$	整体水质良好，III 类水质出现两次但超标很少
2010	52	46	出现 5 周 III 类水质，第 49 周出现 IV 类水质	主要为溶解氧偏低，第 52 周出现 NH$_3$-N 超标	整体水质良好，相比上一年有所恶化，溶解氧含量波动大
2011	52	48	第 9、10、13、43 周出现 III 类水质	NH$_3$-N 超标	整体水质良好，水质变化不大
2012	—	—	第 6、9 周出现 NH$_3$-N 超标，第 37 周和第 44～49 连续 6 周出现 COD$_{Mn}$ 超标	NH$_3$-N、COD$_{Mn}$	全年水质偏差，11 月出现较为严重的污染，并出现了 1 次 IV 类水质

续表

年份	有效监测周数	II类水质及以上周数	III类水质以下周数及出现时间	主要超标指标	发展趋势
2013	52	40	出现12周III类水质	pH、COD_{Mn}	整体水质良好,有轻微污染,下半年水质较好
2014	52	52	—	—	全年水质为II类以上,5周I类水质
2015	48	48	—	—	全年水质为II类以上,5周I类水质
2016	41	34	第12、14、15、24、26、47、48周出现III类水质	NH_3-N、COD_{Mn}	全年没有I类水质,水质较上一年有所恶化

根据上述图表,绘制南津关水质自动监测站、城陵矶水质自动监测站、岳阳楼水质自动监测站三断面的水质类别占当年周数百分比如图 2.1.13 所示。从整体来看,南津关水质自动监测站的水质质量良好,城陵矶水质自动监测站的水质也较好。南津关水质自动监测站的水质优于城陵矶水质自动监测站和岳阳楼水质自动监测站,除 2004 年外,岳阳楼水质自动监测站的水质均劣于城陵矶水质自动监测站的水质。

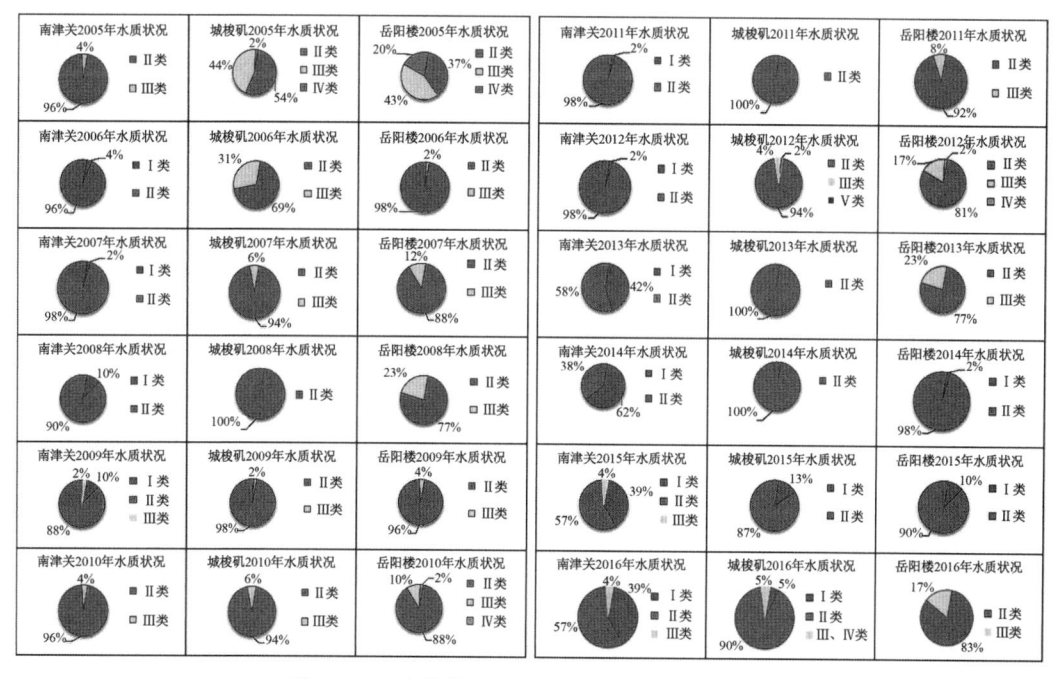

图 2.1.13 南津关、城陵矶、岳阳楼断面水质状态

城陵矶水质自动监测站以上长江干流及洞庭湖出口水质直接影响城陵矶水质自动监测站以下河段的水质,城陵矶水质自动监测站水质出现不达标现象与岳阳楼水质自动监测站水质较差相关性密切。例如:2005 年和 2012 年城陵矶和岳阳楼洞庭湖出口断面同

时出现了 IV 类水质,且各项指标的波动也较大。并且,洞庭湖各个断面出现污染与南津关没有直接的联系,但在污染指标上有共性,考虑污染的扩散和传播,可以看出南津关水质有滞后性的影响。因此,分析城陵矶断面较差水质的时间分布对三峡水库中长期调度预警具有现实意义。例如:2004 年 1 月～2016 年 12 月共 657 周,城陵矶断面 III 类及劣于 III 类水质的有 66 周,其中枯水期 43 周,占比 65%。另外,城陵矶断面 IV 类及劣于 IV 类水质的有 3 周,其中枯水期 2 周,占比 67%。当城陵矶水质自动监测站出现 IV 类及 IV 类以下水质,且污染指标为 COD_{Mn} 或 NH_3-N 时,需要对三峡水库提出调度预警,是否需要通过提高下泄量来稀释洞庭湖来水污染浓度。

2. 城陵矶江段的水质水量关系

城陵矶河段位于长江中游,其水质水量受长江来流与洞庭湖入汇的共同作用,影响因素复杂,是研究长江中游水质水量及江湖关系的典型河段。

图 2.1.14、图 2.1.15 为 2015～2016 年长江干流城陵矶水质自动监测站监测的 COD_{Mn}、NH_3-N 与螺山站日均流量过程的对应关系。由图 2.1.14 和图 2.1.15 可知,城陵矶断面的

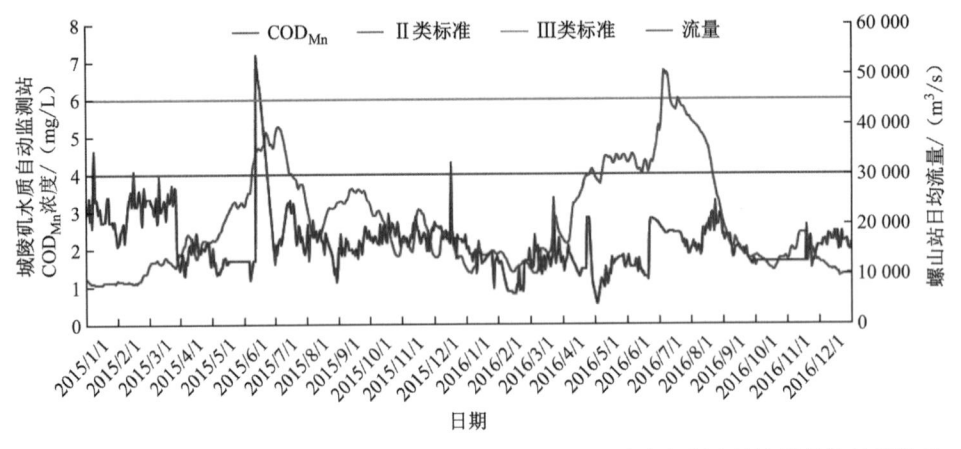

图 2.1.14　2015～2016 年城陵矶水质自动监测站的 COD_{Mn} 浓度与螺山站流量日均过程关系

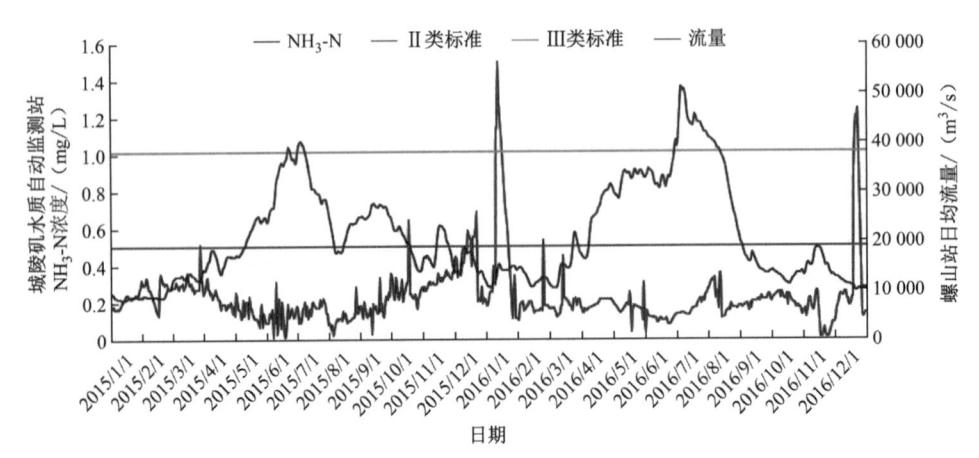

图 2.1.15　2015～2016 年城陵矶水质自动监测站的 NH_3-N 浓度与螺山站流量日均过程关系

COD_{Mn}、$NH_3\text{-}N$ 浓度均与流量具有一定的负相关关系,流量越大浓度越低。COD_{Mn} 及 $NH_3\text{-}N$ 浓度突增主要发生在枯水期流量偏小与主汛期开始阶段,分析原因主要在于地表面源污染随着雨水径流集中进入洞庭湖后导致长江干流水质的下降。

图 2.1.16 为 2015~2016 年长江干流城陵矶水质自动监测站监测的 COD_{Mn}、$NH_3\text{-}N$ 浓度日均值与螺山站日均流量的相关关系。总体上,当长江干流螺山站流量小于 14 000 m³/s 时,流量越大,COD_{Mn} 越小;当长江干流螺山站流量大于 14 000 m³/s 时,COD_{Mn} 基本不随流量变化,除个别点外,浓度均小于 4 mg/L。当螺山站流量在 35 000 m³/s 左右时,COD_{Mn} 有突变现象发生。当长江干流螺山站流量小于 16 000 m³/s 时,流量越大,$NH_3\text{-}N$ 浓度越小;当长江干流螺山站流量大于 16 000 m³/s 时,$NH_3\text{-}N$ 浓度基本不随流量变化,除个别点外,浓度均小于 0.5 mg/L。当螺山站流量在 10 000~15 000 m³/s 时,$NH_3\text{-}N$ 浓度有突变现象发生。

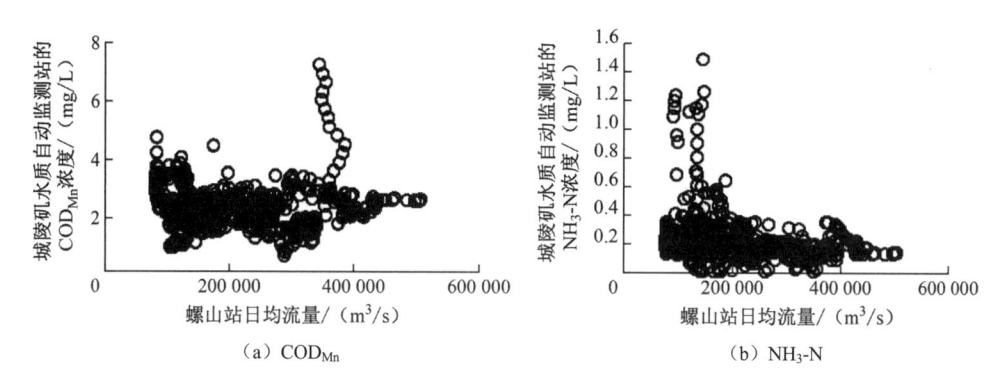

图 2.1.16 2015~2016 年长江干流城陵矶水质自动监测站的污染物浓度与螺山站日均流量的对应关系

3. 通江湖泊水质状况及评价

2015 年长江整体水质较好,I~III 类水河长占总评价河长的 78%,劣于 III 类水河长占总评价河长的 21.2%,但是在 60 个湖泊和 254 座水库中,全年水质符合 I~III 类标准的湖泊和水库分别占 16.7%和 74.8%,多达 84.6%的湖泊和 38.6%的水库都呈中、轻度富营养状态。以洞庭湖为例,自 2010 年,湖南省在洞庭湖设十余个监测断面,监测结果统计如图 2.1.17 所示。

由图 2.1.17 可以看出在 2012 年后,III 类水质断面(各断面所在功能区标准均为 III 类)占比减小,2014~2016 年更是连续三年低于 20%,且超标指数几乎全部为总磷,与此相对应的是洞庭湖自 2010 年历月的富营养化评价结果基本都是中营养化。除湖泊富营养化外,湖泊面积萎缩及湖泊湿地生态功能退化的问题在长江中游也尤为严重,这主要归因于三峡水库蓄水对中游水文情势的影响。据统计,三峡水库蓄水后枯水期出库流量

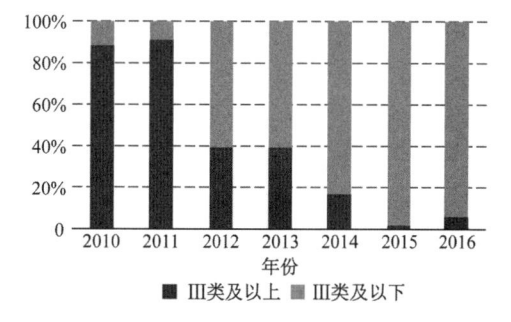

图 2.1.17 2010~2016 年洞庭湖水质类别统计

衰减幅度超过80%，下游湖泊面积大量萎缩，枯水期也大幅延长。以湖北为例，省内湖泊水面面积相比20世纪50年代减少了60%。而曾经的中国第一大淡水湖洞庭湖的面积从20世纪50年代的4 350 km²缩减至现在的2 600 km²，其中西洞庭湖更是几乎全部淤积成陆地。

2.1.5 三峡水库蓄水前后长江中游生态环境变化

自三峡水库蓄水以来，三峡下游的生态环境问题受到广泛关注。检索中国知网文献，截至2017年底，主题涉及三峡的文献55 000余条，其中涉及环境的文献5 400余条，涉及生态的文献4 400余条，研究主要围绕库区展开，对下游的研究以水沙条件、江湖关系为主。但也有部分学者将目光集中到三峡水库运行对下游环境的影响，并取得了一定的成果。

早在2003年，陈沈良和陈吉余[127]就在《科学》上撰文讨论了三峡大坝对下游环境的影响。文章指出：三峡大坝对其下游影响的根本在于对水沙条件和营养物质输送的改变，并由此将引发一系列的环境和生态问题；随着三峡大坝逐步运行和最终建成，对长江中下游、河口甚至近海造成的环境和生态系统的影响是多方面的、错综复杂的，更有许多是不可预见的；三峡水库造成的环境影响，还需要不断地监测，开展深入的研究，并根据出现的不利情况，及时调整调度运行方案，使得三峡水利枢纽功在当代、利在千秋，发挥最大的经济效益和社会效益，使其负面影响减少到最低限度。

三峡水库蓄水对下游生态环境的影响，具体可以归纳为下游河道年内径流过程的改变，泥沙及生源物质输移的变化，通江湖泊及支流水位与生境的变化，水位波动周期变化，鱼类生境变化等。

1. 年内径流过程的改变

三峡大坝的运行，首先改变的是下游河道径流过程。根据三峡水库调度方案，正常蓄水位175 m。汛期（6～9月）坝前水位维持在防洪限制水位145 m运行，仅当出现特大洪水时，水库拦蓄洪水，削减洪峰，坝前水位抬高；洪峰过后，库水位仍降至145 m。汛末10月起，水库充水到正常蓄水位175 m，如遇枯水年则延至11月，下泄平均流量为10 000 m³/s，较建库前减少3 000～6 000 m³/s，减少比例达40%。1～5月出库流量增加1 000～2 000 m³/s。然而，不论是枯水年、中水年，还是丰水年，全年入海总水量不变，只是年内分配有所变化，使各月、各季间的流量趋于均匀。

2. 泥沙及生源物质输移的变化

三峡水库运行以来，大量上游来沙在水库淤积，"清水下泄"改变水库下游河床形态，这在很大程度上打破了长江中下游河段原本相对平衡的格局。对其下游的一个重要影响是河道冲刷，坝下游河道水流挟沙能力处于不饱和状态，河床将发生从上而下逐步发展的长距离、长时间的沿程冲刷。由于坝下游河床冲刷，河道水位下降，干流与支流之间的"干支关系"、干流与湖泊之间的"江湖关系"将会发生新的调整。

河流水文情势的改变是影响环境的最根本因素。水体中也包含大量的溶解物质，这些物质随着径流的变化而变化。同样伴随径流的泥沙特别是细颗粒泥沙不仅能吸附重金属等各种污染物质，而且是营养物质的主要载体。下泄泥沙数量的减少，其伴随的营养物质也随之减少。

3. 通江湖泊及支流水位与生境的变化

长江水位的变化取决于大坝截流、释放的水量和水流的季节性变化。靠近三峡的河段水位受影响最大。下游河段，由于支流流入的混合作用，影响逐渐降低。洞庭湖是长江三峡下游的第一个吞吐型湖泊，三峡水库建成后出库流量改变，在枯水期增加出库流量，洪水期减少出库流量，直接影响着洞庭湖水系相互作用的水文过程。2003年三峡水库蓄水运行后，洞庭湖水位年内变化趋缓，枯水期水位明显提升，丰水期水位有所下降，9~10月水位消落速度加快。类似的水位变化趋势，即退水期提前，在鄱阳湖同样出现。

三峡水库运行以来，通江湖泊的退水期提前造成了高滩地植被退化，水陆过渡带局部植被发生演替，低滩地新出露的区域水生植被减少等。同时，三峡水库蓄水引起的下游冲刷长江水位降低，减少了洞庭湖"三口"来水，促进了湖水排泄，导致了枯水期更多的湖水流失，形成低滩地植被挤占水面和泥滩的态势。除此之外，洞庭湖湿地植被和鄱阳湖湿地植被分布在三峡水库运行后有向低滩地迁移演替的趋势。其中，洞庭湖湿地植被由2002年25.15 m的集中分布高程变为2014年的24.87 m，下降了0.28 m；鄱阳湖湿地植被的分布高程由2002年的13.55 m下降到2014年的12.46 m，前后相差1.09 m，变化更为显著。

而长期的高水位和低水位及非周期性的水位季节变动会破坏水生植被长期以来对水位周期性变化所产生的适应性，从而影响植被的正常生长、繁衍和演替。影响机理主要表现为两方面：①直接影响，表现在对水生生物生长及对种群间竞争关系的影响；②间接影响，水位变化导致了水体中的理化条件，如透明度、浊度、盐度、pH、悬浮与沉降及溶解氧等发生变化。

4. 水位波动周期的变化

三峡水库蓄水前，长江中游各水文站同流量下水位波动周期在9~15年，而在假设三峡水库运行后长江中游水位无趋势性变化的前提下，各水文站水位变化周期基本都超过20年；枯水位单向下降，多站变幅超过历史最大波幅，存在明显下降趋势，洪水位阶段性单向抬升，但变幅未超过历史最大波幅，仅可判断其未明显趋势性下降，即存在洪、枯水位变化不一致的调整分异规律。而河床冲刷与河床阻力增大的综合作用，是洪、枯水位调整分异规律不一致的主要原因，不同流量下河槽变形幅度不一致，泥沙冲刷集中于枯水位河槽；而床沙粗化、洲滩被植被覆盖、人类涉水工程等引起河床阻力普遍增大，在洪水河槽体现得更为明显。并且在三峡水库的滞洪补枯作用下，枯水位下降不一致对长江中游的航道、取水等问题产生了重大不利影响，同流量下江湖槽蓄能力变化有限[128]。

5. 长江中游鱼类生境变化

长江中游地区鱼类共有 215 种，其中中游特有鱼类 42 种，下游地区有鱼类 129 种，仅见于下游地区的有 7 种，中下游地区也是长江重要渔业资源四大家鱼的主要产卵地，仅长江中游段就有多达 19 处四大家鱼产卵场，产卵高峰期在每年的 5～6 月，产卵量约占全江产卵量的 42.7%。历史上数次对四大家鱼苗发江量的调查显示，1981 年监利断面鱼苗径流量为 67 亿尾，而在 1997～2001 年该断面每年鱼苗径流量分别为 35.9 亿尾、27.5 亿尾、21.5 亿尾、28.5 亿尾、19.0 亿尾，分别占 1981 年监利断面鱼苗径流量的 53.6%、41.0%、32.1%、42.5%、28.4%，到 2008～2010 年，监利断面每年鱼苗径流量仅为 1.82 亿尾、0.42 亿尾、4.28 亿尾，占比降至 2.7%、0.6%、6.4%。与此同时，三峡水库蓄水后四大家鱼在组成上也有显著变化，历史上占绝对优势的草鱼比例显著下降，而鲢鱼比例相对上升，见表 2.1.15。毫无疑问，三峡及其他各种水利工程的修建导致的中游水文情势的改变必然是四大家鱼产卵量下降的原因之一，水文情势的改变对其影响主要体现在改变了鱼类洄游、繁殖等所需的适宜水流条件，而湖泊面积的大幅减少则是直接压缩了鱼类的生存空间，除此之外，过度的捕捞、水体的污染也是不可忽视的因素。

表 2.1.15　长江三峡水库蓄水后监利断面四大家鱼比例　　　　　（单位：%）

年份	四大家鱼占比			
	青鱼	草鱼	鲢鱼	鳙鱼
2003	11.86	60.21	21.81	6.13
2004	8.98	52.24	36.84	1.94
2005	4.25	24.52	66.11	5.12
2006	3.72	35.20	59.91	1.17

6. 典型河段生态环境变化

1) 荆州河段

荆州河段位于长江中游地区，属上荆江部分，为微弯型河段，河道自上而下由江口、沙市、郝穴三个北向河湾段和洋溪、㴫市、斗湖堤三个南向河湾段组成，全长 171.7 km。江口以上河道受两岸低山丘陵控制，河岸稳定，河床表面覆盖层主要由沙、砾石、卵石组成，平均厚度为 20～25 m；江口以下河道位于冲积平原上，两岸为沙、黏性土组成的二元结构河岸，下部沙土层较薄，而上部黏土层较厚，一般为 8～16 m。该河段三口（荆江河段松滋口、太平口、藕池口）分流进入洞庭湖。荆州河段示意图如图 2.1.18 所示。

（1）水文及气象概况。荆州河段属北亚热带季风湿润气候区，气候湿润，雨量丰沛，年平均降雨量 1 110 mm 左右，降雨年内分配极不均匀，夏季偏多，冬季偏少，其水沙主要来自长江上游干流及各级入汇支流。水量及沙量主要集中在 5～10 月，最大及最小水量分别发生在 7 月和 2 月，最大含沙量通常发生在 7～8 月，而最小含沙量出现在 2～3 月。自 2003 年 6 月三峡水库蓄水运用后，受水库清水下泄的影响，进入荆江河段的沙量大幅

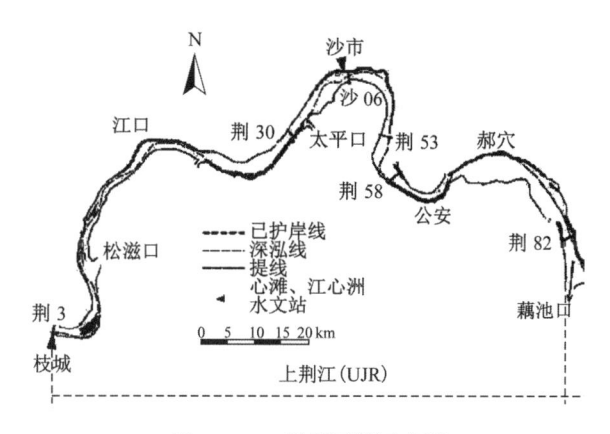

图 2.1.18 荆州河段示意图

度减少。荆州市城区境内江段长约 20 km，水资源丰富，河床结构为沙质组成。江面宽 1 035～2 880 m，平均水深 10.5 m，最高水位 42.2 m，最大流速 4.53 m/s，最大洪峰流量 71 900 m³/s。全市平均径流 488 亿 m³/a。三峡水库运用前（1956～2002 年），沙市站多年平均径流量为 3 926 亿 m³，多年平均输沙量为 4.3 亿 t。水库运用后（2003～2013 年），受气候变化及人类活动的影响，多年平均径流量减小到 3 738 亿 m³，为水库运用前的 95.2%左右。因为上游的水土保持，进入长江的沙量也逐渐减少，加上三峡水库的拦沙作用，绝大部分泥沙淤积在库区内，所以荆江段多年平均年输沙量大幅度减少，由原来的 4.3 亿 t 减小到 0.67 亿 t，而该时段内水库累计淤积泥沙达 15.3 亿 t。荆江段输沙量的年内分布主要集中在汛期，尤其是受三峡水库蓄水及拦沙作用的影响，汛期集中输沙的现象更加明显。例如，沙市站多年平均汛期径流量占多年平均年径流量的 53.4%，而多年平均汛期输沙量占多年平均年输沙量的 82.1%。

（2）水生生物概况。目前对于长江中游段水生植物的研究尚少，且多集中在对浮游植物的研究上，长江荆州河段的浮游植物共检出 8 门 58 属，以硅藻门占绝对优势，其他门藻类数量较少，无明显优势种；硅藻占 70.1%，绿藻、蓝藻次之，分别占 10.7%和 8.3%，其他藻类很少。长江荆州河段浮游动物的种类为 55 种，数量在水深 8～23 m 处为 40 ind./L 左右，在水深 6～12 m 处为 20 ind./L 左右，其他水层均在 10 ind./L 之内。鱼类资源方面，主要有草鱼、鲢鱼、鳊鱼、鲫鱼、鲤鱼、团头鲂、罗非鱼、黄顺鱼、黄鳝等多种淡水鱼类，其中鲤形目占 66.7%，鲈形目占 13.7%，鲇形目占 7.8%，鳞形目占 3.9%，鲱形目、鲑形目、颌针鱼目和刺鳅目比例均为 2%。

2）监利河段

监利河段位于长江中游荆江河段尾段，北岸是江汉平原，南岸是洞庭湖平原，上起塔市驿，下至天字一号，全长约 36 km。监利河段最宽处为 3 200 m，河段属于典型的蜿蜒型河道，平面形态为弯曲分汊型，乌龟洲将河弯水流分为左右两汊，如图 2.1.19 所示。

（1）水文及气象概况。监利河段属亚热带季风气候区，气候湿润，雨量沛丰，年降雨量超过 1 000 mm，其水沙主要来自长江宜昌上游，监利站是监利河段代表性的水文站，根据监利站监测资料显示自 1951 年,监利站多年实测平均年径流量 3 536 亿 m³,多年平均年输沙量为 3.82 亿 t,历年最大流量为 46 300 m³/s(1998 年),历年最小流量为 2 650 m³/s(1952 年),流量、输沙在年内分配不均,均集中于汛期(6~9 月),其中年内汛期流量占全年的 75%,输沙占比为 92%。由于监利河段地势低洼,河道弯曲,再加上洞庭湖出流顶托回水的作用,该河段在历史上频频遭到洪水的侵袭,但随着三峡水库及两岸防洪工程的修建,其防洪能力大大提升,受到三峡水库蓄水调节的作用,洪峰流量削减的同时枯水期流量也有所增加,年内分配相对来说会更为均匀一些。

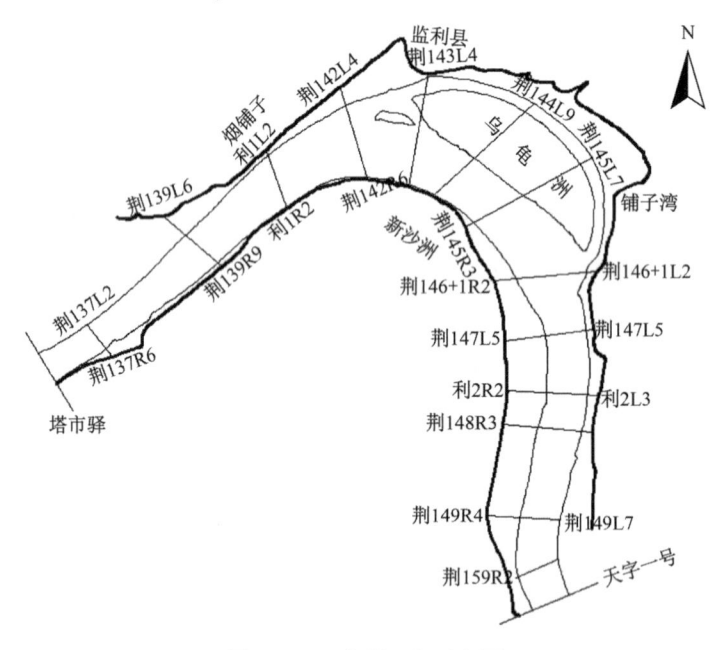

图 2.1.19 监利河段示意图

(2)水生生物概况。目前对于长江中游段水生植物的研究尚少,且多集中在对浮游植物的研究上,调查表明长江中游段的浮游植物以硅藻、绿藻和蓝藻为主,浮游植物种类组成的季节变化差异明显,秋季种类数最多,夏季种类数最少。在水生动物方面,监利河段所处的长江中游是我国四大家鱼的重要栖息地。根据长江水产研究所多年监测结果,1997~2002 年三峡水库蓄水前,长江监利断面四大家鱼卵苗径流量已从 1965 年的 35.87 亿尾减少至 19 亿尾。三峡水库蓄水后,由于坝下水文条件变化等,监利断面所监测到的四大家鱼产卵规模明显下降,2003~2009 年,四大家鱼卵苗径流量从 4.06 亿尾直跌至 0.42 亿尾,鱼类资源面临严重危机。2010 年实施的四大家鱼原种亲本增殖放流取得了一定的成效,2010~2012 年放流亲本对长江中游四大家鱼卵苗发生量的贡献率,分别是 2.02%、12.6%、7.32%。考虑人工放流的干扰,通过四大家鱼产卵来评估监利河段的生态环境似乎遇到了困难,在评价时必须剔除人工增殖放流的影响。

四大家鱼产卵条件包括涨水、流速、水温等。对监利河段在 1990~2014 年 5 月、6 月的水位、流量进行统计,得到涨水次数和涨水时间。三峡水库蓄水前(1990~2002 年),

平均总涨水时间为 37.6 d,平均涨水次数为 4.8 次,平均持续涨水时间为 7.8 d;蓄水后（2003～2014 年）,平均总涨水时间为 34.8 d,平均涨水次数为 4.8 次,平均持续涨水时间为 7.2 d,具体情况见表 2.1.16。计算断面平均流速,发现该断面各级流量下流速均在 0.6～0.9 m/s,大于 1 m/s 的流速非常少,这不太符合相关文献中对长江中游四大家鱼产卵需要的流速的分析。这一点,三峡水库蓄水前后无明显差异。

表 2.1.16　1990～2014 年监利河段历年 5～6 月和 5～7 月水位变化情况

年份	5～6 月			5～7 月		
	涨水次数	总涨水时间/d	平均涨水持续时间/d	涨水次数	总涨水时间/d	平均涨水持续时间/d
2014	4	31	7.8	6	52	8.7
2013	4	36	9.0	6	51	8.5
2012	4	32	8.0	6	60	10.0
2011	7	46	6.6	8	50	6.3
2010	4	43	10.8	6	66	11.0
2009	7	33	4.7	12	58	4.8
2008	4	26	6.5	7	42	6.0
2007	4	33	8.3	8	55	6.9
2006	5	30	6.0	8	44	5.5
2005	5	32	6.4	7	48	6.9
2004	7	40	5.7	9	54	6.0
2003	3	35	11.7	6	52	8.7
2002	6	33	5.5	9	49	5.4
2001	5	42	8.4	7	52	7.4
2000	3	36	12.0	4	46	11.5
1999	6	35	5.8	9	51	5.7
1998	5	42	8.4	7	61	8.7
1997	3	29	9.7	6	49	8.2
1996	5	39	7.8	7	63	9.0
1995	6	52	8.7	9	64	7.1
1994	4	37	9.3	7	49	7.0
1993	6	39	6.5	9	61	6.9
1992	5	36	7.2	7	48	6.9
1991	4	31	7.8	5	47	9.4
1990	5	38	7.6	9	54	6.0

由于三峡水库蓄水,下游河段产卵期水温降低,四大家鱼产卵期后延,2010 年产卵高峰期出现在 7 月初。为此,将监利河段在 1990～2014 年水文资料统计时间增加 7 月,即

选取 5～7 月作为分析时段，对涨水次数、总涨水时间、平均涨水持续时间 3 个指标进行对比，结果见表 2.1.16。三峡水库蓄水前（1990～2002 年），平均总涨水时间为 53.4 d，平均涨水次数为 7.3 次，平均持续涨水时间为 7.3 d；蓄水后（2003～2014 年），平均总涨水时间为 52.7 d，平均涨水次数为 7.4 次，平均持续涨水时间为 7.1 d。可以看出，三峡水库蓄水对涨水条件影响不大。

值得一提的是，通常情况下，水库的运行会导致下游河道径流过程均匀化，这与四大家鱼产卵需求的涨水过程是矛盾的。实际上，为了满足四大家鱼产卵的水动力条件，中国长江三峡集团有限公司于 2011 年就开始于每年的 5～6 月实施生态环境调度。生态环境调度前一日出库流量为 6 530～18 300 m³/s，平均值为 13 000 m³/s；调度期间日均流量涨幅为 590～3 140 m³/s，平均值为 1 600 m³/s；调度持续时间为 3～8 d。2011～2016 年三峡水库生态调度情况见表 2.1.17。随着长江四大家鱼原种亲本标志放流活动的开展及三峡水库的生态调度的实施，2010～2016 年四大家鱼产卵规模总体处于平稳趋升状态，2016 年监利河段四大家鱼卵苗径流量为 13.5 亿尾。

表 2.1.17　2011～2016 年生态调度及监测成果

年份	调度期间	起涨流量/（m³/s）	流量日均涨幅/（m³/s）
2011	6 月 16 日～6 月 19 日	12 000	1 650
2012	5 月 25 日～5 月 31 日	18 300	590
	6 月 20 日～6 月 27 日	12 600	750
2013	5 月 7 日～5 月 14 日	6 230	1 130
2014	6 月 4 日～6 月 6 日	14 600	1 370
2015	6 月 7 日～6 月 10 日	6 530	3 140
	6 月 25 日～7 月 2 日	14 800	1 930
2016	6 月 9 日～6 月 11 日	14 600	2 070

3）螺山河段

螺山河段位于长江中游洞庭湖出口下游，上段城螺河段长 30.5 km，沿岸受城陵矶、白螺矶—道仁矶、杨林矶—龙头山及螺山—鸭栏等天然节点控制，河床分汊，河道稳定。下段新堤河段长 47 km，主要受下游赤壁山节点控制，但因节点间距离较长，对水流的控制作用较弱，水流出螺山后河道逐渐加宽，主流摆幅较大，河床多成散乱宽浅，为边滩、浅洲的发展创造了有利条件。河段属于典型的顺直型河道，平面形态为顺直分汊型，江心洲将水流分为左右两汊，如图 2.1.20 所示。

（1）水文及气象概况。螺山河段属亚热带湿润季风气候区，气候湿润，雨量丰沛，年降雨量超过 1 100 mm，降雨年内分配极不均匀，夏季偏多，冬季偏少，其水沙主要来自长江宜昌上游，螺山站是螺山河段代表性的水文站，根据螺山站监测资料显示自 1954 年，螺山站多年实测平均年径流量为 6 434 亿 m³，多年平均年输沙量为 4.23 亿 t，历年最大流量为 78 800 m³/s（1954 年），历年最小流量为 4 060 m³/s（1963 年），流量、输沙在年内分配不均，均集中于汛期（6～9月），其中年内汛期流量占全年的59.6%。该河段在历史上频频遭到洪水的侵袭，但随着三峡水库及两岸防洪工程的修建，其防洪能力大大提升，受到三峡水库蓄水调节的作用，枯水期距平值比蓄水前增大，丰水期和平水期都有所减小，年内分配相对来说会更为均匀一些。

（2）水生生物概况。目前对于长江中游段水生植物的研究尚少，且多集中在对浮游植物的研究上，调查表明螺山河段浮游植物优势类群为针杆藻、直链藻、脆杆藻和小环藻等，浮游植物种类组成的季节变化差异明显，秋季种类数最多，夏季种类数最少。浮游动物方面以原生动物和轮虫为主，原生动物以沙壳虫属为主，轮虫以多肢轮虫、臂尾轮虫较多。在鱼类资源方面，螺山河段鲤形目中鲤科鱼类最多，占有绝对优势，鲇形目鮠科次之，江段鱼类数量占比居前五位的依次为黄颡鱼、草鱼、长春鳊、鲢鱼、鲫鱼，约占总数量的2/3。工程实施中及投入运营后对水生生物的影响应采取合理的避让措施或生态补偿方案，减小工程对水生生物资源的影响。

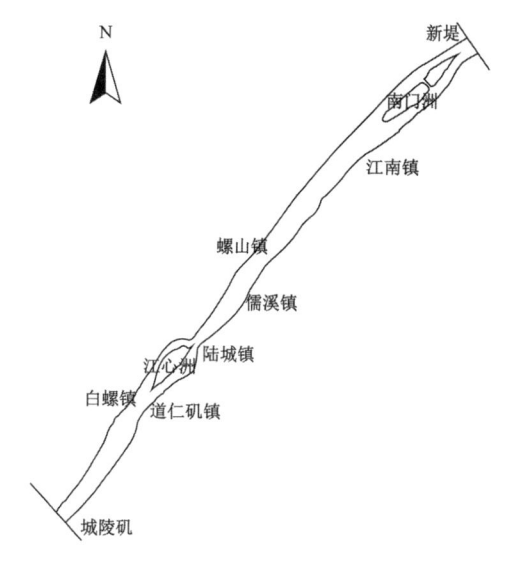

图2.1.20 螺山河段示意图

4）武汉河段

武汉河段上起纱帽山，下至阳逻，全长70.3 km，为顺直分汊河段过渡至微弯分汊河段。如图2.1.21所示。

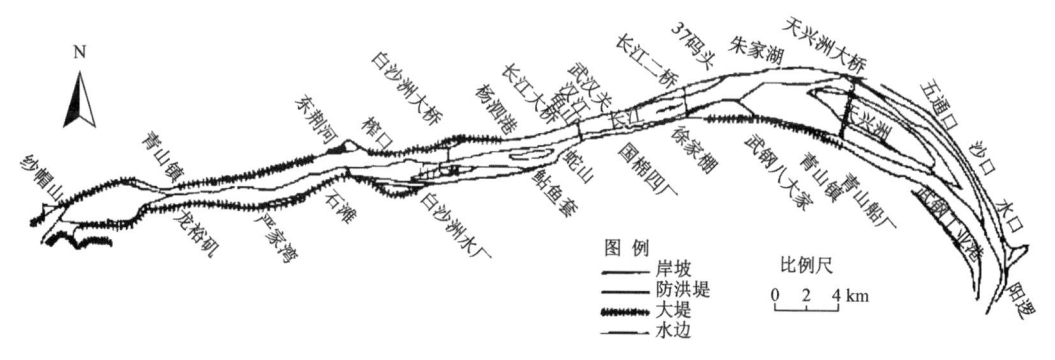

图2.1.21 武汉河段示意图

（1）水文及气象概况。武汉河段水沙主要来自长江干流和支流汉江，来水来沙条件由长江干流的汉口水文站及支流汉江的仙桃水文站控制。据1865～2004年观测资料统计，汉口站历年最高水位29.73 m（1954年），最低水位10.08 m（1865年），多年平均水位19.14 m。汉口水文站1952～2004年历年最大流量为76 100 m³/s（1954年），最小流量为4 830 m³/s（1963年），多年平均流量为22 600 m³/s。全年径流量主要集中在汛期，

5～10月的径流量约占全年径流量的73%。武汉河段长江大桥下游约1.4 km左岸有支流汉江汇入，仙桃站距汉江河口152 km。仙桃站多年平均流量1 230 m³/s（1972～2004年），最大流量14 600 m³/s（1964年），最小流量180 m³/s（1958年）。三峡水库蓄水前，汉口站多年平均输沙量3.99亿t，含沙量0.561 kg/m³；历年最大年输沙量为5.79亿t（1964年），最大含沙量4.42 kg/m³（1975年）；最小年输沙量2.33亿t（1944年），最小含沙量0.036 kg/m³（1954年）。汉口站来沙年内分配不均匀，汛期5～10月输沙量占全年的87.8%。三峡水库蓄水后，三峡水库拦沙作用较为明显，受其影响汉口站输沙量大幅减小，2003年和2004年输沙量分别为1.65亿t和1.36亿t。

（2）水生生物概况。武汉江段调查共鉴定出浮游植物43属（种），隶属于6门。其中，硅藻门最多，共有26属（种），绿藻门次之，为8属（种），蓝藻门5属（种），金藻门2属（种），甲藻门、红藻门均有1属（种）。浮游植物优势类群为针杆藻、直链藻、脆杆藻和小环藻等。鱼类资源方面，江段渔获物数量占比居前五位的依次为黄颡鱼、草鱼、长春鳊、鲢鱼、鲫鱼，占渔获物总数量的67.63%；重量占比前五位的为鲢鱼、长春鳊、鲇鱼、青鱼、草鱼，共占渔获物总重量的72.56%。

2.1.6 长江口及北支倒灌影响下盐水上溯概况

根据国家标准，认为氯化物浓度大于250 mg/L（盐度大于0.45）时，视为氯化物浓度超标，一个潮周期内日均氯化物浓度连续10 d超过250 mg/L视为严重盐水入侵。盐水入侵是河口处普遍存在的水环境问题，是河口淡水与海洋盐水混合的结果，长江口作为我国的第一大河口，同样存在着盐水入侵的问题，1978年12月～1979年3月特枯水时期，吴淞站最大氯度高达4 140 mg/L（氯浓度达到100 mg/L时即表明水体已受到盐水入侵），国家级湿地保护区崇明岛受盐水包围，加重了黄浦江水质恶化，这次盐水入侵给长江口工农业生产和人民生活都带来了巨大的危害，在生态上，也使得崇明损失了超过1 000 hm²的早稻。

1. 长江口盐水运移总体特征

长江口存在三级分汊、四口入海的复杂河势条件（图2.1.22），各口门径流、潮汐动力不同，加之水平环流、漫滩横流等影响，盐度的时空变化规律复杂多变[129-130]。在前人的研究基础上，分北支、南支上段、南支中段、南支下段等不同区域，归纳了各区域内的盐水运动规律（表2.1.18）。其中，北支终点为崇头，南支上段指吴淞口以上，南支下段指吴淞口以下，南支中段指浏河口至吴淞口。

北支进潮量约占长江口进潮量的25%，但流入北支的径流量不到总来流的5%，这使得潮汐动力在北支占据主导地位。尤其是北支下宽上窄，上溯潮差不断增大，青龙港一带断面狭窄而滩面较高，使得北支上段犹如单向开关，高浓度盐水容易从北支进入南支，而难以从南支返回北支，盐通量从北支流向南支。从不同研究机构的观测资料来看，北支盐水以上溯为主，青龙港日内盐度峰值出现于涨憩，月内峰值发生于大潮期，盐度峰滞后于

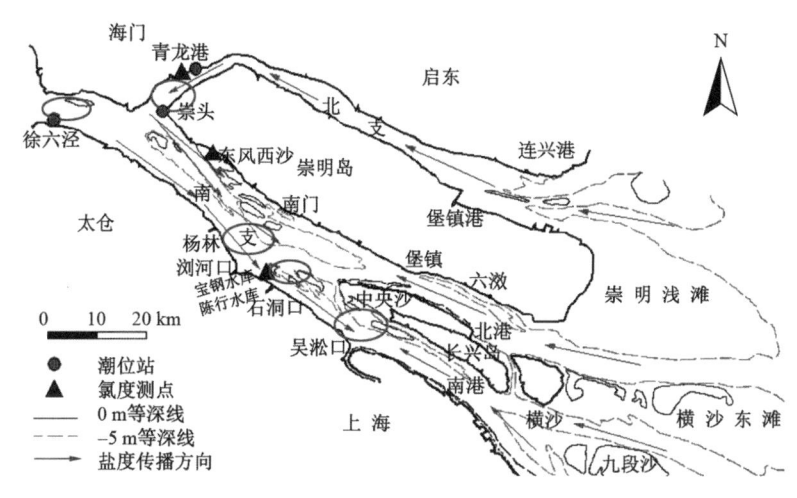

图 2.1.22　长江口研究区域、潮位站及氯度测点

表 2.1.18　长江口不同区域盐水运移特征

项目	北支	南支上段	南支中段	南支下段
盐水来源	上溯	北支倒灌	北支倒灌	上溯
日内变化	峰值出现于涨憩	峰值出现于落憩	峰值出现于落憩	峰值出现于涨憩
月内变化	峰值出现于大潮	峰值出现于中潮	峰值出现于小潮	峰值出现于大潮
盐度变幅特点	日内、月内变幅明显	日内变幅小，月内变幅大	日内变幅小，月内变幅大	日内、月内变幅明显

潮位相位约为 1 d。北支内虽然盐度沿程衰减，但青龙港附近盐度仍很高，流量特枯时期，青龙港盐度几乎与外海相当。

南支上段受到北支倒灌和南支盐水上溯的双重影响，但由于南支径流量大，南支的盐水上溯至吴淞以上已处于次要地位。一般情况下，高桥以下不可能存在潮周期内向上游的净输移。因此，南支上段的盐水以北支倒灌的过境盐水团为主。观测显示，倒灌进入南支上段的盐水团随着涨落潮而反复振荡并缓慢下行，一般在落潮时出现日内盐度峰值，中潮期出现月内盐度峰值。南支中段与上段类似，同样受到北支倒灌和南支盐水上溯的双重影响，并且多数时间北支倒灌为盐水主要来源。但由于距离崇头较远，而倒灌的下行盐水团运行较慢，石洞口（陈行附近）在大潮后 8~9 d 出现盐度高峰，此时一般处于小潮期。由于北支倒灌盐水团运行过程中不断稀释，南支中段日内盐度变幅明显小于南支上段和下段。南支下段主要受南支盐水上溯影响，具有沿程向上减小的特点，日内盐度峰值发生于涨憩附近，月内峰值发生于大潮期，具有明显的日内和月内变幅。

2. 北支倒灌影响区盐水运移规律

根据以往研究，南支中上段盐水来源主要为北支倒灌的过境盐水团，其路径为青龙港、崇头、杨林、浏河口、吴淞。盐水团的倒灌主要发生于大潮期，滞后数日到达宝钢、陈行一带。因此，北支中上段的东风西沙、陈行、宝钢等水源地，深受北支盐水倒灌的影响。

研究选取了南支上段附近几个测站盐度资料，考察了该位置盐度变化规律，包括盐度日内、月内变化特点，以及不同位置之间盐度相关性和滞后时间。

选取南支上段东风西沙附近盐度过程，考察了盐度变化与潮位、潮差之间的关系分别如图 2.1.23、图 2.1.24 所示。由图 2.1.23 可见，北支上段的盐度日内变化为一日之内两涨两落，但其相位滞后于潮位变化，盐度峰、谷值发生于落憩、涨憩附近。由图 2.1.24 可见，盐度月内涨落较日内涨落幅度更大，与月内涨落相比，日内涨落几乎处于可忽略的量级，这说明潮差是比潮位更重要的影响因素。有鉴于此，采用日均潮位，分析日均潮位与潮差之间的关系，如图 2.1.25，可见东风西沙附近盐度峰值发生于大潮之后 2 d 左右。

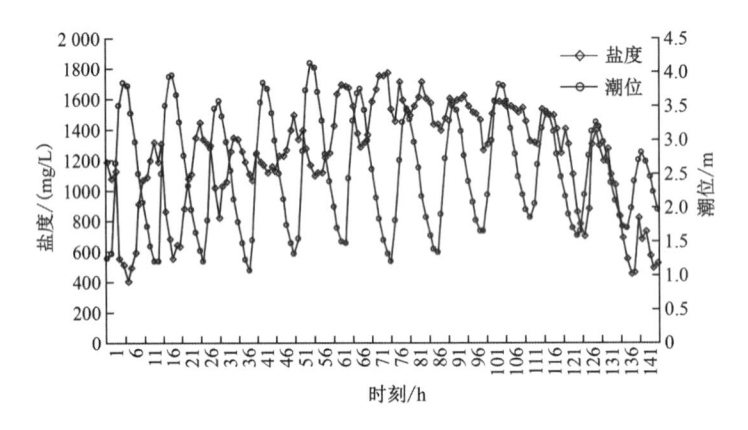

图 2.1.23　2009 年 2 月 12 日～2 月 17 日徐六泾潮位和东风西沙盐度过程线

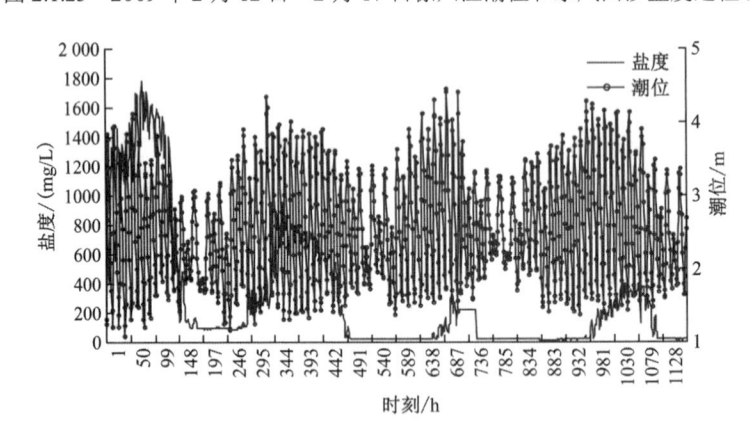

图 2.1.24　2009 年 2 月 12 日～4 月 4 日徐六泾潮位和东风西沙盐度过程线

根据北支倒灌盐水团运动线路，采用青龙港、东风西沙、浏河口附近 2011 年 2～3 月少量盐度观测资料，分析各站之间盐度滞后时间。由图 2.1.26 和图 2.1.27 可见，青龙港至东风西沙盐度滞后时间约为 2 d，东风西沙至浏河口盐度滞后时间也约为 2 d，三站之间盐度沿程逐渐稀释减小。

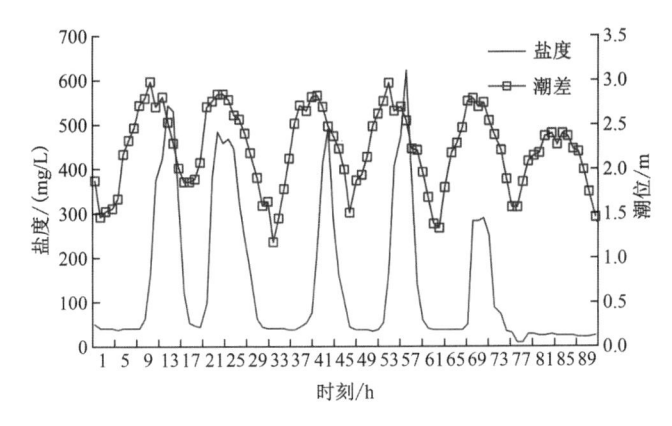

图 2.1.25　2012 年 1～3 月徐六泾潮差和东风西沙盐度过程线

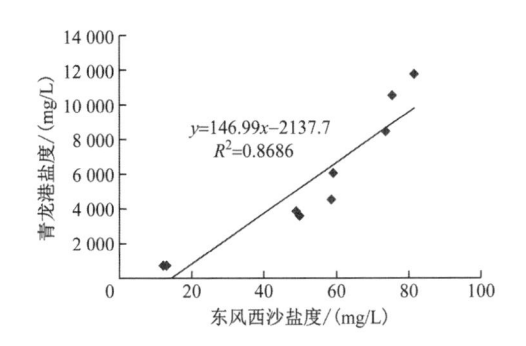

图 2.1.26　青龙港与 2 d 后东风西沙盐度　　图 2.1.27　东风西沙与 2 d 后浏河口盐度

综合以上分析，浏河口（陈行）一带盐水主要来源于北支倒灌南支的过境盐水团，其日内变幅小，月内变幅大。浏河口、陈行一带盐度与北支末端青龙港盐度具有较强的相关性，其滞后时间约为 4 d。据此认识，日均盐度应是主要分析对象，资料分析过程中可用其他测站盐度资料弥补陈行附近的资料短缺。

2.2　三峡水库群联合调度原则

2.2.1　溪洛渡水库及其调度原则

溪洛渡水电站是我国"西电东送"的骨干电源点，是长江防洪体系中的重要工程。其示意图如图 2.2.1 所示。工程位于四川省雷波县和云南省永善县境内金沙江干流上，该梯级上接白鹤滩电站尾水，下与向家坝水库相连。坝址距离宜宾市河道 184 km，与三峡直线距离为 770 km。溪洛渡水电站控制流域面积为 45.44 万 km²，占金沙江流域面积的 96%。多年平均径流量为 4 570 m³/s，多年平均悬移质年输沙量为 2.47 亿 t，推移质年输沙量为 182 万 t。

溪洛渡水库设计开发任务以发电为主，兼顾防洪，此外还有拦沙、改善库区及下游河段通航条件等综合利用效益。工程开发目标一方面用于满足华东、华中、南方等区域经济

图 2.2.1　金沙江溪洛渡水电站示意图

发展的用电需求，为国民经济的可持续发展提供电能支撑；另一方面是解决川渝防洪问题，配合其他措施，可使川渝河段沿岸的宜宾、泸州、重庆等城市的防洪标准显著提高。同时，与下游向家坝水库在汛期共同拦蓄洪水，可减少进入三峡水库的洪量，增强三峡水库对长江中下游的防洪能力，在一定程度上缓解长江中下游防洪压力。

溪洛渡水库于 2013 年 5 月下闸蓄水，6 月 23 日首次蓄至死水位 540 m，7 月首批机组发电，12 月 8 日蓄至 560 m。2014 年汛后首次蓄至正常蓄水位 600 m，工程具备正常运行条件。

按照水库上述特性，考虑发电、防洪、拦沙等因素设计阶段拟定的调度原则为：①水库水位正常运行范围在 540~600 m；②汛期 7~8 月底，水库按防洪调度方式运行；③一般情况下，9 月底前蓄至正常蓄水位 600 m；④水库已蓄至正常蓄水位 600 m 时，一般按来水流量发电，维持高水位运行；⑤应统筹考虑供水期整体效益，合理消落溪洛渡供水期水库水位，尽量避免水位集中消落；⑥溪洛渡供水期末水位应不低于死水位，同时应在 6 月底控制水位不高于汛期防洪限制水位 560 m；⑦6 月水库水位的运用应统筹协调提高不蓄电能和减少弃水的关系。年基本调度过程如图 2.2.2 所示。

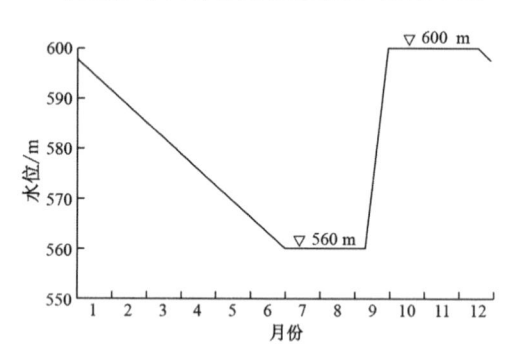

图 2.2.2　溪洛渡水库现有调度图

2.2.2　向家坝水库及其调度原则

向家坝水电站是金沙江干流梯级开发的最下游一级，坝址左岸位于四川省宜宾市叙州区，右岸位于云南省水富市，坝址上距溪洛渡河道 156.6 km，下距宜宾市 33 km，与宜昌市直线距离为 700 km。向家坝水电站控制流域面积 45.88 万 km^2，占金沙江流域面积的 97%。金沙江向家坝水电站示意图如图 2.2.3 所示。

向家坝水电站的开发任务以发电为主，同时改善通航条件，结合防洪和拦沙，兼顾灌溉，并具有为上游梯级溪洛渡水电站进行反调节的作用。水库死水位、防洪限制水位均为 370 m，正常蓄水位、设计洪水位均为

图 2.2.3　金沙江向家坝水电站示意图

380 m，校核洪水位 381.86 m，坝顶高程 384 m。电站设计安装 8 台单机额定容量 75 万 kW（最大容量 80 万 kW）机组，额定总装机容量 600 万 kW（最大容量 640 万 kW）。

向家坝水电站于 2012 年 10 月下闸蓄水，10 月底首台机组发电，2013 年 7 月 5 日蓄至死水位 370 m，9 月 12 日首次蓄至正常蓄水位 380 m，具备正常运行条件。2014 年 7 月 10 日，向家坝水电站最后一台机组正式投产运行。

向家坝水库基本调度原则为：汛期 7 月 1 日～9 月 10 日水库水位按防洪限制水位 370 m 控制运行；当需要水库防洪运用时，按防汛主管部门的调度指令，实施防洪调度。水库自 9 月 11 日开始蓄水，9 月底前可蓄至正常蓄水位 380 m。10～12 月，水库水位一般维持 380 m 运行。1 月开始进入水库供水期，水库水位逐步消落，1～5 月宜维持在 376.5 m 以上，6 月底消落至防洪限制水位 370 m。年基本调度过程如图 2.2.4 所示。

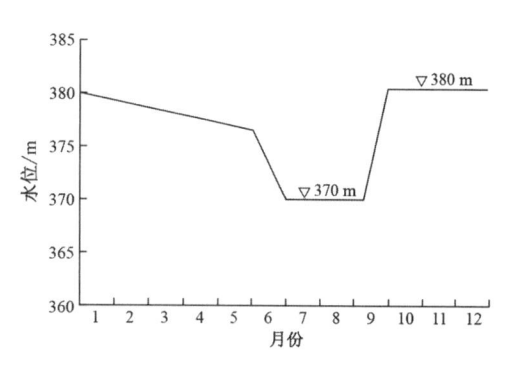

图 2.2.4　向家坝水库现有调度图

2.2.3　三峡水库及其调度原则

长江三峡水利枢纽工程是世界最大的水利枢纽工程，也是治理和开发长江的关键性骨干工程，如图 2.2.5 所示。

图 2.2.5　长江三峡水利枢纽工程调度效果示意图

三峡坝址位于湖北省宜昌市三斗坪镇，下游距葛洲坝水利枢纽工程 38 km，控制流域面积达 100 万 km^2，多年平均径流量 4 510 亿 m^3。水库正常蓄水位高程 175 m，总装机容量 22 400 MW。三峡工程是具有防洪、发电、航运、供水和补水等巨大综合效益的水资源多目标开发工程。工程建成以后，可使荆江河段两岸地区的防洪标准由约十年一遇提高到百年一遇，减轻长江中下游洪水淹没损失和对武汉市的威胁，并为洞庭湖区的根本治理创造条件，为经济发达、能源不足的华中、华东地区提供廉价的电能，每年约代替原煤

4 000～5 000 万 t。同时，因三峡水库的调节，宜昌下游枯水季最小流量可提高到 5 000 m³/s 以上，将大大改善长江中下游枯水季节航运条件和生态环境。

三峡水库于 2003 年 6 月 1 日水库下闸蓄水，同年 6 月 16 日双线五级船闸开始通航，7 月 10 日第一台 70 kW 机组并网发电，自此工程开始发挥效益；2006 年 10 月 27 日，三峡水库蓄水至 156 m，进入初期运行期；2008 年，三峡电站 26 台机组全部投入运行，汛后进行了 175 m 试验性蓄水，最高蓄水位至 172.8 m；2009 年 9 月，长江三峡水利枢纽工程三期工程通过验收，汛末从 9 月 15 日开始试验性蓄水，最高蓄水位至 174.43 m；2010 年 9 月 10 日三峡水库开始继续进行试验性蓄水，10 月 26 日成功达到正常蓄水位 175 m。2014 年 11 月，中国长江三峡集团有限公司总结几年来的调度实践，结合专家建议，修订了三峡水库枢纽的调度规程并得到水利部水利水电规划设计总院的肯定批复。年基本调度过程如图 2.2.6 所示，具体说来：三峡水库年初水位按 175 m 计算，1～4 月在满足航运安全（庙嘴水位不低于 39 m）、下游生态供水要求（相应三峡出库流量 6 000 m³/s）的前提下尽量偏高运行；5 月逐步消落，5 月 25 日不高于 155 m，一般情况下 6 月 10 日消落到防洪限制水位（145 m）浮动范围以内；汛期水库在不需要因防洪要求拦蓄洪水时，原则上水库水位应按防洪限制水位 145 m 控制运行。实时调度时水库水位可在防洪限制水位上下一定范围内变动；9 月上旬库水位逐步回升，汛末 9 月 10 日库水位可控制在

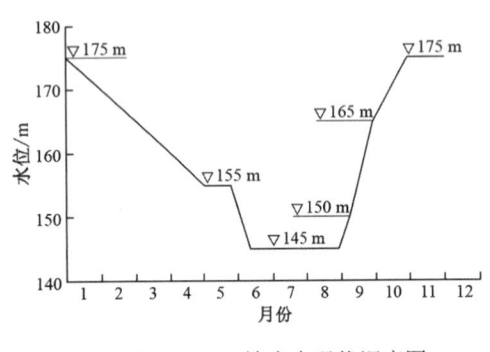

图 2.2.6 三峡水库现状调度图

150～155 m，9 月底蓄至 165 m，9 月蓄水期间，一般情况下最小出库流量按 10 000 m³/s 控制；10 月继续蓄水，10 月底蓄至 175 m，10 月三峡水库最小出库流量为 8 000 m³/s，蓄水期间入库不满足最小出库流量要求，按来水下泄；11～12 月一般按汛后蓄水位运行，当入库流量不能满足航运安全（庙嘴水位不低于 39 m）时，三峡水库降水位进行补水。

2.2.4 水库群联合调度准则及调度空间

1. 水库群联合调度原则

1）汛期

根据梯级水库的实际运行，得到梯级水库汛期调度规则：①溪洛渡水库在汛期提前放水，为长江中下游预留防洪库容，水位提升到 573 m 以上，汛期可增发电量约 15 亿 kW·h。②向家坝水库根据溪洛渡水库水位、出库流量灵活控制，增发电量，减少船舶停航时间，减小或避免水富县城区门窗振动。③三峡水库根据来水及防洪需求，积极开展中小洪水调度，争取对城陵矶的补偿控制水位由 155 m 提高到 158 m。汛期平均水位提高 1 m 增发电量约 5 亿 kW·h。

2）蓄水期

蓄水期主要在 9 月初～10 月末,梯级水库联合调度的规则为:①早蓄水、蓄弃水、优蓄水;②保障下游供水需求;③防洪和蓄水兼顾,避免回水区淹没;④采用梯级水库群联合蓄水方案。

3）消落期

梯级水库在消落期采用联合消落调度运行方式,具体调度规则为:①满足电网线路和厂站线路检修;②满足生态、航运用水保障;③梯级电站发电量(发电效益)最优;④采用梯级水库群联合消落调度方案。

2. 三峡水库（群）的调度空间

表 2.2.1 详细列出了溪洛渡水库、向家坝水库和三峡水库的基本参数。

表 2.2.1　溪洛渡水库、向家坝水库和三峡水库的基本参数

水库参数	正常蓄水位/m	死水位/m	回水长度/km	最小出库流量/(m³/s)	最大出库流量/(m³/s)
溪洛渡水库	600	540	199.0	1 500	43 700
向家坝水库	380	370	156.6	1 400	49 800
三峡水库	175	155	663.0	8 000	98 800

1）三峡水库调度能力

三峡水库调度现有可调范围如下。①水位可调范围:历经水库蓄水的汛限水位 145 m 到 175 m 再到非汛期和枯水期消落到 145 m,有 30 m 可调范围。②容积可调范围:三峡水库可利用防汛库容 221.5 亿 m³ 调蓄。③时间可调范围:汛期可调时间 110 d;汛后蓄水期 30 d;非汛期可调时间 60 d;枯水期可调时间 160 d。

相应的三峡水库调度现有可调幅度如下。①30 d 蓄满防汛库容 221.5 m³,每天库容蓄水幅度为 221.5 亿 m³/30 d=7.4 亿 m³/d;②30 d 蓄满防汛库容 221.5 m³,水位从 145 m 上涨到 175 m,每天水位上涨最大幅度为 30 m/30 d=1 m/d;③总体上,160 d 消落库容 221.5 m³,每天消落 1.38 亿 m³/d;每天消落水位 0.188 m/d。消落可分成两种情况,一是枯水期 1 月、2 月、3 月,从 175 m 消落到 155 m,每天消落 0.22 m/d;二是汛前 4 月、5 月、6 月,从 155 m 消落到 145 m,每天消落 10 m/40 d=0.25 m/d。

可调度时间及其长度:汛限水位 145 m 可调度时间为 6 月 10 日～9 月 30 日,时长 110 d;145～175 m 蓄水调度时间为 10 月 1 日～10 月 30 日,时长 30 d;非汛期 175 m 调度时间为 11 月 1 日～12 月 30 日,时长 60 d;枯水期 145～175 m,消落时间为 1 月 1 日～6 月 10 日,时长 161 d。

2）向家坝水库调度能力

向家坝水库调度现有可调范围包括三方面。①水位可调范围:历经水库蓄水的汛限水位 370 m 到 380 m 再到非汛期和枯水期消落到 370 m,10 m 可调范围。②容积可调范围：向家坝水库可利用防汛库容 9.03 亿 m^3 进行调蓄。③时间可调范围：汛期可调时间 81 d；汛后蓄水期可调时间 20 d；枯水期可调时间 92 d；消落期可调时间 161 d。

相应地向家坝水库调度现有可调幅度如下。①20 d 蓄满防汛库容 9.03 亿 m^3，每天库容蓄水幅度为 9.03 亿 m^3/20 d=0.45 亿 m^3/d；②20 d 蓄满防汛库容 9.03 亿 m^3，水位从 370 m 上涨到 380 m，每天水位上涨最大幅度为 10 m/20 d=0.5 m/d；③总体上，161 d 消落库容 9.03 亿 m^3，每天消落 0.06 亿 m^3/d，每天消落水位 0.06 m/d。

可调度时间及其长度：汛限水位 370 m 可调度时间为 6 月 10 日～9 月 10 日，时长 81 d；370～380 m 蓄水调度时间为 9 月 11 日～9 月 30 日，时长 20 d；枯水期 380 m 调度时间为 10 月 1 日～12 月 31 日，时长 92 d；消落期 380～370 m，消落时间为 1 月 1 日～6 月 10 日，时长 161 d。

3）溪洛渡水库调度能力

溪洛渡水库调度现有可调范围如下。①水位可调范围：历经水库蓄水的汛限水位 560 m 到 600 m 再到非汛期和枯水期消落到 560 m，40 m 可调范围。②容积可调范围：溪洛渡水库可利用防汛库容 46.5 亿 m^3 进行调蓄。③时间可调范围：汛期可调时间 62 d；汛后蓄水期可调时间 30 d；枯水期可调时间 92 d；消落期可调时间 181 d。

相应的向家坝调度现有可调幅度为：①30 d 蓄满防汛库容 46.5 亿 m^3，每天库容蓄水幅度为 46.5 亿 m^3/30 d=1.55 亿 m^3/d；②30 d 蓄满防汛库容 46.5 亿 m^3，水位从 560 m 上涨到 600 m，每天水位上涨最大幅度为 40 m/30 d=1.33 m/d；③总体上，181 d 消落库容 46.5 亿 m^3，每天消落 0.26 亿 m^3/d，每天消落水位 0.22 m/d。

可调度时间及其长度：汛限水位 560 m 可调度时间为 7 月 1 日～8 月 31 日，时长 62 d；560～600 m 蓄水调度时间为 9 月 1 日～9 月 30 日，时长 30 d；枯水期 600 m 调度时间为 10 月 1 日～12 月 31 日，时长 92 d；消落期 600～560 m，消落时间为 1 月 1 日～6 月 30 日，时长 181 d。

2.3 近年来三峡水库试验性生态调度实例

基于三峡水库下游河道生态环境改善和荆江河段四大家鱼产卵的需求形势越来越严峻，自 2011 年，由长江防汛抗旱总指挥部指导、三峡水利枢纽梯级调度通信中心实施，已经连续开展了多次试验性生态调度。

2.3.1 促进四大家鱼产卵的生态调度

2011～2016 年三峡水库连续 6 年开展了 8 次促进四大家鱼产卵的生态调度，时间在每年的 5～6 月；宜都断面平均水温为 20～24℃。通过水库调度，人工创造鱼类繁殖所需的水温、水力学条件，以达到促进鱼类繁殖的效果，实现对金沙江下游和长江中下游鱼类资源的有效保护。具体的调度时间和三峡出库流量过程见表 2.3.1。

表 2.3.1　2011~2016 年生态调度及监测成果表

年份	调度期间	起涨流量/(m³/s)	流量日均涨幅/(m³/s)	宜都断面平均水温/℃
2011	6月16~19日	12 000	1 650	23.6
2012	5月25~31日	18 300	590	20.5
	6月20~27日	12 600	750	22.3
2013	5月7~14日	6 230	113 0	17.5
2014	6月4~6日	14 600	1 370	20.3
2015	6月7~10日	6 530	3 140	21.6
	6月25~2日	14 800	1 930	22.5
2016	6月9~11日	14 600	2 070	21.8

调度结果表明，连续 6 年试验性生态调度对长江流域四大家鱼产卵起到了积极的作用。2011 年试验性调度制造了三峡水库出库流量持续 4 d 的"人造洪峰"过程，明显减弱了洪峰"破碎化"程度，四大家鱼产卵时间与历史自然涨水条件下响应时间一致，实施调度后，四大家鱼自然繁殖群体有聚群效应，与其自然繁殖时的习性相符，以上监测结果初步证明此次生态调度对四大家鱼自然繁殖产生了促进作用。2014 年根据监测结果显示，调度第三天形成了较大规模的家鱼产卵现象，再次印证了生态调度对四大家鱼繁殖产生了明显的促进作用。2015 年调度期间四大家鱼繁殖响应良好，在实施调度后第一天凌晨就发现鱼类产卵现象，第二天开始出现大规模四大家鱼自然繁殖现象，产卵地集中于宜昌胭脂坝至虎牙滩江段，鱼类产卵总量超过 15 亿尾，其中四大家鱼产卵量超过 3 亿尾（2000 年以来宜昌江段四大家鱼自然繁殖年度平均规模为 2 亿尾），鱼类资源保护作用明显。此外，关于 2012 年和 2013 年两年生态调度的情况，由表 2.3.1 可以明显看出，2012 年两次生态调度流量日涨幅分别为 590 m³/s 和 750 m³/s，远小于其他几次生态调度流量日涨幅，也并未见 2012 年详细调度效果评价；2013 年因水温未达到 18℃，未监测到四大家鱼产卵。

通过以上对于生态调度效果的评价，不难看出三峡水库在 5~6 月实施生态调度在很大程度上刺激了四大家鱼产卵，促进了长江中游鱼类数量的正向增长。

除三峡水库单库进行了多年试验性生态调度，根据长江防汛抗旱总指挥部调令，2017 年 5 月 20~25 日，三峡水库和向家坝水库第一次联合实施了生态调度试验见表 2.3.2，通过持续增加向家坝水库和三峡水库出库流量的方式，人工创造出水库下游江段的持续涨水过程，以促进产漂流性鱼类产卵繁殖。

表 2.3.2　2017 年向家坝水库和三峡水库联合生态调度出库过程表　（单位：m³/s）

日期	5月20日	5月21日	5月22日	5月23日	5月24日	5月25日
向家坝水库出库流量	2 350	2 700	3 000	4 000	4 200	4 500
三峡水库出库流量	11 000	12 500	14 000	15 000	16 500	18 000

这次联合生态调度对向家坝水库下游漂流性鱼类和三峡水库下游四大家鱼产卵都起到了明显的促进作用。其中宜宾江段的监测结果表明，坝下鱼类产卵受调度刺激明显，

生态调度前产卵量较小,调度期间出现了鱼类产卵高峰;江津江段的监测结果发现长江上游干流鱼类产卵量在两次调度结束时或结束后 3 d 左右出现高峰;宜都河段监测到四大家鱼产卵总量 10.8 亿尾,为历年最高。

综合 2011~2017 年生态调度试验,宜都河段监测到四大家鱼鱼卵总量为 18.4 亿粒,占监测期间四大家鱼产卵总量的 38%;自 2011 年首次实施生态调度试验以来,监测期间的四大家鱼产卵量总体呈上升趋势。

2.3.2 抑制河口盐水入侵的生态调度

三峡水库的试验性生态调度不仅可以促进水库下游鱼类产卵,也可以在枯水期河口面临盐水入侵风险时进行应急调度以压制盐水上溯,保证河口地区人们的生活取用水安全。自三峡水库蓄水运行以来,在 2014 年 2 月 21 日~3 月 4 日、2017 年 12 月 28 日~2018 年 1 月 8 日实施过两次压咸调度。

2014 年 1 月起,全国平均降雨量较常年同期偏少,受长江枯水期低水位和潮汛现象共同影响,上海长江口遭遇历史上最长咸潮期达 21 d,对居民取用水构成严重威胁。国家防汛抗旱总指挥部与长江防汛抗旱总指挥部商议从 2 月 21 日起,三峡水库在日均出库 6 000 m³/s 基础上增加 1 000 m³/s,实现对咸潮的压制。至 3 月 4 日,水库恢复至 6 000 m³/s,完成了连续 11 d 的压咸调度。压咸调度过程中,日均出库流量 7 060 m³/s,与正常消落过程相比,水库多下泄水量约 10 亿 m³。

2017 年底,长江口河道径流量不足,外海潮汐动力使得盐水不断向河道内涌入,河口盐水入侵风险巨大,沿江居民生活取用水面临重大压力。2017 年 12 月 20 日,长江防汛抗旱总指挥部向三峡水利枢纽梯级调度通信中心发送调度令:为压制河口盐水入侵,自 2017 年 12 月 28 日起,将三峡水库出库流量按日均 7 000 m³/s 控制。因此,三峡水库从 2017 年 12 月 28 日开始 12 d 的压咸应急调度,具体调度过程见表 2.3.3。

表 2.3.3 2017 年三峡水库压咸调度过程 （单位：m³/s）

日期	时刻	三峡入库流量	三峡出库流量	监利站流量	螺山站流量	汉口站流量	大通站流量
12 月 28 日	8 时	7 267	6 173	6 565	9 100	9 890	11 750
	20 时	7 135	7 752	6 560	9 115	9 870	12 000
12 月 29 日	8 时	5 130	6 210	6 600	9 080	9 850	11 950
	20 时	7 140	7 777	6 890	9 090	9 840	11 950
12 月 30 日	8 时	5 754	6 207	6 955	9 150	9 805	11 900
	20 时	7 205	7 777	7 040	9 175	9 800	12 000
12 月 31 日	8 时	5 814	6 210	7 060	9 275	9 810	11 800
	20 时	7 145	7 778	7 075	9 350	9 850	11 850
1 月 1 日	8 时	5 963	6 205	7 050	9 440	9 870	11 550
	20 时	7 185	7 787	7 045	9 385	9 930	11 650

续表

日期	时刻	三峡入库流量	三峡出库流量	监利站流量	螺山站流量	汉口站流量	大通站流量
1月2日	8时	5 769	6 212	7 010	9 400	9 950	11 650
	20时	6 088	7 800	7 010	9 395	9 940	11 750
1月3日	8时	4 365	6 218	6 970	9 375	9 930	11 300
	20时	6 914	7 085	7 010	9 360	9 930	11 750
1月4日	8时	4 165	5 941	7 045	9 440	9 995	11 800
	20时	6 471	7 066	7 050	9 590	10 100	12 150
1月5日	8时	5 089	6 233	7 020	9 630	10 200	12 100
	20时	7 511	7 825	7 020	9 700	10 200	12 550
1月6日	8时	6 154	6 607	7 030	9 710	10 300	12 250
	20时	5 973	8 536	7 090	9 745	10 400	12 600
1月7日	8时	6 124	6 606	7 220	9 845	10 450	12 300
	20时	6 403	9 252	7 390	10 050	10 700	12 750
1月8日	8时	5 362	5 609	7 500	10 300	10 800	12 600
	20时	7 440	8 533	7 610	10 400	10 900	13 300

经过三峡水库压咸应急调度可以看到，大通站12月28日至1月8日的流量都在11 000 m³/s 以上，满足一般意义上对于大通站压咸流量的需求，也在事实上规避了河口盐水入侵的风险。

2.4 小 结

本章介绍了长江中下游基本概况，包括干流、主要支流及江湖关系；长江中游入汇污染负荷；三峡水库蓄水前后长江中下游生态环境变化等基本情况。

（1）以 COD_{Mn}、NH_3-N 为主要评价指标，以溶解氧和 pH 为辅助评价指标，对南津关水质自动监测站、城陵矶水质自动监测站、岳阳楼水质自动监测站等主要站点2004~2016年水质进行总体评价。从整体来看，南津关水质自动监测站水质质量良好，2004~2016年除极少数出现Ⅲ类水质外，其他时间均为Ⅱ类水质；城陵矶水质自动监测站水质也较好，2008~2016年除极少数出现Ⅲ类水质外，其他时间均为Ⅱ类水质。南津关水质自动监测站水质优于城陵矶水质自动监测站和岳阳楼水质自动监测站，除2004年外，岳阳楼水质自动监测站的水质劣于城陵矶水质自动监测站的水质。岳阳楼水质自动监测站水质除极少数出现Ⅳ类水质外，其他时间均为Ⅲ类或以上水质。2008~2016年，南津关水质自动监测站、城陵矶水质自动监测站、岳阳楼水质自动监测站水质的高锰酸盐指数、氨氮浓度总体上呈下降趋势，且高锰酸盐指数、氨氮浓度与流量呈负相关关系。

（2）长江中游入汇污染负荷。2011~2016年，汉江排入长江的COD呈下降的趋势；

汉江排入长江的氨氮整体变化趋势不明显，以波动为主，在经历了2013年的最小值之后，出现了明显的上升。洞庭湖排入长江的COD在2005~2009年明显下降，2011年出现低谷，从2012~2016年，排放量迅速增加且逐渐趋于稳定；同期，洞庭湖排入长江的氨氮总量在经历了2015年的最小值之后，2016年和2017年又出现了明显上升。长江荆州段的生活污水和工业废水的污染物排放总量有下降的趋势，位于上游的荆州区、沙市区和荆州经济开发区生活污水排放量下降明显，但是工业废水排放量在2013~2015年经过一定波动后，2016年出现明显的上升。武汉市对城市生活污水的收集处理不断加强，污水对周围水环境的影响正在不断减小，长江干流所受的固定点源污染的威胁随之减轻。

（3）长江口盐水上溯。浏河口（陈行）一带盐水主要来源于北支倒灌南支的过境盐水团，其日内变幅小，月内变幅大。浏河口、陈行一带盐度与北支末端青龙港盐度具有较强的相关性，其滞后时间约为4 d。

第 3 章 三峡水库蓄水前后荆江—洞庭湖水文水力关联性动态响应

三峡水库蓄水运行后，不仅拦截大量的上游来沙，而且改变了中下游的径流年内分配过程，这些变化必然也将对荆江与洞庭湖之间的分汇流关系、江湖之间水资源量的时空分配、江湖低水位的持续时间等产生一定影响，这种影响将直接导致干流和湖区水位、水深、流速等水流要素变化，进而影响生态。因此，量化评估水文条件和河床冲淤等变化对江湖区域水流条件的影响，是生态评估的前提。本章以三峡水库蓄水前后实测水文、泥沙资料为基础，分析三峡水库蓄水前后来水来沙条件变化，以及江湖之间分、汇流关系的调整，建立相应的函数关系和分汇流计算模式；分析洞庭湖区和干流城陵矶水位的关联性，并提出洞庭湖区水位估算的经验模型。这些量化关系可为水环境和水生态评估提供基础，为水动力和水质模型提供支撑，为荆江及洞庭湖区生态环境特征流量和水位的计算提供依据。

本章内容中，水位基面除特殊说明外，为吴淞冻结基面。

3.1 三峡水库蓄水前后江湖来水来沙变化及河床冲淤调整

荆江—洞庭湖区来水来沙源于长江干流和洞庭湖四水，其中干流来水来沙由枝城站监测，四水来水来沙由长沙站、桃江站、桃源站、石门站四站监测，江湖分流分沙通过三口（松滋口、太平口、藕池口）五站（新江口站、沙道观站、弥陀寺站、康家港站、管家铺站）监测，江湖汇流区设有城陵矶（七里山）站观测流量、水位和含沙量。由于荆江裁弯和葛洲坝建库等人类工程影响，江湖分汇流关系处于不断调整之中，但许多研究表明 1990 年至三峡水库蓄水前江湖关系较为稳定。本节通过统计分析 1990~2016 年荆江洞庭湖区各站的水文泥沙观测资料，考察三峡水库蓄水前后区域内水沙特征变化和河床冲淤调整。其中，1990~2002 年代表自然情况，2003~2007 年代表三峡水库初期运行期，2008~2016 年代表三峡水库试验性蓄水期。

3.1.1 长江干流径流泥沙变化及河床冲淤

根据 1990~2016 年上荆江枝城站和下荆江监利站的流量观测资料，分析三峡水库蓄水前后干流流量变化规律。由图 3.1.1 中不同时期枝城站多年平均的旬平均流量过程可见，以 1990~2002 年作为对比基准，三峡水库蓄水后流量过程变化特点主要表现为：2003~2007 年，除主汛期的 7~9 月流量有所削减外，其他月份流量变幅较小；2008~2016

年,除主汛期流量有所减小外,枯水期流量增大,汛后 9~11 月流量减小。下荆江监利站的流量变化规律与枝城站大体类似,但是程度有所减小。

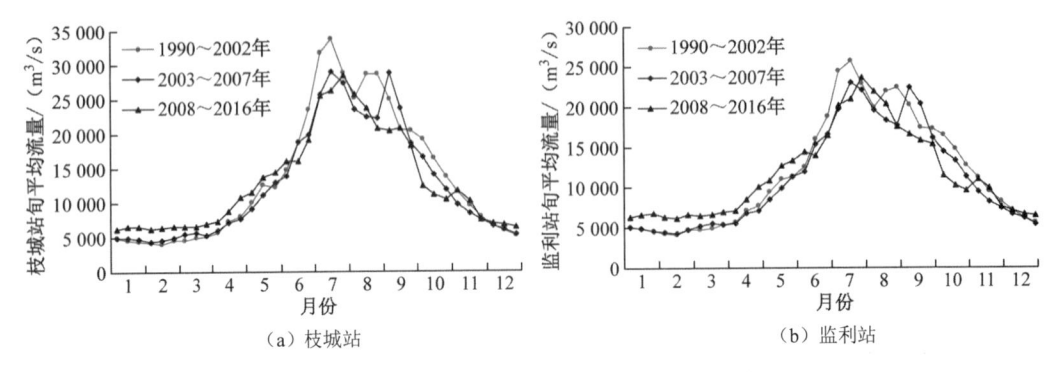

图 3.1.1 不同时期枝城站、监利站旬平均流量变化

根据 1990~2016 年上荆江枝城站和下荆江监利站输沙量观测资料(表 3.1.1),分析三峡水库蓄水前后荆江输沙量变化规律可见:水库蓄水后长江干流来沙量大幅度减少,减小的幅度远远大于径流变化。相比于枝城站,监利站处于下游,因而其含沙量有一定程度恢复,但其减幅也超过 75%。

表 3.1.1 三峡水库蓄水前后上下荆江输沙量变化

	项目	枝城站	监利站
径流量	1990~2002 年平均/亿 m³	4 356	3 812
	2003~2016 年平均/亿 m³	4 122	3 658
	蓄水前后差率/%	5.4	4.04
输沙量	1990~2002 年平均/10^6 t	397.0	315.1
	2003~2016 年平均/10^6 t	48.8	75.3
	蓄水前后差率/%	87.7	76.1
含沙量	1990~2002 年平均/(kg/m³)	0.91	0.83
	2003~2016 年平均/(kg/m³)	0.12	0.21
	蓄水前后差率/%	87	75.1

由于上下荆江含沙量均大幅度减小,荆江河段发生了明显的冲刷下切。由长江水利委员会水文局的勘测资料来看,三峡水库运用以来至 2016 年,荆江河道以冲槽为主,冲刷基本发生在平滩河槽,累积冲刷泥沙量为 9.38 亿 m³,冲刷强度约 0.67 亿 m³/a。冲刷以上荆江为主,约占 60%(图 3.1.2)。

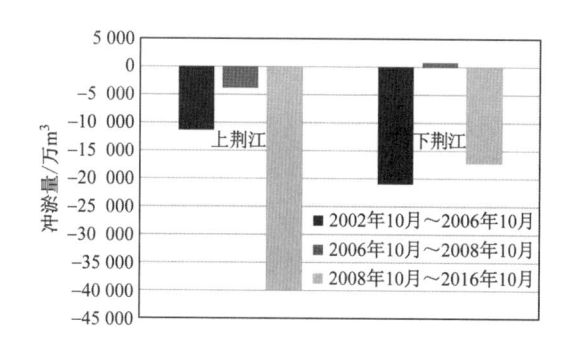

图 3.1.2 三峡水库蓄水后荆江河段平滩河槽冲淤量

3.1.2 洞庭湖四水来流变化特性

四水来流虽然不受三峡水库调蓄影响，但由于流域内降雨等自然条件变化的影响，四水来流在近期发生一定变化。以下主要通过蓄水前后流量统计，分析四水来流量在年内各月分配的变化。由图 3.1.3 可见，在 2003～2007 年，各月四水来流量分布不均，但除个别月外，大多情况下四水来流量相较三峡水库蓄水前减少；相较于三峡水库蓄水前，1 月来水量变化不大，2 月有所上升，3 月来流量稍有减少，4～12 月四水的来流量开始显著减少，汛期最大来流量多出现在 5～6 月，最大流量值相较蓄水前减少将近 2 765 m³/s，其出现时间提前且早于荆江三口。2008 年之后，四水来水量年内分布与 2003～2007 年大体类似，汛期流量减少的特点得到了延续，且 10～12 月及 1～4 月流量减小的幅度加重。

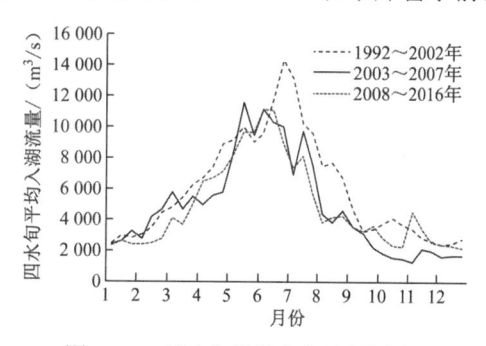

图 3.1.3 四水旬平均入湖流量过程

3.1.3 城陵矶（七里山）站出流变化

依据 1990～2016 年洞庭湖出口城陵矶（七里山）站流量观测资料，分析三峡水库蓄水前后城陵矶站出流变化规律。由图 3.1.4 中不同时期城陵矶（七里山）站多年平均的旬平均流量过程可见，以 1990～2002 年作为基准，三峡水库蓄水后流量过程变化特点主要表现为：三峡水库蓄水后的 2003～2007 年，6 月之后各月流量明显减小；2008～2016 年，除以上特点继续保持之外，1～3 月流量也明显减少。这些特点与四水来流变化有一定的类似性，这说明洞庭湖出流在很大程度上受到四水来流变化的影响。

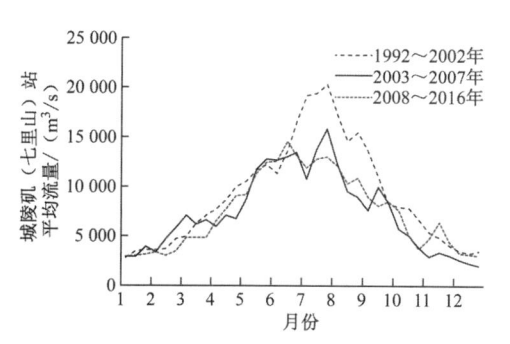

图 3.1.4 不同时期城陵矶（七里山）站旬平均流量变化

3.1.4 三口洪道冲淤及分流分沙变化

由于长江干流来沙量显著减少,不仅引起荆江河段冲刷,还使得三口分流河道发生冲淤调整。长江水利委员会水文局荆江水文水资源勘测局在 2003 年以来施测的不同时期地形比较显示,三峡水库运用后,三口洪道口门河段深泓剖面均有所冲刷,冲刷主要发生在靠近分流口门的位置,而口门下游有冲有淤没有单向变化趋势。其中,松滋口 2003~2016 年口门上游段累计平均冲深达 10 m,长度达 8 km。太平口虎渡河口门附近冲刷距离约 3.7 km,平均冲深 1.2 m。藕池口门河段 2003~2016 年深泓平均冲深 1.3 m,主要发生在口门内 9 km 范围。表 3.1.2 给出了三峡水库运行以来三口洪道冲淤量,可见各分流河道均以冲刷为主,尤其是松滋河最为明显。

表 3.1.2 三峡水库运行以来三口洪道冲淤量　　　（单位：万 m³）

	时段	松滋河	虎渡河	藕池河	松虎洪道	三口合计
总冲淤量	2003~2016 年	−6 763	−956	−5 065	−2 228	−15 012
年均冲淤量	2003~2016 年	−483	−68	−362	−159	−1 072

由于干流来水来沙变化,荆江和三口河道也均处于冲淤调整之中,由此必然引起三口分流分沙的变化。依据三峡水库运行前后的观测资料,统计了三口分流分沙变化如图 3.1.5、图 3.1.6 所示。由图 3.1.5 可见,三峡水库蓄水后,三口分流量略呈减小趋势,但三口分流比变幅不大,究其原因是 2003 年后上游来流以中枯水年为主,径流量减少导致分流量减少。但干流冲刷下切主要集中在枯水河槽,对中洪水期分流影响不大,并且三口洪道同时也在发生冲刷,因而三口分流比并未明显减小。由图 3.1.6 可见,三峡水库蓄水后,三口分沙急剧减少,而三口分沙比并未减小。其原因是干流清水下泄导致进入三口的沙量绝对值急剧减少,但是分流比变幅不大,分沙比并未减少。

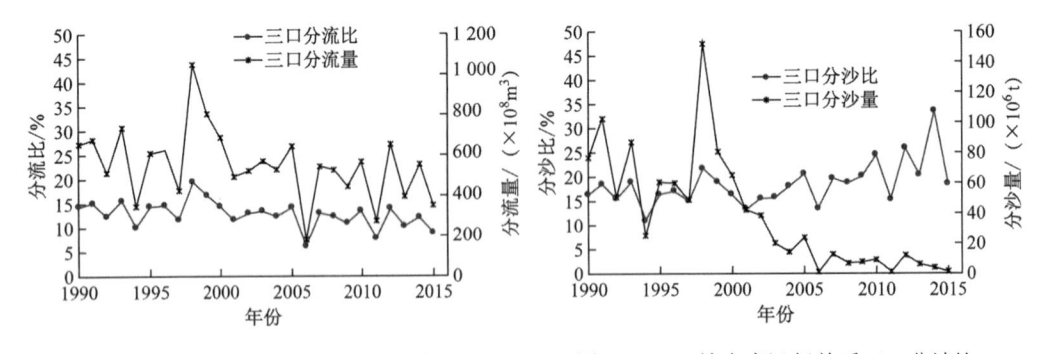

图 3.1.5　三峡水库运行前后三口分流比和分流量的变化

图 3.1.6　三峡水库运行前后三口分沙比和分沙量的变化

统计三峡水库蓄水前后的三口断流特征见表 3.1.3,2003 年后除太平口断流天数有所减少外,松滋口东支及藕池口断流天数均有增加。这种变化的原因显然是干流枯水河槽冲刷下切导致枯水位下降。

表 3.1.3　三口控制站断流特征

时段	各时段年均断流天数/d				断流日相应的枝城站流量/(m³/s)			
	沙道观站	弥陀寺站	管家铺站	康家港站	沙道观站	弥陀寺站	管家铺站	康家港站
1981～2002 年	171	155	167	248	8 920	7 680	8 660	17 400
2003～2016 年	191	140	183	269	9 730	7 490	8 910	15 400

3.2　三峡水库蓄水后荆江三口分流特性变化及其影响

长江干流一部分流量通过松滋口、太平口、藕池口三口分入洞庭湖，三口分流关系变化会对洞庭湖区的水资源总量产生影响，进一步影响湖区的生态、取水、农业等方面。因此，明确三峡水库蓄水前后三口分流关系的变化特点，有利于评估水库调节对三口分流的影响，对于湖区水资源总量、洞庭湖生态环境变化研究具有重要意义。

3.2.1　荆江三口分流关系的建立

1. 三峡水库蓄水前后江湖分流关系稳定性

影响三口分流的因素包括：上游来流量，干流河道泄流能力（可用水位流量关系来表征），一定来流或水位下的支流分流能力。经分析，在三口分流比稳定期，分流道附近干流水位流量关系及干流水位与支流分流量关系良好，可用两者联合来表征分流水系的分流特性（图 3.2.1）。三峡水库蓄水后，由于来流过程变化加之来沙量减少，干流河道和分流河道发生不同形式的冲淤变化，水位流量关系发生调整，三口分流量在水库蓄水后也发生明显变化（图 3.2.2、图 3.2.3）。

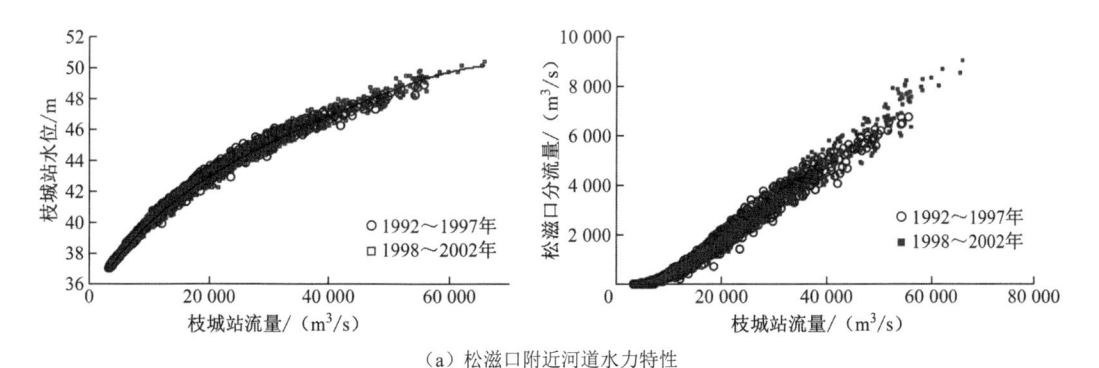

(a) 松滋口附近河道水力特性

图 3.2.1　1992～2002 年干流及分流河道水力特性变化

(b) 太平口附近河道水力特性

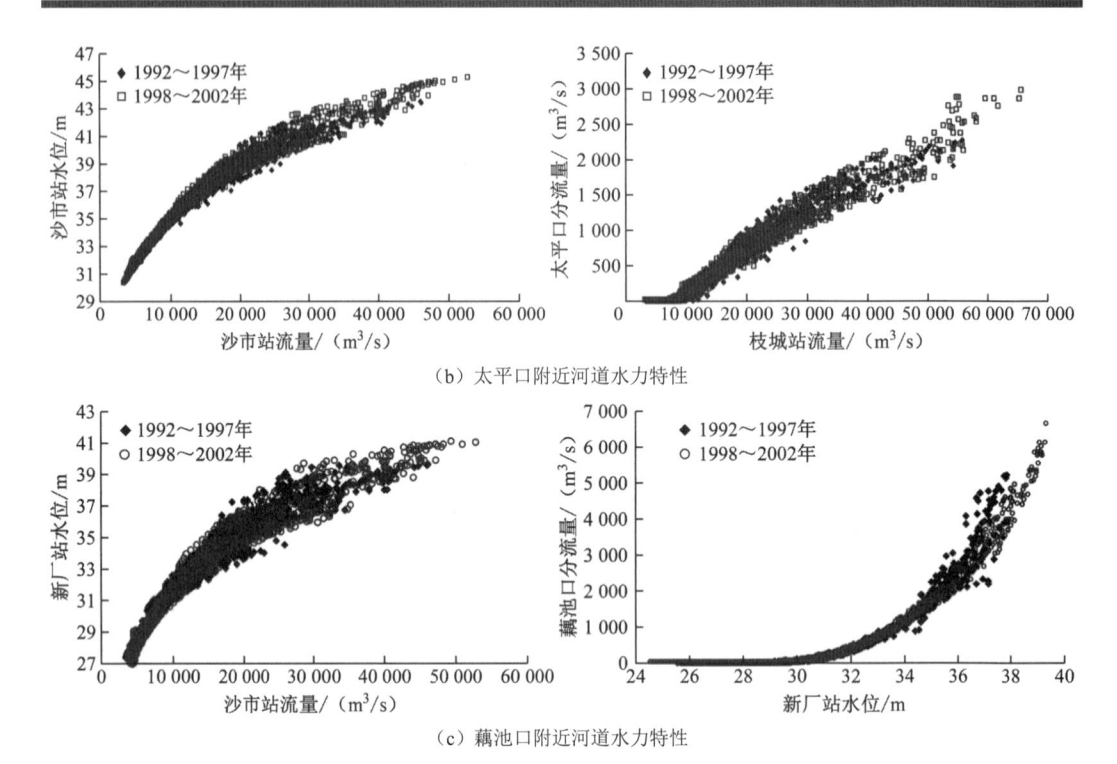

(c) 藕池口附近河道水力特性

图 3.2.1 1992~2002 年干流及分流河道水力特性变化（续）

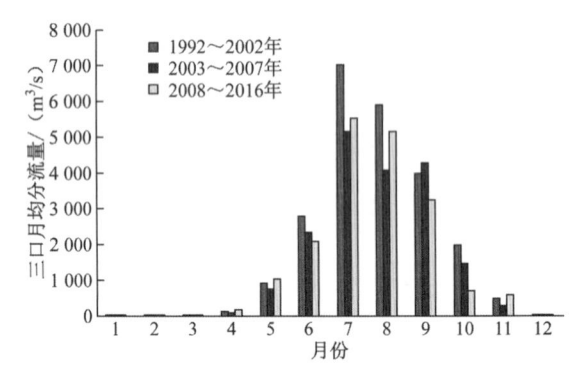

图 3.2.2 不同时期内三口月均分流量

(a) 枝城站流量与松滋口分流量关系

(b) 枝城站流量与太平口分流量关系

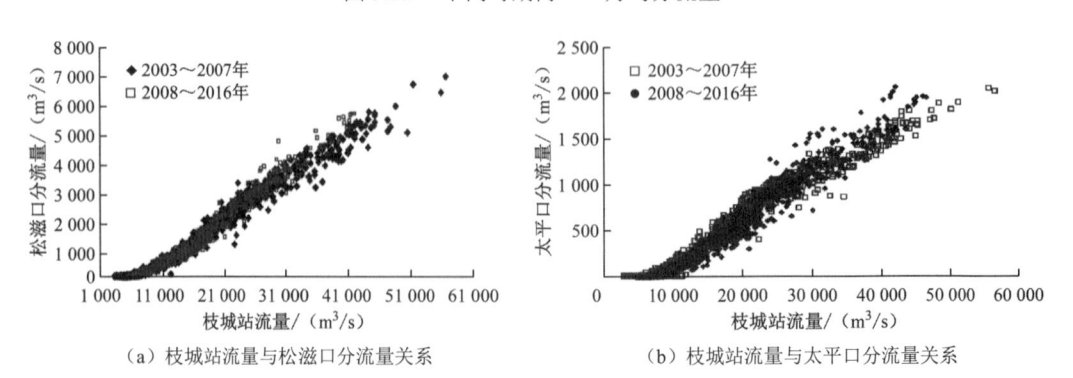

图 3.2.3 三峡水库蓄水后枝城站流量与三口各分流量之间的关系

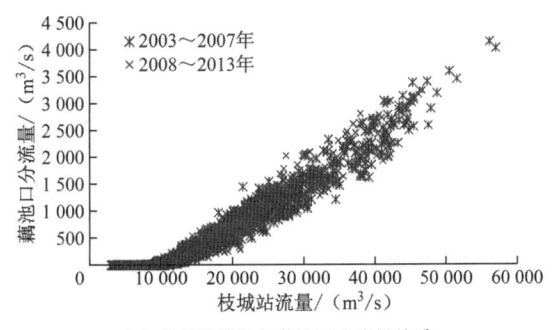

(c)枝城站流量与藕池口分流量关系

图 3.2.3　三峡水库蓄水后枝城站流量与三口各分流量之间的关系（续）

2. 三峡水库蓄水以来分流口干流水位流量关系变化

三峡水库蓄水以来干流沿程水位流量关系变化如图 3.2.4 所示。由于水库调蓄的削峰补水和拦沙作用，中枯水冲刷历时较长，中枯水河床下切，而洪水河床过流概率小，冲刷变形幅度较小，糙率因植被生长而增大，洪水位未明显下降，相比于 2003 年甚至略显抬高。考察 2003 年和 2016 年曲线的交点（水位不发生下降的临界流量）均为中等偏大的流量。经估算发现，枝城站、荆州站、新厂站的临界流量分别为 30 500 m³/s、23 500 m³/s、18 500 m³/s。

(a)枝城站水位流量关系变化

$y_2 = -3 \times 10^{-9} x^2 + 0.000\ 4x + 35.54$
$R^2 = 0.998\ 2$

$y_1 = -4 \times 10^{-9} x^2 + 0.000\ 4x + 35.695$
$R^2 = 0.994\ 8$

(b)荆州站水位流量关系

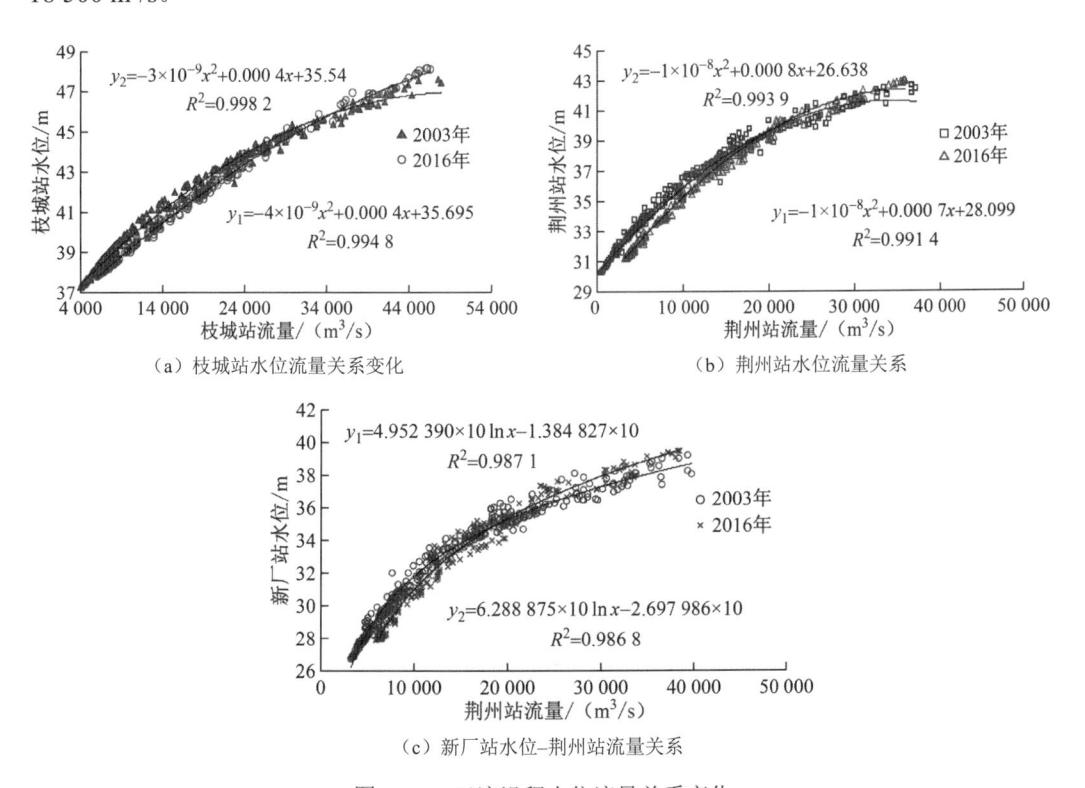

$y_2 = -1 \times 10^{-8} x^2 + 0.000\ 8x + 26.638$
$R^2 = 0.993\ 9$

$y_1 = -1 \times 10^{-8} x^2 + 0.000\ 7x + 28.099$
$R^2 = 0.991\ 4$

(c)新厂站水位-荆州站流量关系

$y_1 = 4.952\ 390 \times 10 \ln x - 1.384\ 827 \times 10$
$R^2 = 0.987\ 1$

$y_2 = 6.288\ 875 \times 10 \ln x - 2.697\ 986 \times 10$
$R^2 = 0.986\ 8$

图 3.2.4　干流沿程水位流量关系变化

3. 分流河道过流能力变化

分流河道过流能力主要决定于口门附近干流水位和分流河道形态。因此，除干流水位流量关系的变化之外，支流河道是否发生冲淤也是影响分流能力的重要因素。由图3.2.5可知，2002~2016年各分流河道内水位流量关系发生不同程度的变化。其中，新江口站同流量下水位呈下降趋势，说明松滋口分流河道发生一定幅度的冲刷；弥陀寺站水位流量关系较为稳定，说明蓄水前后分流河道未发生明显的冲淤调整；康家港站和管家铺站同流量下水位皆呈抬升趋势，说明蓄水后藕池口分流道依然延续了淤积态势。综合几个站点的变化特征可见，三口分流河道在水库蓄水后发生了不同类型的冲淤变化，在蓄水后的分流关系估算中，必须考虑这些调整所带来的影响。

(a) 新江口站水位–流量关系

(b) 沙道观站水位–流量关系

(c) 弥陀寺站水位–流量关系

(d) 康家港站水位–流量关系

(e) 管家铺站水位–流量关系

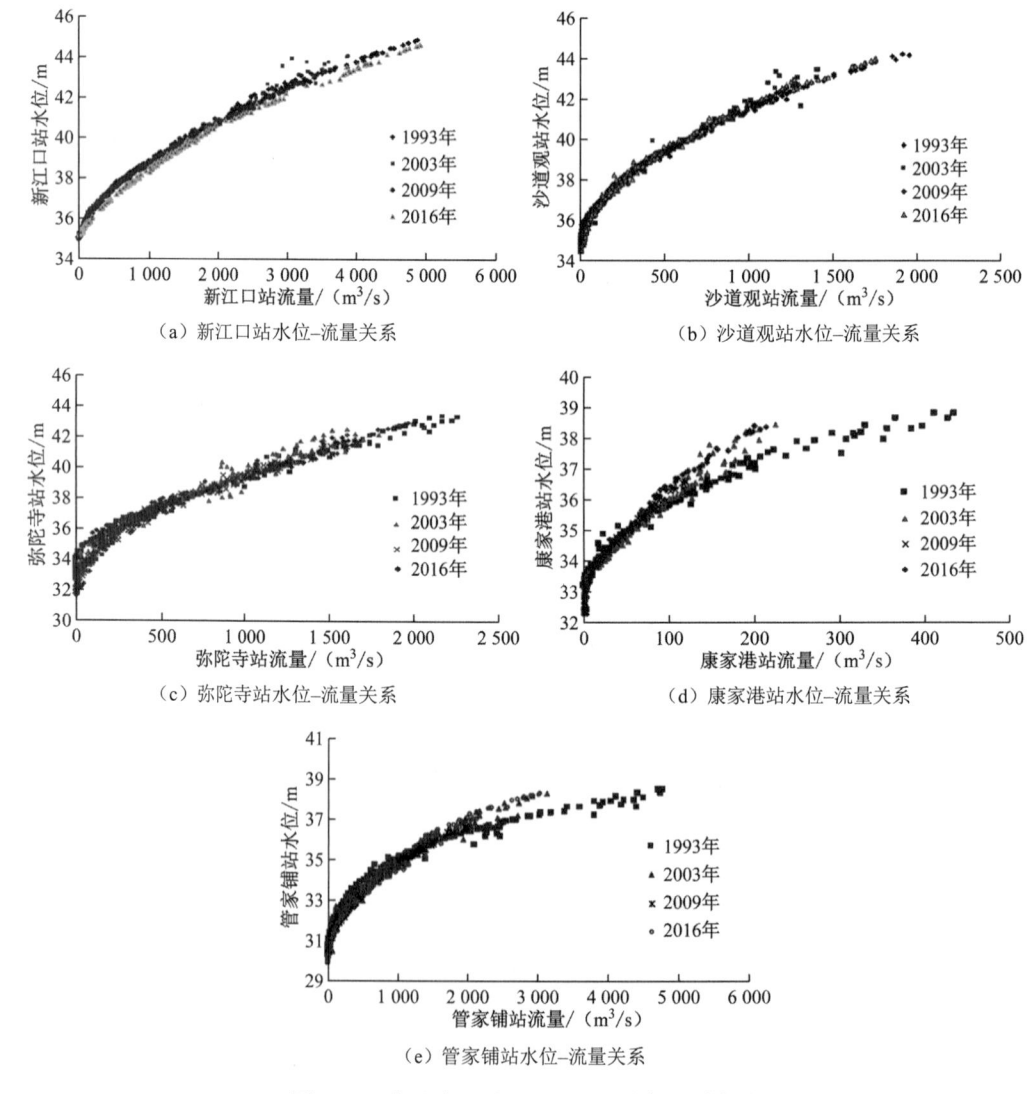

图3.2.5　各分流河道水文站水位流量关系变化

考虑分流河道冲淤之后，不同时期的分流河道泄流能力可用同一干流水位下的分流量来衡量（图 3.2.6），其中干流水位取各分流口门附近的水文（水位）站观测数据，分流量取各分流河道水文站的流量观测资料。由图 3.2.6 可知，与水库蓄水前的 2002 年相比，松滋口分流能力略有增大，水位越高增大越明显；太平口分流能力变化不大；藕池口在中低水位下分流能力略呈增大趋势，而高水位下分流能力略呈减小趋势。

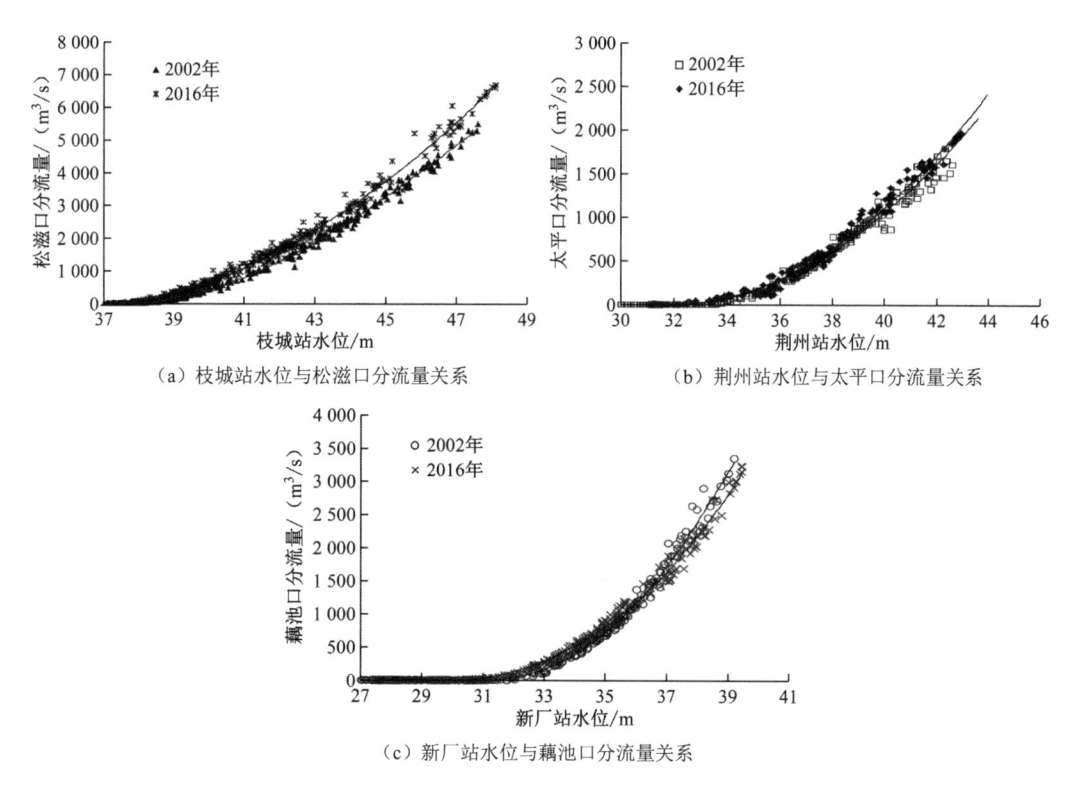

图 3.2.6 不同分流河道的进口水位与分流量的关系变化

4. 三口分流过程计算的经验模型

水库调节和河床变形对三口分流的影响均具有随来流量级而变的非线性特征，水库调节还具有季节特征，水库调节影响和地貌变化影响叠加后，对建库后的分流量影响必然具有年内（季节）、年际（洪枯量级）差异。对于这种变化的评估，需要借助水流演算模型来开展，但通常情况下的水动力学水流演算模型都需要大量河道地形资料。研究依据前文建立的干流河道水位流量关系及干流水位–分流河道流量关系，提出了一种对流量演算的经验模型。

在水量守恒基础上联立前文提出的经验关系，其方程为式（3.2.1）~式（3.2.7），各变量含义如图 3.2.7 所示。其中，式（3.2.2）~式（3.2.4）为干流水位–流量关系，能够反映干流河道冲淤、糙率调整等影响；式（3.2.5）~式（3.2.7）为干流水位–分流河道流量关系，能够反映分流河道调整的影响。由于沙市（荆州）站位于太平口下游，计算过程中沙市站水位的计算需要进行迭代，见式（3.2.8）。对式（3.2.1）分别采用水库蓄水前后来流过程，可得到水库蓄水的影响；对式（3.2.2）～式（3.2.7）分别采用不同时期的水位-流量关系式，可得到不同时期河道泄流能力对分流的影响。

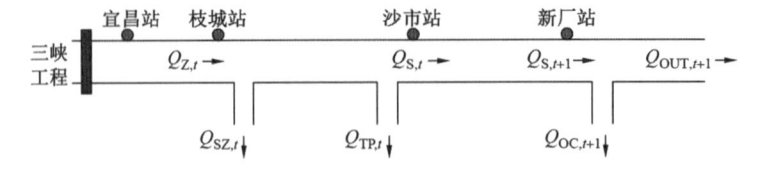

图 3.2.7 江湖分流水量分配关系图

$$Q_{Z,t} = Q_{SZ,t} + Q_{TP,t} + Q_{OC,t+1} + Q_{OUT,t+1} \quad (3.2.1)$$

$$Q_{SZ,t} = f_{D1}(Z_{Z,t}) \quad (3.2.2)$$

$$Q_{TP,t} = f_{D2}(Z_{S,t}) \quad (3.2.3)$$

$$Q_{OC,t} = f_{D3}(Z_{X,t}) \quad (3.2.4)$$

$$Z_{Z,t} = f_1(Q_{Z,t}) \quad (3.2.5)$$

$$Z_{S,t} = f_2(Q_{S,t}) \quad (3.2.6)$$

$$Z_{X,t} = f_3(Q_{S,t-1}) \quad (3.2.7)$$

$$\begin{cases} Q_{S,t} = Q_{Z,t} - Q_{SZ,t} - Q_{TP,t} = Q_{Z,t} - f_{D1}[f_1(Q_{Z,t})] - f_{D2}(Z_{S,t}) \\ Z_{S,t} = f_2(Q_{S,t}) \end{cases} \quad (3.2.8)$$

3.2.2 河道调整对三口分流关系的影响

干流和分流河道的河床冲淤、糙率调整将直接影响三口分流关系。为评估这些河道调整效应对三口分流关系的影响，依据 2008～2016 年实测枝城站流量，分别结合 2002 年地形的经验曲线式（3.2.2）～式（3.2.7）和 2016 年地形的经验曲线式（3.2.2）～式（3.2.7）可计算得到三口分流量，并绘制出枝城站流量与各分流道的分流比关系曲线。由 2002 年、2016 年两组关系曲线，可得到不同枝城站流量情况下的分流比变幅（图 3.2.8）。

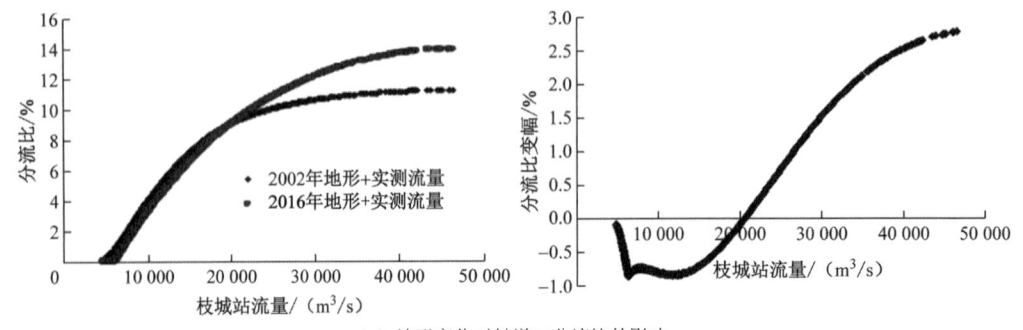

（a）地形变化对松滋口分流比的影响

图 3.2.8 地形变化对三口分流比的影响

(b）地形变化对太平口分流比的影响

(c）地形变化对藕池口分流比的影响

(d）地形变化对三口总分流比的影响

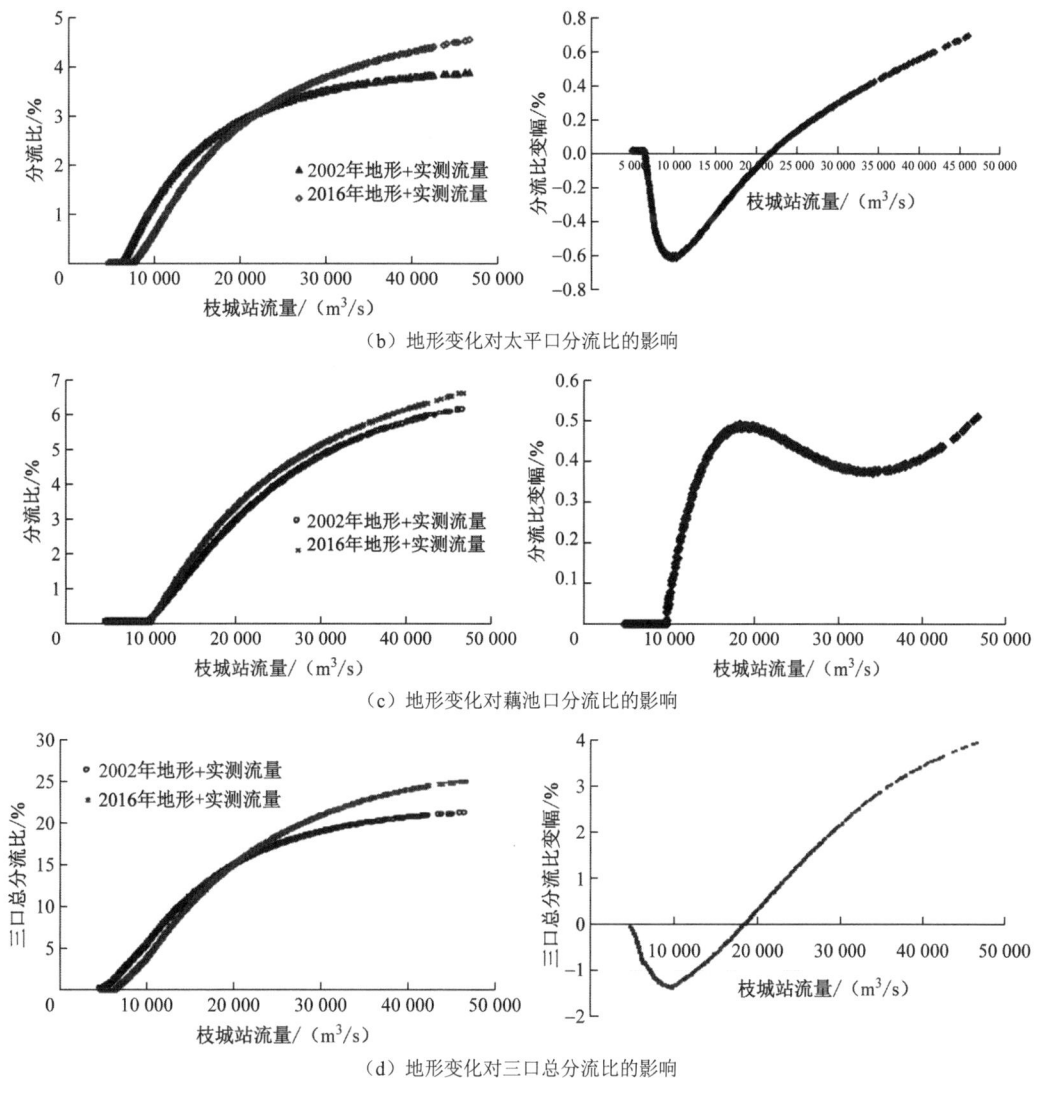

图 3.2.8　地形变化对三口分流比的影响（续）

由图 3.2.8 可见，松滋口在枝城站流量小于 20 000 m³/s 时分流比有所减小，而大于该流量时分流比显示增大趋势，这说明分流道冲淤与干流水位变化均对分流比产生了影响。太平口分流比的调整规律与松滋口总体类似，但其分流比减小和增大的分界流量为 23 000 m³/s 左右。这是由于太平口与枝城站之间的松滋口分走了一部分流量。藕池口分流比在各级流量下均显示增大趋势，说明同样枝城站流量下，藕池口附近干流河道内的流量增加、糙率增大引起的水位上升对分流的影响起到了主要作用。

3.2.3　三峡建库对三口分流的综合影响

三峡建库后，水库对三口分流的影响来源于两个方面，一是河床调整的影响，二是水库对径流过程的直接调节作用。为考察两者的综合影响，将 2008~2012 年的三峡入库流量与宜昌–枝城区间合成流量称为还原枝城站流量，将 2002 年地形上水位–流量经验关系和 2008～2012 年还原枝城站流量过程的组合称为不建水库情形（条件 1），将 2012 年地形上经验曲线和 2008～2012 年实测枝城站流量过程组合称为建库后情形（条件 2），比较两者的分流情况差异。

计算两种情况下的月均分流量见表 3.2.1。由表 3.2.1 可见，相比不建水库情形，4～8 月分流量增大，9 月～次年 3 月中除 2 月外，分流量明显减小。7～8 月汛期虽然洪峰被水库削减，但其历时较短，加上干流水位抬高有利于分流，因而月平均尺度上，7～8 月分流量反而增加；11～3 月小流量下，水库补水增大了分流，干流水位下降减少分流，两者虽可部分抵消，但干流水位下降的影响占主导地位；汛前 5～6 月，以及汛后 9～10 月，水库分别处于泄水和蓄水期，对径流过程调节作用超过了地形变化的作用。由表 3.2.1 还可看出，对于来水量偏枯的 2009 年和 2011 年，汛后分流量减小幅度较平均情况尤其明显。

表 3.2.1 有无三峡水库影响下的 2008～2012 年月均三口分流量

月份	2009 年 条件 1 月均分流量 /(m³/s)	条件 2 月均分流量 /(m³/s)	变幅/%	2011 年 条件 1 月均分流量 /(m³/s)	条件 2 月均分流量 /(m³/s)	变幅/%	5 年平均 条件 1 月均分流量 /(m³/s)	条件 2 月均分流量 /(m³/s)	变幅/%
1	52	0	−99.8	109	100	−8.0	44	25	−43.3
2	34	55	62.2	20	9	−55.0	15	17	9.4
3	24	12	−48.3	77	76	−2.5	43	24	−44.8
4	260	377	44.9	86	173	101.2	194	250	28.7
5	912	1 708	87.3	335	482	43.8	689	1 202	74.5
6	1 257	1 883	49.8	1 855	2 276	22.7	1 731	2 196	26.9
7	4 176	4 429	6.1	3 098	2 990	−3.5	5 204	5 654	8.7
8	6 274	6 709	6.9	2 930	2 818	−3.8	4 432	5 003	12.9
9	2 831	1 955	−30.9	2 350	1 142	−51.4	3 689	2 957	−19.8
10	1 400	265	−81.1	752	235	−68.7	1 555	702	−54.9
11	241	62	−74.2	672	910	35.4	674	560	−16.9
12	28	0	−100.0	70	27	−61.3	57	17	−70.6
年均	1 473	1 470	−0.2	1 036	942	−9.1	1 539	1 563	1.6

由表 3.2.1 中数据可知，在多年平均情况下，有无三峡水库情况下三口分流量年变幅仅 1.6%，这说明在 2008～2012 年多年平均尺度上，水库对三口分流的影响并不大。但由表 3.2.1 可看出，枯水年 2011 年年分流量明显减小，降幅达到 9.1%。为进一步比较多年变化情况，将 2008～2012 年的还原分流量过程（2002 年地形+2008～2012 年还原枝城站流量）与 1992～2012 年的实测分流量进行比较（图 3.2.9）。由图 3.2.9（a）可知，在地

形变化和水库调节综合作用下,年分流量变化不大,其主要特征是枯水年分流量略有减小,丰水年分流量略有增大。但由图 3.2.9(b)可知,10 月三口分流量的明显减小是普遍存在的。以上说明,三峡水库蓄水后,三口分流量变化不是年总量的变化,而是季节性的变化。汛后至枯水期,三口分流比减少将导致三口水系水资源短缺。

(a) 年内三口日均分流量

(b) 10 月三口日均分流量

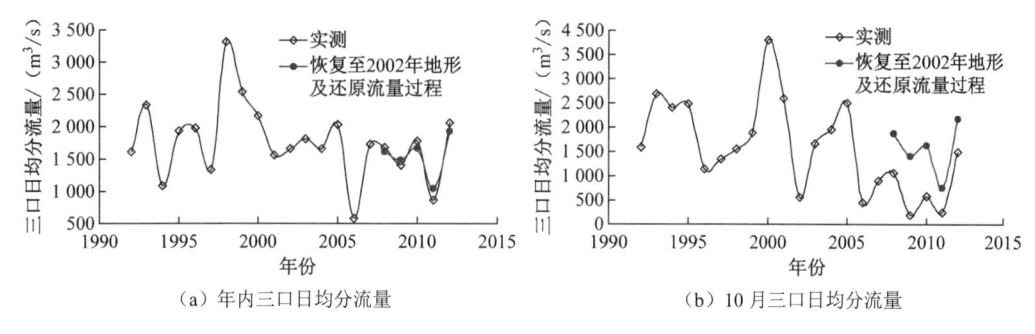

图 3.2.9　全年及 10 月三口日均分流量变化

3.3　三峡水库蓄水前后洞庭湖区与城陵矶站水位关联性变化

城陵矶站扼守洞庭湖与长江干流汇合点,其水位是反映江湖水情的重要指标。三峡水库建成后,随着水文过程调节和江湖冲淤调整,城陵矶站水位变化将直接影响湖区水面及洲滩出露面积,可能引发水资源、水环境及水生态等问题。在此背景下,城陵矶站水位对洞庭湖区水位的影响规律是江湖关系研究的重要内容之一。本节将水力学原理与观测资料相结合,分析两方面的问题:①不同条件下,城陵矶站水位与湖区水位关联性强弱转化的机理;②三峡建库前后不同时期及不同水文组合情况下,洞庭湖区水位对城陵矶站水位响应的量化规律,以及各种情况下湖区水位的合理估算方法[131]。

3.3.1　研究区域与数据资料

地处荆江以南、四水尾闾控制站以北的洞庭湖区承接松滋口、太平口、藕池口三口分泄的长江干流水量,以及湘、资、沅、澧四水来流,该区域总面积虽有 19 195 km²,但其中湖泊面积仅 2 625 km²,且被分割成东、南、西三片相连水域(图 2.1.2)。

由于地质构造和泥沙淤积作用,洞庭湖区形成两大特点:一是地势自西南向东北倾斜明显,形成明显水力坡降,据三峡水库蓄水前数据统计[132],东、南、西洞庭湖历年最高水位分别为 33.0~34.0 m、34.0~35.0 m、35.0~36.0 m,而据遥感影像分析[133],东、南、西洞庭湖的草滩地界线对应水位分别为 23 m、27 m、29 m;二是"高水湖相、低水河相",枯水期的湖泊水体仅存在于狭窄湖槽中,平水期湖槽和部分洲滩淹没,洪水期洲滩被全部淹没,水位沿着大堤上涨。

洞庭湖入流由长江三口分流和湘、资、沅、澧四水入流控制站所监测，站点如图2.1.2所示。选取鹿角水文站、杨柳潭水文站、南咀水文站分别作为东、南、西洞庭湖水位代表站点，三站距湖区出口分别约40 m、90 m和150 km。湖区出口监测有七里山站流量和莲花塘站水位，下文统称为城陵矶站流量和水位。洞庭湖区间入流比重较大，但缺乏观测，以每年入、出湖总水量之差为准，对来流过程进行倍比放大，以此近似补偿区间流量。为反映三峡水库蓄水前、后各阶段，选取了1992~2002年、2003~2007年及2008~2014年三个时期分别代表水库蓄水前、初期运行期和试验性蓄水运行期（杨柳潭站缺少2008年后数据）。

各时段水文资料统计表明，2003年前、后的入湖总径流中，四水来流比例分别为56%、54%，三口比例分别为32%、33%，区间比例为12%、13%。三口、四水的旬平均入湖流量过程和城陵矶站水位过程分别如图3.3.1（a）、（b）所示，三峡水库蓄水前后的水文过程年内总体特征基本未变，仅个别月有所调整。图3.3.1（b）中还以南咀站与城陵矶站水位落差为例，给出了其年内变化过程，可见即使对于距城陵矶站较远的西洞庭湖，汛期水位也会受到明显顶托作用，两站落差汛期小、枯水期大的总体规律在2003年前后各阶段未出现明显调整。

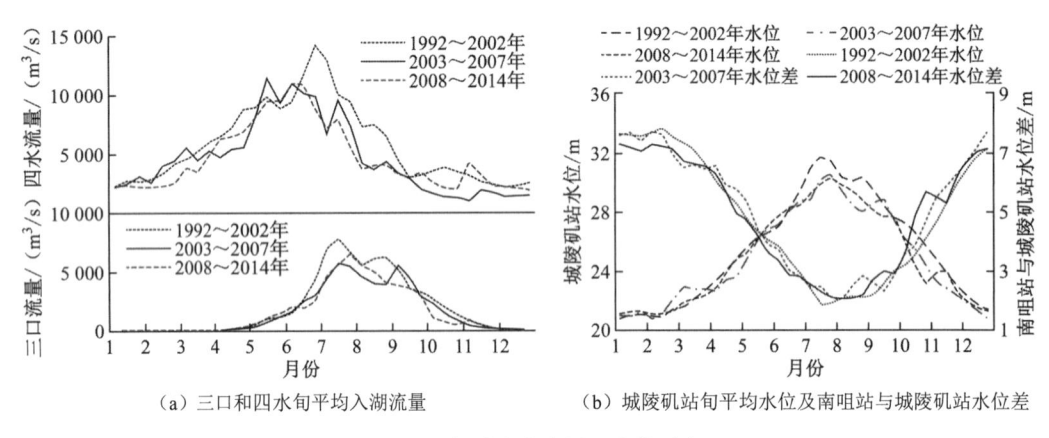

（a）三口和四水旬平均入湖流量　　（b）城陵矶站旬平均水位及南咀站与城陵矶站水位差

图3.3.1　各时段内流量和水位过程

3.3.2　洞庭湖区水位与城陵矶站水位关联特征

考察同时期相应水位或水位差与城陵矶站水位的相关关系，是研究水位关联性的主要方式。采用日均资料，点绘相应日期的湖区三站水位与城陵矶站水位相关关系，以及各站至城陵矶站水位差（简称鹿-城水位差、杨-城水位差、南-城水位差）与城陵矶站水位相关关系，如图3.3.2所示。

由图3.3.2（a）、（c）、（e）可见，湖区三站水位随城陵矶站水位而变化，虽然点群呈条带状杂乱分布，但可看出两者间总体正相关，且存在非常规则的下包络线。图3.3.2（d）和（f）较为类似：城陵矶站水位低于28 m时，下包络线较趋平缓，而城陵矶站水位较高时，下包络线斜率逐渐趋近于1，其中以杨柳潭站与陵矶站水位关系尤为明显；图3.3.2（a）

(a) 鹿角站与城陵矶站水位关系

(b) 鹿−城水位差与城陵矶站水位关系

(c) 杨柳潭站与城陵矶站水位关系

(d) 杨−城水位差与城陵矶站水位关系

(e) 南咀站与城陵矶站水位关系

(f) 南−城水位差与城陵矶站水位关系

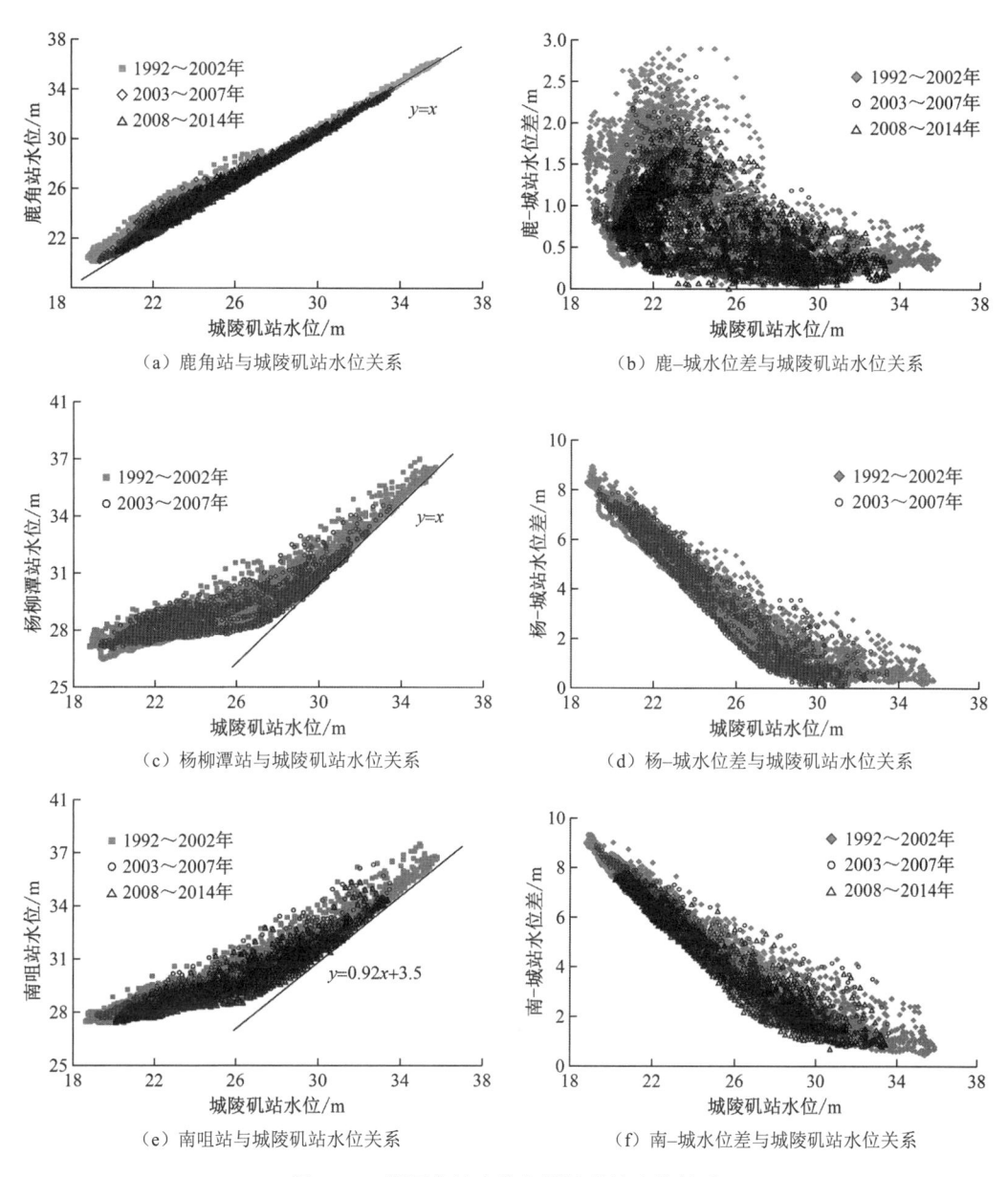

图 3.3.2 湖区各站水位与城陵矶站水位关系

中,下包络线整体接近 $y=x$ 的直线,仅在城陵矶站水位低于 20 m 时,点群才略有偏离。比较图 3.3.2(a)、(c)、(e)三个时期内点群分布可见,2003 年后湖区水位变幅减小,点群条带变窄,但下包络线基本无变化。

由图 3.3.2(b)、(d)、(f)可见,三站都呈现出城陵矶站水位越高,水位差越小的总体规律。三站之间差别体现在:鹿−城水位差变幅较小,最大不足 3 m,点群下包络线接近于 0 m;南−城、杨−城水位差与城陵矶水位关系较为类似,枯水期水位差远大于汛期,但杨−城水位差下包络线在汛期仍可趋近于 0 m。同样可看出,不同年代之间水位差的下包络线比较稳定。

3.3.3 洞庭湖区水位估算经验模式

洞庭湖与宽浅型河道具有类似性。湖区水位变动主要由城陵矶站水位、湖区来流量两方面因素变化引起，依据河道水力学原理，可对两方面因素的影响机理进行剖析。

1. 出口水位对湖区水位的影响机理

忽略惯性项后，水流运动方程为

$$\frac{\partial h}{\partial x} = i_b - \frac{n^2 Q^2}{A^2 h^{4/3}} \tag{3.3.1}$$

式中：x 为距离；Q、A、h 分别为流量、断面面积、平均水深；i_b 为河床比降；n 为糙率。河宽 B 与水深 h 之间存在河相关系 $B^{1/\gamma}/h = \xi$，其中 ξ 近似常数；$\gamma \geq 1$，参照一般河道经验可近似取为 2，则过水断面面积 $A = \xi^2 h^3$。基于摄动分析的思想，假设由于河道出口的水位发生小扰动 h_0'，x 处产生水位增量为 h'，根据式（3.3.1）应有

$$\frac{\partial (h+h')}{\partial x} = i_b - \frac{n^2 Q^2}{\xi^4}(h+h')^{-22/3} \tag{3.3.2}$$

将式（3.3.2）展开，忽略高阶小量，再与式（3.3.1）相减可得

$$\frac{\partial h'}{\partial x} = \frac{22 n^2 Q^2}{3\xi^4 h^{25/3}} h' \tag{3.3.3}$$

上式整理后，进行积分，在积分过程中考虑 $x=0$ 时 $h'=h_0'$，得到

$$h' = h_0' \exp\left(-\frac{22 n^2 Q^2}{3\xi^4 \overline{h}^{25/3}} x\right) \tag{3.3.4}$$

式中：h_0' 为 $0 \sim x$ 之间河段平均水深，负号表示向上游方向为 x 正方向。

现实中，洞庭湖湖床形态沿程不均匀，可根据沿程变化情况将其概化为若干区间，区间进、出口断面编号分别为 i 和 $i-1$，区间长度为 Δx_i，区间内河相系数近似为 ξ_i（图 3.3.3）。定床条件下，断面水深变幅 h_i' 和水位变幅 ΔZ_i 具有等价性，由式（3.3.4）可得出每个区间进、出口水位变幅的关系为

$$\Delta Z_i = \Delta Z_{i-1} \exp\left(-\frac{22 n^2 Q^2}{3\xi_i^4 \overline{h}_i^{25/3}} \Delta x_i\right) \tag{3.3.5}$$

式中：ΔZ_i 为 i 断面水位变幅。

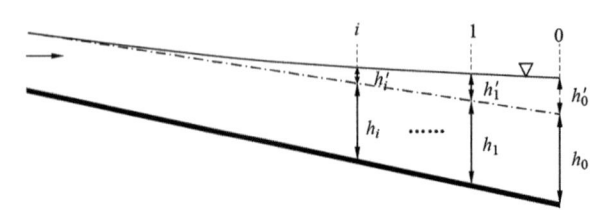

图 3.3.3 河段示意图

利用式（3.3.5）从出口断面自下而上进行递推，可得河段内第 i 断面水位变幅与出口

水位变幅ΔZ_0之间关系为

$$\Delta Z_i = \Delta Z_0 \exp\left(-\frac{22n^2Q^2}{3}\sum_{j=1}^{i}\frac{\Delta x_j}{\xi_j^4 \overline{h}_j^{25/3}}\right) \quad (3.3.6)$$

对于 $0 \sim i$ 断面之间的长距离 x_i,假设存在一个概化水深 $\overline{h}_{0\sim i}$ 和河相系数 $\overline{\xi}$ 使 $\sum_{j=1}^{i}\frac{\Delta x_j}{\xi_j^4 \overline{h}_j^{25/3}} = \frac{x_i}{\overline{\xi}^4 \overline{h}_{0\sim i}^{25/3}}$,则式(3.3.6)转化为

$$\Delta Z_i = \Delta Z_0 \exp\left(-\frac{22n^2Q^2 x_i}{3\overline{\xi}^4 \overline{h}_{0\sim i}^{25/3}}\right) \quad (3.3.7)$$

由式(3.3.7)可见,当河道出口发生水位变化ΔZ_0时,引起水位变幅沿程呈指数衰减,除河道形态、阻力等因素外,影响衰减快慢的主要是流量和河段平均水深:流量越大,衰减越快;水深越大,衰减越慢。由于水深的幂指数远大于流量,水位扰动沿程衰减对水深(水位)因素更为敏感。

对于 0、i 两个断面位置的水位相关曲线,曲线上各点切线斜率即为$\Delta Z_i/\Delta Z_0$,由式(3.3.7)可见:当两点距离很近,或出口水位很高导致沿程形成大水深时,式中指数函数趋近于1,从而使曲线斜率趋于1,这从机理上揭示了城陵矶站水位对湖区水位的影响关系。由式(3.3.7)还可看出,在固定流量下,上下游的水位相关曲线是由城陵矶站水位决定的单调性指数函数。

2. 不同流量级下城陵矶站水位与湖区水位的关系特征

对任意河段区间,水流运动方程(3.3.1)的差分形式为

$$\frac{Z_i - Z_{i-1}}{\Delta x_i} = -\frac{n^2 Q^2}{\xi_i^4 \overline{h}_i^{22/3}} \quad (3.3.8)$$

式中:Z_i 为 i 断面水位。对各区间分别列出式(3.3.8)并累加得到

$$\Delta Z_{0\sim i} = -n^2 Q^2 \sum_{j=1}^{i}\frac{\Delta x_j}{\xi_j^4 \overline{h}_j^{22/3}} \quad (3.3.9)$$

式中:$\Delta Z_{0\sim i}$ 为 0 与 i 断面之间的水位差。对于长距离 $x_i = \sum_{j=1}^{i}\Delta x_j$,仿照式(3.3.7)定义河段平均的概化水深 $\overline{h}'_{0\sim i}$ 和河相系数 $\overline{\xi}'$,再考虑用进出口流量、水位的加权表示河段内概化平均流量和概化水深,则式(3.3.9)可化为

$$\Delta Z_{0\sim i} = -\frac{n^2[\alpha Q_0 + (1-\alpha)Q_i]^2 x_i}{\overline{\xi}'^4[\beta h_0 + (1-\beta)h_i]^{22/3}} = -\frac{n^2[\alpha Q_0 + (1-\alpha)Q_i]^2 x_i}{\overline{\xi}'^4[\beta(Z_0 - Z_{b0}) + (1-\beta)(Z_i - Z_{bi})]^{22/3}} \quad (3.3.10)$$

式中:α、β 为待定权重因子;Z_i、Z_{bi} 分别为 i 断面处水位、河床高程。式(3.3.10)可转化为

$$\overline{Z} = \left(\frac{n^2 \overline{Q}^2 x_i}{\overline{\xi}'^4 \Delta Z_{0\sim i}}\right)^{\frac{3}{22}} + \overline{Z}_b = K\left(\frac{\overline{Q}^2}{Z_i - Z_0}\right)^b + C \quad (3.3.11)$$

式中:$\overline{Z} = \beta Z_0 + (1-\beta)Z_i$、$\overline{Z}_b = \beta Z_{b0} + (1-\beta)Z_{bi}$ 分别为 $0 \sim i$ 断面之间概化平均水位、概化

平均河床高程；$\bar{Q}=\alpha Q_0+(1-\alpha)Q_i$ 为河段内概化平均流量；K, C, b 为与河道形态、糙率、距离等有关的待定参数。依据式（3.3.11），便可根据流量、出口水位 Z_0 确定 i 断面处水位 Z_i。

式（3.3.11）中含有较多参数，可依据以下步骤逐步确定：首先，在 α、β 和 b 取值范围内，对 α 和 β 以 0.1 为步长，对 b 以 0.01 为步长，假设若干套 α、β 和 b 的取值；其次，对于每套 α、β 和 b 的值，借助 0 和 i 断面的实测流量、水位资料拟合 $\bar{Z}$ 与 $\left(\dfrac{\bar{Q}^2}{Z_i-Z_0}\right)^b$ 之间的线性关系，得到式（3.3.11）中 K、C 值及相应的拟合误差；最后，根据实测资料与拟合曲线之间的误差，筛选出拟合效果最好的一套参数，即为最终的参数值。以上计算过程中，α、β 的范围均为 0~1。指数 b 理论值应在 0.14 附近，但考虑洞庭湖湖床形态与一般河道可能存在差异，河相系数 $B^{1/\gamma}/h$ 中的 γ 不一定为 2，而且式（3.3.9）中糙率、断面形态参数也可能与水位有关，因此对 b 也考虑 0~1 的变幅。

式（3.3.11）给出了一种考虑回水顶托作用的水位估算便捷方法，将其应用于洞庭湖区，利用流量跨度较大的 1997~1998 年日均入、出湖流量和各站水位实测资料，确定出式（3.3.10）的参数见表 3.3.1，其中 Z_0 为城陵矶站水位，ΔZ 为各站至城陵矶站水位差。由率定出的指数可见，湖区河相系数与一般河道存在差别，说明洞庭湖区河相关系的特殊性在参数中已经得到了反映。由于 α 值接近 1，以下分析中近似以城陵矶站流量代替湖区流量。

表 3.3.1　湖区流量与城陵矶站水位共同影响下的各站水位计算关系式

站点	α	β	计算关系式	相关系数 R^2
鹿角站	0.8	0.4	$Z_0+0.4\Delta Z=0.172\left(\dfrac{\bar{Q}^2}{\Delta Z}\right)^{0.22}+13.69$	0.982
杨柳潭站	0.8	0.8	$Z_0+0.8\Delta Z=0.03\left(\dfrac{\bar{Q}^2}{\Delta Z}\right)^{0.28}+22.77$	0.978
南咀站	0.8	0.8	$Z_0+0.8\Delta Z=0.007\left(\dfrac{\bar{Q}^2}{\Delta Z}\right)^{0.36}+23.82$	0.963

对表 3.3.1 中各式固定流量级，则转化为城陵矶站水位与湖区水位之间的单值非线性隐函数，可通过数值方法求解。以杨柳潭站为例，计算各级流量下的杨–城水位关系曲线如图 3.3.4（a）中虚线，可见关系曲线在城陵矶站低水位时显示了非单调性，出现"同一流量下，城陵矶站水位下降而湖区水位上升"的不合物理意义曲线段，这与式（3.3.7）中理论推导相矛盾，其原因可能在于式（3.3.11）中率定的经验参数在城陵矶站低水位期误差较大。根据式（3.3.7），城陵矶站水位较低时水位相关曲线斜率将趋于 0，对不合理段进行修正后，见图 3.3.4（b）中实线。由此得到的各级流量下杨–城水位相关曲线与各级流量实测点群相比较，分别见图 3.3.4（b）、图 3.3.4（c），可见 2003 年前后的实测点群分布与修正后曲线符合较好，水位相关曲线在 2003 年前后无明显变化。

图 3.3.4 中曲线族涵盖了所有可能出现的来流与城陵矶站水位组合，在实测资料基础上通过对组合范围的延展使得不同条件下的湖区水位变化特征得以充分凸显：城陵矶站

(a) 修正前后水位关系

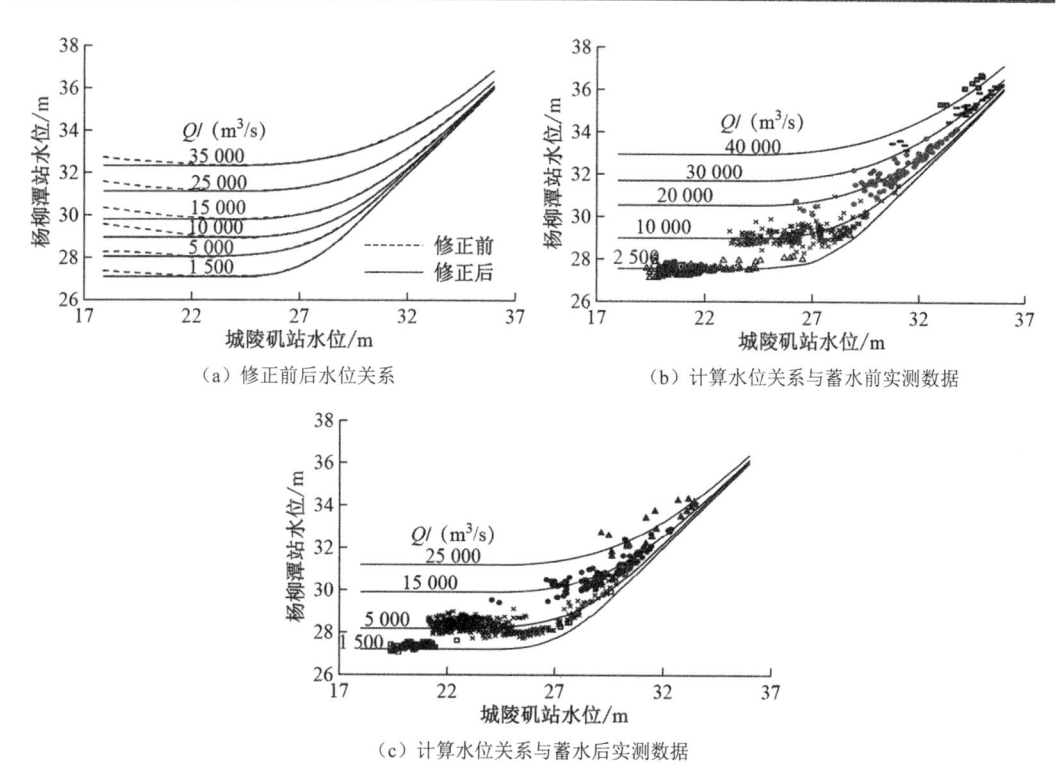

(b) 计算水位关系与蓄水前实测数据

(c) 计算水位关系与蓄水后实测数据

图 3.3.4　不同城陵矶站水位与流量组合下的杨柳潭站水位特征曲线族

水位较低时，杨柳潭站水位完全由流量决定，与城陵矶站水位无关；城陵矶站水位较高时，水位相关曲线逐渐向斜率为 1 的直线聚集，城陵矶站水位成为决定杨柳潭站水位的主要因素。以上两种状态之间为过渡区域。

3. 不同水文组合下城陵矶站与湖区水位关联状态划分

仿照图 3.3.4，确定了鹿–城、南–城水位关系曲线族并与实测点群比较如图 3.3.5、图 3.3.6 所示，容易看出图 3.3.4（a）及图 3.3.5、图 3.3.6 中的关系曲线均符合式（3.3.7）所描述的几何特征。三者的区别主要体现在：鹿–城水位相关曲线上，两种直线状态的转换最快，而南–城水位相关曲线上的状态转换最平缓。

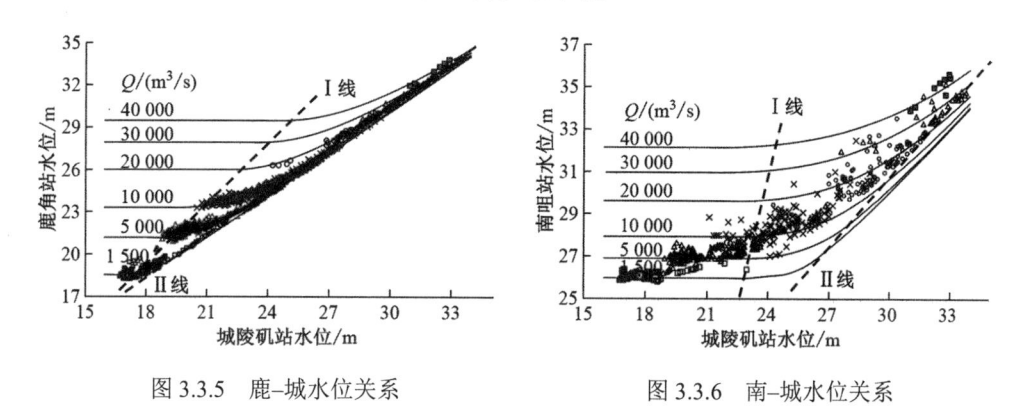

图 3.3.5　鹿–城水位关系

图 3.3.6　南–城水位关系

考虑同流量下水位波动等因素,定义水位关系特征曲线斜率达到 0.1 和 0.9 的位置为趋近水平和 $y=x$ 两种直线状态的临界点,这些临界点的连线将湖区水位与城陵矶站水位相关程度分为了三个区(图 3.3.5、图 3.3.6),将其命名为无影响区、影响区和决定区,各区之间分别为分区线 I 和 II,其形态如图 3.3.7 所示。

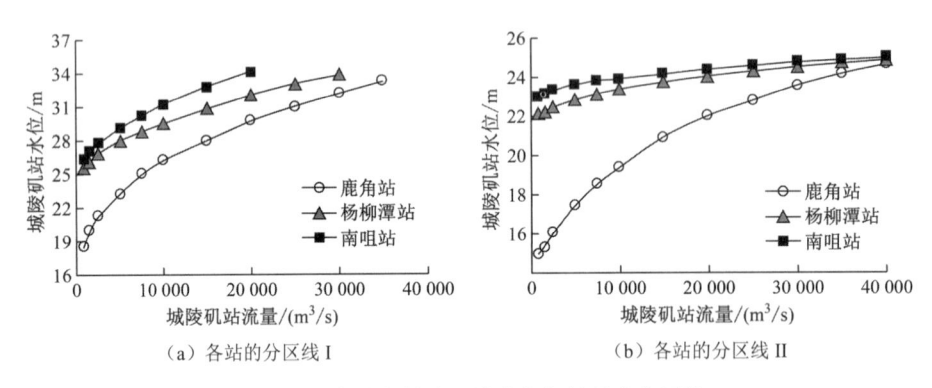

(a)各站的分区线 I

(b)各站的分区线 II

图 3.3.7 各站与城陵矶站水位相关程度分区线

图 3.3.7 中的分区线也可由式(3.3.7)导出。根据分区线的定义,线上各点应满足:

$$\frac{22n^2Q^2x}{3\bar{\xi}^4\bar{h}^{25/3}}=R \tag{3.3.12}$$

式中:$\bar{\xi}$、$\bar{h}$ 分别为各站与城陵矶站之间平均河相系数、水深;R 为常数,相应于斜率 0.1 和 0.9,R 分别为 2.3 和 0.1。由式(3.3.12)可得

$$Z_0=\bar{Z}_b+\bar{h}=\bar{Z}_b+\left(\frac{22n^2x}{3\bar{\xi}^4R}\right)^{\frac{3}{25}}Q^{\frac{6}{25}} \tag{3.3.13}$$

式中:Z_0 为城陵矶站水位;$\bar{Z}_b$ 与区间河床高程有关。由式(3.3.13)可见 $Z_0\sim Q$ 坐标系内的分区线应为指数小于 1 的幂函数,其特点为越靠近尾闾则 $\bar{Z}_b$ 越大,分区线在坐标平面内位置越高;若区间内形态参数 $\bar{\xi}$ 较大,则曲线陡度减缓。可见,除三个湖区湖床高程差别外,东、南洞庭湖之间湘江洪道的特殊形态也是导致图 3.3.7 中曲线差异的重要原因,该位置变形将明显影响南、西洞庭湖水位。图 3.3.7 中的分区线 I、II,构成了湖区水位与城陵矶站水位关联性强弱转化的临界条件,对于来流和城陵矶站水位的各种可能组合情况,都可以依据这些临界条件对湖区水位主要影响因素进行判断。

3.3.4 三峡水库蓄水后湖区冲淤和水文条件变化对水位关联性的影响

1. 湖区冲淤的影响

洞庭湖自 1950 年以来呈淤积态势[134],但统计显示[135],三峡水库蓄水前(1995～2003 年),包括东、南、西洞庭湖在内整个湖区平均淤积总厚度仅为 3.7 cm;三峡水库蓄水后(2003～2011 年),洞庭湖湖区总体由淤转冲,平均冲刷深度约为 10.9 cm,冲刷幅度最大的东洞庭湖平均冲深 19 cm。由此可见，自 20 世纪 90 年代中期以来洞庭湖区地形冲淤平均厚度仅在 0.1 m 左右的数量级，相比于城陵矶站水位汛枯水期之间超过 15 m 的变幅，冲淤引起的湖区平均水深变化几乎可忽略。统计城陵矶站与湖区三站 1995 年以来历年最低水位如图 3.3.8 所示，尽管水文条件变化和河床冲淤导致长江干流枯水位缓慢抬升，按图中趋势线估算近 20 年城陵矶站枯水位抬升大于 0.8 m，但除与城陵矶站水力联系紧密的鹿角站之外，更易受湖床形态影响的南咀站、杨柳潭站两站水位变幅不明显。这说明，20 世纪 90 年代中期以来洞庭湖冲淤未对城陵矶站与湖区水力联系产生明显影响。事实上，图 3.3.2 中下包络线及图 3.3.4～图 3.3.6 中各曲线在 2003 年前、后各时期均较为稳定。

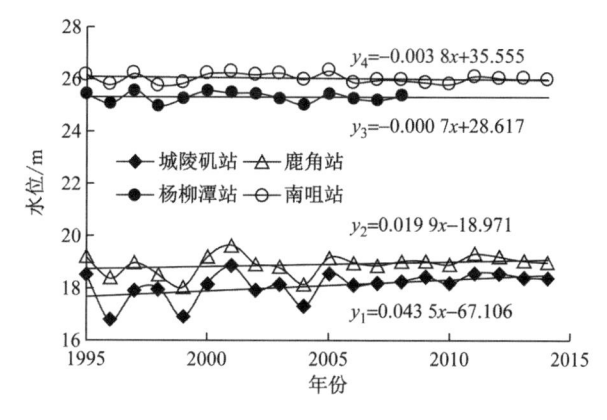

图 3.3.8 各站历年最低水位变化趋势

2. 水文条件变化的影响

基于 1992～2002 年实测资料，图 3.3.9 给出了城陵矶站流量、水位点群分布及水位相关分区线。由图 3.3.9 可见：对于鹿角站，点群基本位于分区线 I 以上，城陵矶站水位较高时点群进入分区线 II 以上的决定区，反映了城陵矶站水位对鹿角站水位较强的影响；对于杨柳潭站，城陵矶站水位较低且来流偏枯时，点群位于无影响区，但城陵矶站水位高于 24 m 时，点群位于影响区，甚至少数点处于分区线 II 附近；对于南咀站，以城陵矶站水位 24 m 左右为界，点群仅位于无影响区和影响区。以上规律与图 3.3.3 中鹿–城、杨–城曲线在城陵矶站高水位期存在 $y=x$ 的下包络线，而南–城水位差永远不为 0 的现象吻合。

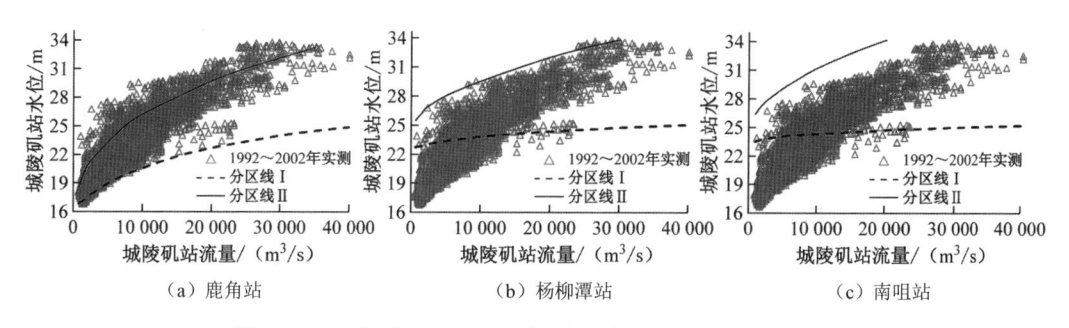

(a) 鹿角站　　(b) 杨柳潭站　　(c) 南咀站

图 3.3.9 各站对城陵矶站水位–流量点群（1992～2002 年）

在图 3.3.9 基础上，仍然基于 1992～2002 年资料，考虑城陵矶站流量–水位遭遇组合的出现时机，计算年内不同时段内点群位于三个区域的概率。由表 3.3.2 可见，鹿角站水位几乎全年受到城陵矶水位影响，其中 7～11 月受影响最大，该时段约有一半天数的水位完全由城陵矶站水位决定；杨柳潭站和南咀站水位在各月份内受城陵矶站水位影响的天数比例较为类似，其中 12 月～次年 3 月水位几乎与城陵矶站水位无关，4～6 月及 9～11 月有 40%～55%的天数内水位与城陵矶站水位无关，杨柳潭站水位受城陵矶站水位影响程度大于南咀站。

表 3.3.2　年内不同时期各站受城陵矶水位影响天数比例（1992～2002 年）　（单位：%）

站点	月份	无影响区	影响区	决定区
鹿角站	12～3	5.2	94.8	0.0
	4～6	0.8	95.3	3.9
	7～8	0.0	44.4	55.6
	9～11	0.0	57.0	43.0
	全年	1.9	77.0	21.1
杨柳潭站	12～3	99.3	0.7	0.0
	4～6	46.1	53.9	0.0
	7～8	0.4	97.2	2.3
	9～11	39.5	60.3	0.2
	全年	54.3	45.2	0.4
南咀站	12～3	99.6	0.4	0.0
	4～6	55.4	44.6	0.0
	7～8	1.6	98.4	0.0
	9～11	49.9	50.1	0.0
	全年	59.6	40.4	0.0

2003 年后，城陵矶站流量–水位遭遇组合的变化可能会影响城陵矶站与湖区水位的关联性。以 0.5 m 和 2 500 m³/s 分别作为水位、流量的分级间隔，图 3.3.10 中统计比较了 2003～2007 年、2008～2014 年两段时期相比于 1992～2002 年的各级城陵矶站流量–水位遭遇概率变化情况，图中的正负数值是指水位流量遭遇概率相比于 1992～2002 年的增加或减少值。由图 3.3.10 可知：2003 年后两段时期内，同一城陵矶站水位下湖区来流偏小的概率增加。与鹿角站、杨柳潭站两站分区线对比表明，来流变化使得中枯水期湖区水位与城陵矶站水位的关联性略有增强，但并未引起各分区之间分布格局的根本性调整。这正是图 3.3.2 中南–城关系下包络线及鹿–城、杨–城关系低水期下包络线在 2003 年前、后能保持基本稳定的原因。

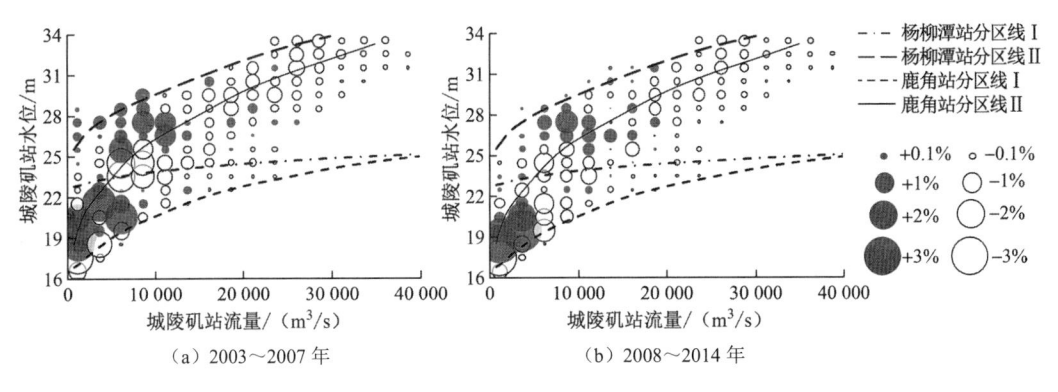

图 3.3.10 2003 年后各城陵矶站流量–水位组合的出现概率变化情况

3.4 三峡水库蓄水前后江湖汇流区水位变化及影响

在江湖汇流区，下荆江出流与城陵矶站出流互为顶托，导致监利站、城陵矶站两站水位流量关系具有明显的多值性。三峡水库蓄水后，由于水库调节作用，长江干流与洞庭湖出流遭遇特性发生改变，而河床冲刷引起的水位下降也使不同流量级下水位发生调整。为评估这种变化，本节首先提出干支交互区水位流量关系的拟合方法，其次利用典型流量过程计算了三峡水库蓄水前后典型站点在年内各月的水位变幅。

3.4.1 干支交汇区水位流量关系拟合原理

对于平原冲积河流而言，稳定的水位流量关系主要靠长河段的河槽阻力来控制，如河段的河床坡降、断面形状、糙率等因素。根据曼宁公式：

$$U = \frac{1}{n} R^{2/3} J^{1/2} \tag{3.4.1}$$

对于水面较宽的冲积河流，式（3.4.1）可近似为

$$U = \frac{1}{n} h^{2/3} J^{1/2} \tag{3.4.2}$$

结合水量连续方程：

$$Q = BhU \tag{3.4.3}$$

得

$$J = \frac{Q^2 n^2}{B^2 h^{4/3}} \tag{3.4.4}$$

式（3.4.4）中的糙率、河宽和水深等是随流量变化的变量，当流量一定时，糙率和河宽都可表示为水深的函数。

汇流点与其下游相邻站，流量变化基本一致，水位之间往往存在着较好的相关关系：

$$Z_c = AZ_d + B \tag{3.4.5}$$

式中：Z_c 为汇流点水位；Z_d 为汇流点下游站水位。

汇流点下游站的水位流量关系比较稳定，且该站下游河段的水面比降长期保持稳定，根据式（3.4.4）得到该站的水位流量关系为

$$(Q^2)^{\beta_u} = Kh = K(Z - Z_0) \quad (3.4.6)$$

式中：Q 为水文站流量；Z 为水文站水位；Z_0 为水文站附近河床高程；β_u 为指数，当河宽与水深关系确定时，反映河道糙率的影响。

汇流点上游河段水位受多个因素影响，水位流量关系比较复杂。根据式（3.4.4）得到汇流点上游河段水位流量关系为

$$\left(\frac{Q^2}{Z_u - Z_c}\right)^{\beta_u} = K_2(Z_u - Z_0) \quad (3.4.7)$$

式中：Q 为干流来流量；Z_c 为汇流点水位；Z_u 为汇流点上游站水位；Z_0 为汇流点上游站附近的河床高程；β_u 为指数，当河宽与水深关系确定时，反映河道糙率的影响。

由于河道形态、阻力等方面的影响，式（3.4.6）、式（3.4.7）中的系数往往表现出不同的特征，需要根据实测资料通过试算的方法进行率定。方法是：首先，假定一个指数 β，通过线性拟合确定出系数 K 和河床高程 Z_0；其次，对水位进行反算，计算标准误差；最后对比不同 β 取值下相关系数和标准误差的大小，取相关性最好误差最小时的 β 值。

3.4.2 汇流区水位-流量关系的建立

江湖汇流口以下河道内，水位流量关系相对单一，而汇流口上游河段，其水位受到干支流来水共同影响。依据河道水力学原理，建立了江湖汇流区各水文-水位站之间的流量-水位关系，包括：

螺山站水位-流量关系：

$$(Q_L^2)^{\alpha_L} = K_1(Z_L - Z_{0L}) \quad (3.4.8)$$

式中：Q_L 为螺山站流量；Z_L 为螺山站水位；Z_{0L} 为螺山站附近河床高程；α_L 为反映河道糙率影响的指数；K_1 为系数。

莲花塘站与螺山站水位关系：

$$Z_{LH} = AZ_L + B \quad (3.4.9)$$

式中：Z_L 为螺山站水位；Z_{LH} 为莲花塘站水位。

莲花塘站与监利站水位流量关系：

$$\left(\frac{Q_J^2}{Z_J - Z_{LH}}\right)^{\alpha_J} = K_2(Z_J - Z_{0J}) \quad (3.4.10)$$

式中：Q_J 为监利站流量；Z_J 为监利站水位；Z_{LH} 为莲花塘站水位；Z_{0J} 为监利站附近河床高程；K_2 为系数；α_J 为反映河道糙率影响的指数。

以上各关系式与水量守恒方程联立后，可建立监利站水位与监利站流量、城陵矶站流量之间的函数关系式。采用不同年代资料，可确定出不同时期的参数。以 2002 年和 2013 年为例，监利站水位与江、湖来流的关系可表示为

$$Z_{\mathrm{J}}-\frac{Q_{\mathrm{J}}^2}{[1.156(Z_{\mathrm{J}}-10.0934)]^{1/0.17}}=0.9595\left[\frac{(Q_{\mathrm{J}}+Q_{\mathrm{C}})^{0.4}}{3.1645}+6.1577\right]+2.0848 \quad (3.4.11)$$

$$Z_{\mathrm{J}}-\frac{Q_{\mathrm{J}}^2}{[1.1603(Z_{\mathrm{J}}-9.5182)]^{1/0.17}}=0.9733\left[\frac{(Q_{\mathrm{J}}+Q_{\mathrm{C}})^{0.4}}{2.9369}+4.6777\right]+1.7969 \quad (3.4.12)$$

式中：Q_{C} 为城陵矶站出流；其他各量意义同上。

分别以 2002 年、2013 年为例,检验以城陵矶站出流为参数的监利站水位流量关系对水位的计算效果。由图 3.4.1 可见,所建立的关系式具有较好的精度。

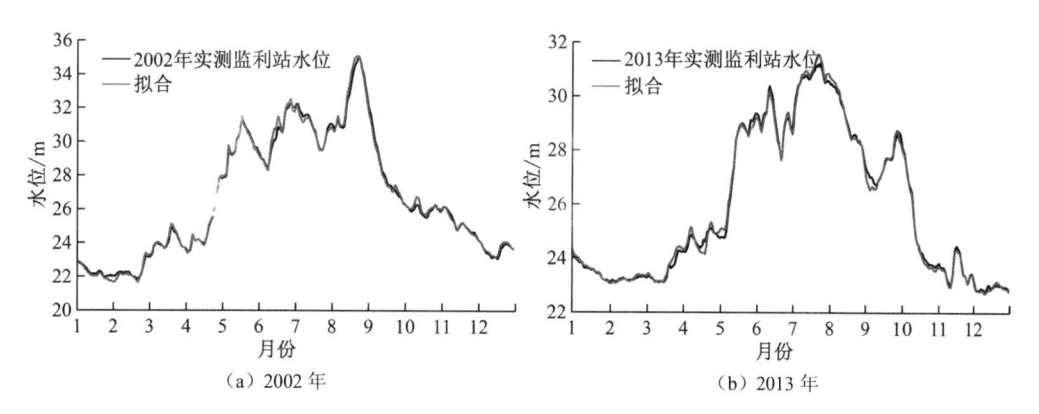

图 3.4.1 2002 年和 2013 年实测监利站水位与计算结果对比

所建立的监利站水位流量关系形式较为复杂,监利站水位为监利站流量的隐函数,因而采用城陵矶站出流为参数,计算不同干流、湖区出流组合情况下的监利站水位。由计算结果图 3.4.2 可见,监利站流量较小时受城陵矶站出流影响较大,监利站流量较大时受城陵矶站出流影响较小。

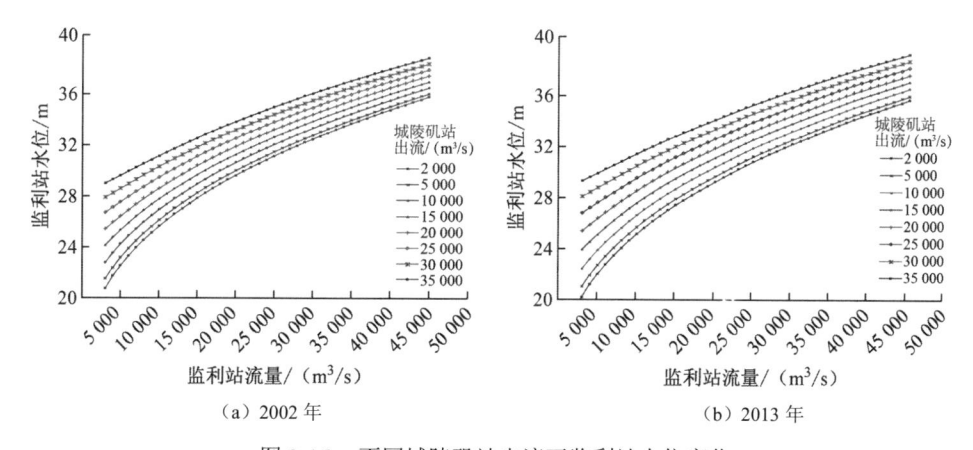

图 3.4.2 不同城陵矶站出流下监利站水位变化

3.4.3 河道冲淤对江湖汇流区水位的影响

为考察河床冲淤对水位的影响,固定莲花塘站水位,点绘监利站不同时期水位流量关系，如图 3.4.3 所示。莲花塘站低水位时，水库蓄水后监利站水位有所下降；莲花塘站中高水位时，不同时期监利站水位基本不变。以上现象说明：莲花塘站水位较低时，河床冲刷对监利站水位影响较大；莲花塘站中高水位时，河床冲刷对监利站水位影响较小。

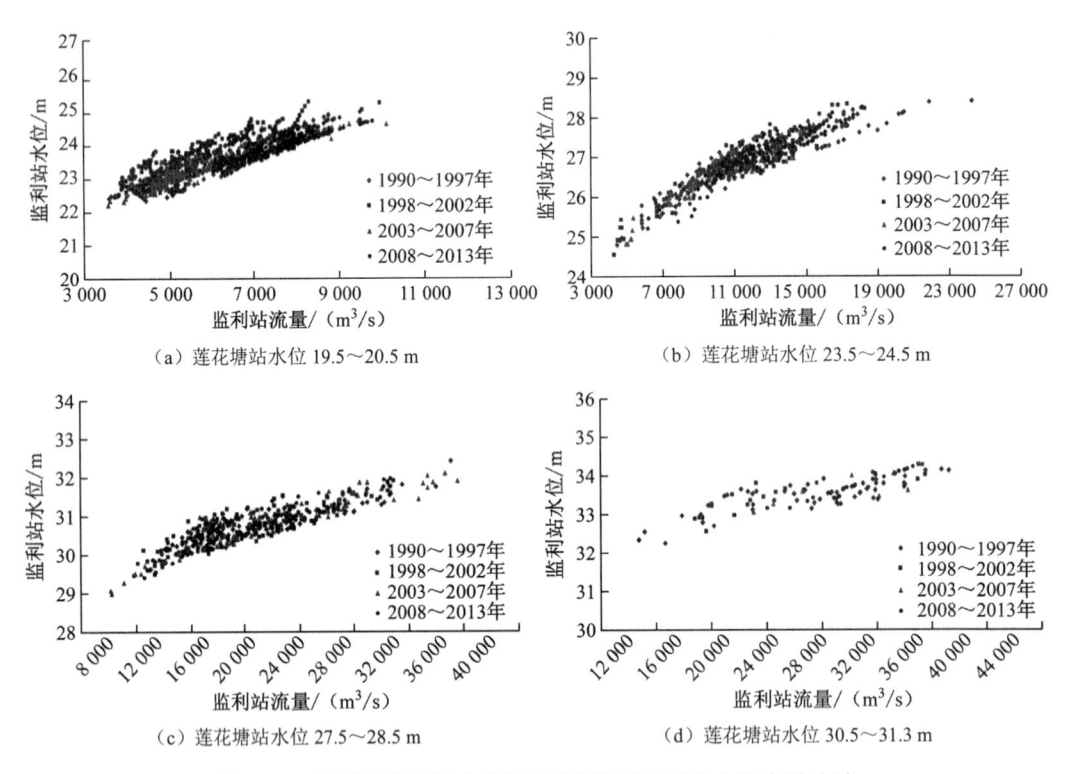

(a) 莲花塘站水位 19.5~20.5 m

(b) 莲花塘站水位 23.5~24.5 m

(c) 莲花塘站水位 27.5~28.5 m

(d) 莲花塘站水位 30.5~31.3 m

图 3.4.3 不同莲花塘站水位级下监利站不同时期水位流量关系

水位流量关系式（3.4.8）和式（3.4.10）中的参数 Z_0 对应了流量为 0 时的水位，其物理意义是水文站附近的河底平均高程。因此，通过不同时期实测资料率定 Z_0，可以反推出河床冲淤变化幅度，进而比较得到河床冲淤变化对水位的影响。

根据不同年份的实测资料分别建立螺山站不同时期的水位流量关系式，从而可得到螺山站附近的不同时期河床高程，见表 3.4.1。由表 3.4.1 可知，三峡水库蓄水前螺山站附近河床高程年际波动，但水库蓄水后明显呈下降趋势，2013 年相比 2002 年下降了 1.48 m。根据实测资料建立莲花塘站与监利站不同时期的水位流量关系式，从而得到监利站附近的河床高程，见表 3.4.2，三峡水库蓄水后监利站附近河床高程下降了约 0.57 m。需要指出的是，表 3.4.1 和表 3.4.2 中的河底高程只是一个概化的当量值，具有河床变形趋势的指示意义，但并不意味着河床冲淤厚度的真实数值。

表 3.4.1 螺山站附近不同年河床高程

年份	1991	1997	2002	2007	2013
河床高程/m	6.43	6.76	6.16	5.81	4.68

表 3.4.2　监利站附近不同年河床高程

年份	1997	2002	2006	2013
河床高程/m	10.07	10.09	9.86	9.52

代入表 3.4.1 和 3.4.2 中的参数 Z_0 到以城陵矶站出流为参数的监利站水位流量关系，可以得到不同时期河床冲刷对水位的影响。以下将 2002 年、2013 年的关系曲线作为建库前后的对比基准，讨论河床冲淤对水位的影响作用。

特定城陵矶站流量下，不同年代地形下的监利站水位如图 3.4.4 所示，城陵矶站出流量较小时，2013 年地形下的监利站水位下降，监利站流量越小，水位下降越明显，说明湖区出流较小时监利站水位受地形影响，随着监利站流量的减小，地形影响越大；城陵矶站出流量较大时，2013 年地形下的监利站水位上升，而且监利站流量越大，水位上升越明显，说明湖区出流较大时监利站水位基本不受地形影响。

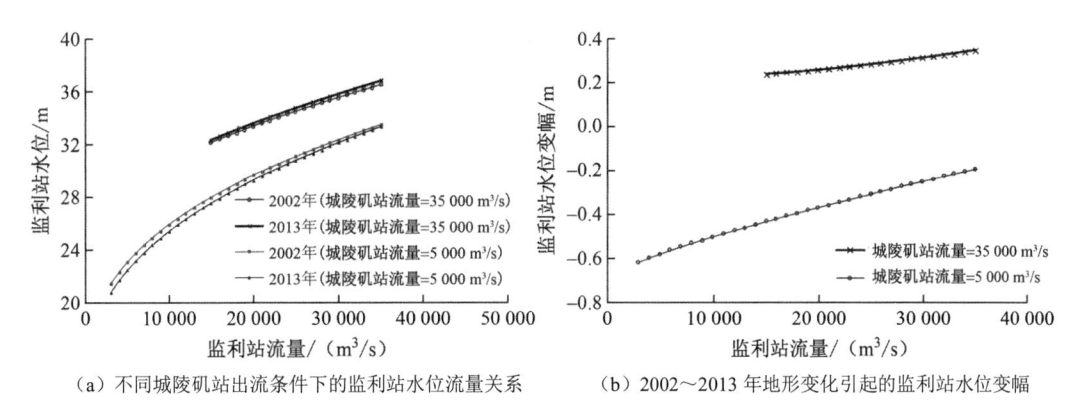

（a）不同城陵矶站出流条件下的监利站水位流量关系　　（b）2002～2013 年地形变化引起的监利站水位变幅

图 3.4.4　不同地形下的监利站水位变化

图 3.4.5 是以 2013 年实测城陵矶站和监利站来流过程结合 2002 年和 2013 年关系曲线得出的监利站水位过程，以 2002 年地形下监利站水位作为基准，2013 年地形下的监利站水位下降，低水时下降幅度较大，高水时下降幅度较小，说明低水位时地形变化对监利站水位影响较大，水位降低的最大幅度约 0.6 m。

（a）2013 年流量过程下的监利站水位过程　　（b）地形变化引起的监利站水位变幅

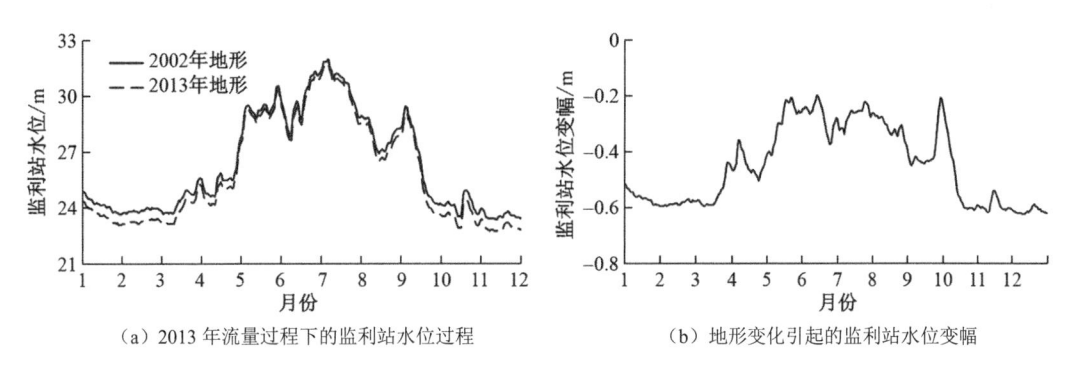

图 3.4.5　2013 年流量过程下不同地形监利站水位变化

3.4.4　来流变化对江湖汇流区年内水位过程的影响

三峡水库对年内各月径流调节作用不同,加之河床冲刷对洪枯流量下水位影响也不同,因而坝下游各站的年内各月份水位变幅存在差异。本节首先在保证水量接近的情况下,选取水库蓄水前后的代表性水文过程,其次考察两个代表性水文系列内的水位过程差异。

1. 代表性水文过程的选取

以时段内螺山站径流总量相等为原则,在水库蓄水前后各选取 5 年系列,作为水库蓄水前后的代表性水文过程,它们分别是建库前的 1992 年、1994 年、1995 年、1996 年、1997 年(水文过程一)和建库后的 2008 年、2009 年、2010 年、2012 年、2013 年(水文过程二)。此外,为突出干、支流来流变化各自的影响,由蓄水前(水文过程一)的城陵矶站流量过程和蓄水后(水文过程二)的监利站流量过程构成水文过程三,由蓄水前(水文过程一)的监利站流量过程和蓄水后(水文过程二)的城陵矶站流量过程构成水文过程四。

对于所选择的水文过程一和水文过程二,将各年份监利站、城陵矶站两站流量分别取多年的旬平均,如图 3.4.6 所示。对于监利站而言,水库蓄水后的水文过程二变化特点主要表现为:汛期洪峰略有后移,6～7 月流量减少,8～9 月流量增加,汛后 10 月流量明显减少,枯水期流量增加,其他月份流量变幅较小。对于城陵矶站而言,水库蓄水后的水文过程二变化特点主要表现为:5～6 月、9 月和 11 月流量有所增加,其他月份流量减少,7～8 月减幅较大,12 月和 1 月减幅较小。

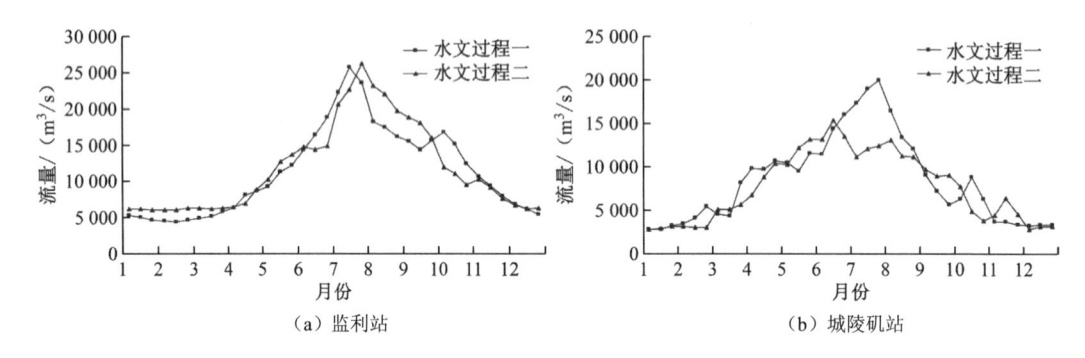

图 3.4.6　监利站、城陵矶站汇流区代表性水文过程变化

将以上水文过程分别作为来流条件,以 2002 年、2013 年地形条件下的各站水位流量关系曲线作为河道泄流条件,可以分析水文过程变化对水位过程的影响。

2. 来流过程变化对水位过程的影响

采用不同的水文过程,结合 2002 年的关系曲线,可计算得到 2002 年地形和代表性水文过程组合情况下的监利站水位过程,根据计算结果可以得到流量过程变化对监利站水位过程的影响。

对于水文过程四与水文过程二而言,城陵矶站出流均为建库后过程,而长江干流来流分别为建库前和建库后过程,这两种水文过程下的监利站水位差别主要由干流来流变化引起。由图3.4.7(a)中的水位计算结果可知,由于建库后的监利站来流变化,监利站水位在1~3月和8~9月明显上升,4月、6~7月、10月则明显下降,其他月份变幅较小。

(a)监利站流量变化对监利站水位的影响

(b)城陵矶站流量变化对监利站水位的影响

(c)干支流流量变化对监利站水位的影响

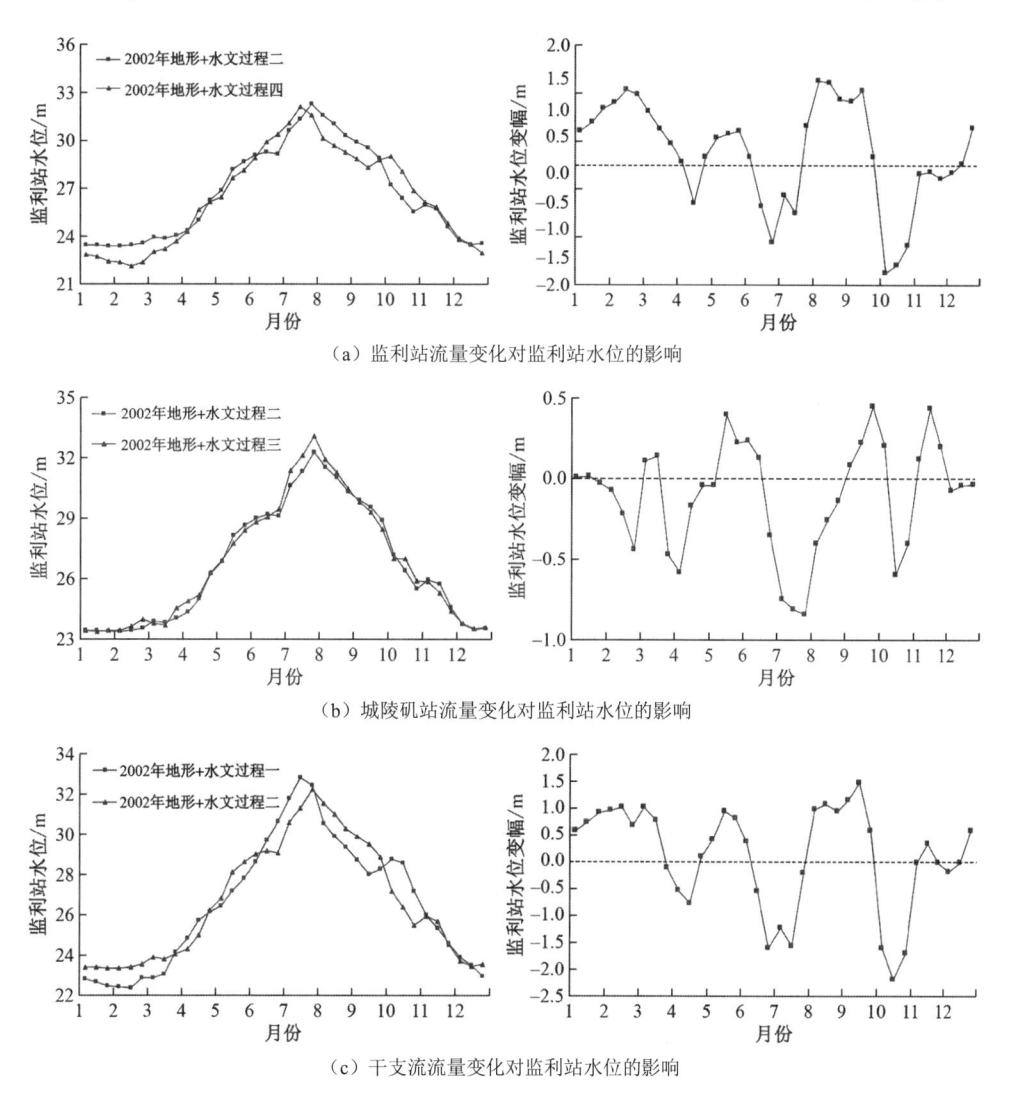

图3.4.7 水文过程变化对监利站水位的影响

对于水文过程三与水文过程二而言,监利站流量均为建库后过程,而城陵矶站出流分别为建库前和建库后过程,这两种水文过程下的监利站水位差别主要由城陵矶站出流变化引起。由图3.4.7(b)的水位计算结果可知,由于建库后城陵矶站出流的变化,监利站水位在4月、7~8月和10月明显下降,其他月份变幅较小。

对于选取的代表性水文过程一与过程二,螺山站总径流量相近,仅是流量过程的年内各月分配及干流、湖区之间分配不同,这两种水文过程下的监利站水位差别由干流和湖区流量变化综合导致。由图3.4.7(c)中的水位计算结果可知,建库后的流量变化导致监利站水位1~3月、5月和8~9月明显上升,4月、6~7月、10月明显下降,11~12月变幅较小。

综合图3.4.7中的监利站水位计算结果可知,1~3月的水位抬升,受干流来流变化的影响较大;4月、7月和10~11月的水位下降受到干流和湖区出流的共同影响,其中4月受湖区出流影响较大,10~11月受干流来流影响较大。全年来看,10~11月水位降幅最大,最大降幅达2 m,发生于10月中旬。

3. 来流变化与河床冲淤对水位过程的综合影响

采用蓄水前的水文过程一与2002年地形条件下的水位流量关系曲线代表建库前状况,以蓄水后水文过程二与2013年地形条件下的水位流量关系曲线代表建库后的状况,分别计算两种状况下的监利站水位过程如图3.4.8所示。联系图3.4.7及图3.4.8中监利站水位变幅可知:枯水期1~3月流量变化引起的水位抬升与河床下切引起的水位下降部分抵消,导致水位略呈上升态势;4月、10~11月流量减少引起的水位下降与河床下切的效应相叠加,使水位降幅较单一因素引起的降幅增大,其中10月最大降幅超过2.5 m,发生于10月中旬。综合来看,监利站水位的变化在6~9月主要由流量变化引起,汛后及枯水期水位变化则受地形和出流共同影响。

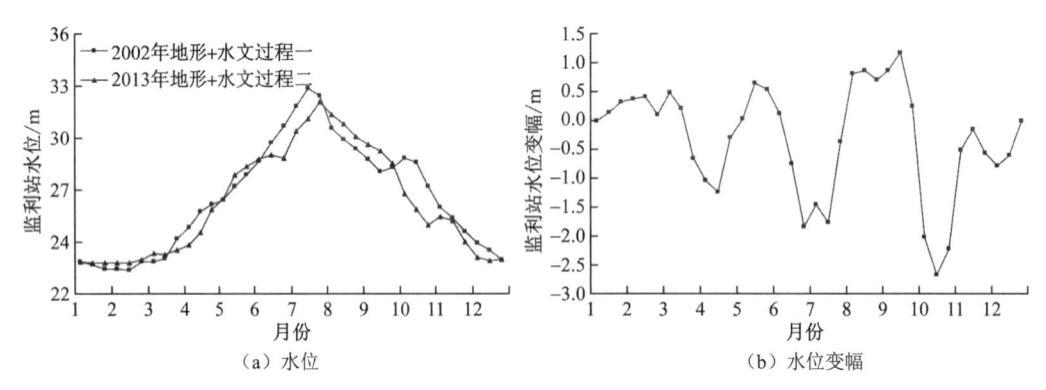

图3.4.8 河床冲淤和来流变化对监利站水位的综合影响

3.4.5 三峡水库蓄水后汇流区水位变化对湖区水位的影响

江湖交汇区城陵矶站水位是洞庭湖区侵蚀基点,因而城陵矶站水位变化将对湖区水位产生影响。为评估这种影响,采用1992~2002年代表三峡水库蓄水前自然状况,2008~2013年代表三峡水库试验性运行期水文条件,根据两个时期内各自的多年平均各月流量,计算汇流区水位变化对湖区年内各月水位的影响。位于西洞庭湖的南咀站,距离城陵矶站较远,受到干流水文条件及河床冲淤的影响较小,且南咀站和杨柳潭站水位的变化规律相似,故省略南咀站计算。

计算的步骤是:首先,分别以2002年和2013年的螺山站水位流量关系、螺山-城陵矶水位相关关系代表蓄水前后的地形条件,结合两个时期内月均流量过程可得到相应的城陵矶站水位过程;其次,将城陵矶站来流与城陵矶站水位代入3.3.3小节中确定的湖区水位计算函数关系,可计算得到不同月份鹿角站、杨柳潭站的月平均水位变化过程;最后,根据计算得到的各站两个时期的水位差,可以得到城陵矶站水位变化对湖区水位的影响。

由表3.4.3中城陵矶站月平均水位计算结果可知,与1992~2002年相比,2008~2013年1月、2月月均水位分别升高0.39 m、0.19 m,3~12月水位下降0.16~2.41 m,3月降幅最小,7月、10月降幅较大。

表3.4.3　城陵矶站月平均水位变化过程　　　　　　　　　（单位：m）

月份	1	2	3	4	5	6	7	8	9	10	11	12
1992~2002年①	20.96	21.06	22.42	24.36	26.59	28.53	31.41	30.13	28.51	26.62	23.89	21.71
2008~2013年②	21.35	21.25	22.26	23.91	26.34	28.21	29.71	29.35	27.48	24.21	23.61	21.41
②−①	0.39	0.19	−0.16	−0.45	−0.25	−0.32	−1.70	−0.78	−1.03	−2.41	−0.28	−0.30

由表3.4.4中鹿角站月平均水位计算结果可知,鹿角站2008~2013年各月平均水位与1992~2002年相比,1月抬高0.08 m,2~12月下降0.18~2.27 m,11月降幅最小,7月、10月降幅较大。

表3.4.4　鹿角站月平均水位变化过程　　　　　　　　　（单位：m）

月份	1	2	3	4	5	6	7	8	9	10	11	12
1992~2002年①	22.19	22.62	23.87	25.47	27.33	29.07	31.85	30.55	28.86	26.96	24.36	22.55
2008~2013年②	22.27	22.20	23.47	25.02	27.06	28.77	29.97	29.61	27.77	24.69	24.18	22.21
②−①	0.08	−0.42	−0.40	−0.45	−0.27	−0.30	−1.88	−0.94	−1.09	−2.27	−0.18	−0.34

由表3.4.5中杨柳潭站月平均水位计算结果可知,杨柳潭站2008~2013年各月平均水位与1992~2002年相比,1~10月下降0.06~1.79 m,11月抬高0.04 m,7月、10月降幅较大。

表3.4.5　杨柳潭站月平均水位变化过程　　　　　　　　　（单位：m）

月份	1	2	3	4	5	6	7	8	9	10	11	12
1992~2002年①	27.43	27.67	28.24	28.84	29.52	30.38	32.46	31.36	29.98	28.77	27.88	27.46
2008~2013年②	27.37	27.35	27.99	28.65	29.35	30.20	30.67	30.38	29.13	27.60	27.92	27.30
②−①	−0.06	−0.32	−0.25	−0.19	−0.17	−0.18	−1.79	−0.98	−0.85	−1.17	0.04	−0.16

根据表3.4.3~表3.4.5中各时期内的城陵矶站、鹿角站、杨柳潭站月平均水位变化得出图3.4.9。由图3.4.9可见：在汛期及汛后蓄水期,城陵矶站、鹿角站和杨柳潭站月平均水位差的变化规律基本一致,但枯水期距离城陵矶站较远的杨柳潭站水位变化甚小。综合比较可以发现,城陵矶站与鹿角站水位变化具有一定类似性,水位变幅在年内体现为：汛后蓄水期＞汛期＞枯水期;杨柳潭站具有城陵矶站较远,其水位变幅在年内体现为汛期＞汛后蓄水期＞枯水期。这说明,东洞庭湖鹿角站水位受城陵矶站水位影响最大,杨柳潭站枯水期水位受城陵矶站水位影响较小。

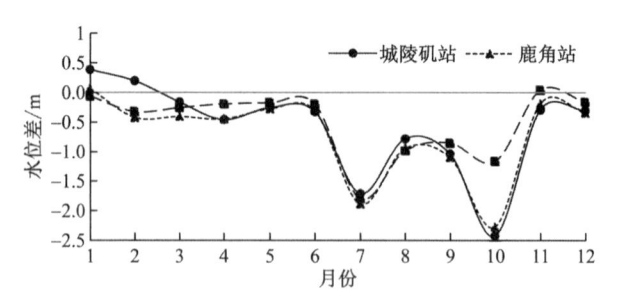

图 3.4.9　2008~2013 年各站月平均水位差变化

3.5　小　　结

以三峡水库蓄水前后荆江洞庭湖区的实测资料为基础，分析了水库运行前后来水来沙变化，以及江湖之间分、汇流关系对水文变化、河床冲淤等因素的动态响应过程。在此基础上，建立了分、汇流的计算模式和函数关系，结合城陵矶站水位对湖区水位的代表性提出了湖区水位估算的经验模型。这些量化关系可为荆江洞庭湖区的水环境和水生态评估提供基础。针对江湖来水来沙变化、分流变化、汇流变化及汇流区水位变化对湖区的反馈作用，分别形成以下结论。

（1）由于气候变化与水库调度影响，长江干流枯水期流量增大，汛期流量减小，汛后 9~11 月流量减小尤其明显。洞庭湖四水来流虽然不受三峡水库影响，但由于气候变化，也呈现出汛、枯水期流量均减少的特点。由于来沙量减少，长江干流及三口分流河道均发生冲刷，在水沙过程变化、河床冲淤综合作用下，三口分流量、分沙量均减少，但年分流比和年分沙比变化不大。因此，对于三峡水库蓄水后径流、泥沙因子对江湖环境因素的关联影响，应重点关注水文与水力调整导致的季节变化。

（2）三峡水库蓄水后，河床调整使荆江干流河道枯水位下降而洪水位稳定甚至略显抬升，三口分流道由于来沙量减少而发生小幅冲刷，这些河床调整作用使得大流量下分流比增加而小流量下分流比减小。考虑三峡水库对流量过程调节作用后发现，汛期 7~8 月分流比增大，而汛后 9~10 月分流比显著减小，汛后分流量减少的现象在枯水年尤其严重。

（3）江湖汇流区的水位变化在 6~9 月主要由流量变化引起，汛后及枯水期则受干流地形和来流共同影响。其中，枯水期 1~3 月流量变化引起的水位抬升与河床下切引起的水位下降部分抵消，导致水位略呈上升态势；4 月、10~11 月流量减少引起的水位下降与河床下切的效应相叠加，使水位降幅较单一因素引起的降幅增大，其中 10 月最大降幅超过 2.5 m，发生于 10 月中旬。

（4）洞庭湖区水位与城陵矶站水位的相关性呈季节性变化，其中城陵矶站与东洞庭湖鹿角站水位相关性最强，其水位变幅在年内体现为汛后蓄水期＞汛期＞枯水期；南洞庭湖杨柳潭站距城陵矶站较远，其水位变幅在年内体现为汛期＞汛后蓄水期＞枯水期。这说明，东洞庭湖鹿角站水位受城陵矶站水位影响最大，南、西洞庭湖枯水期水位受城陵矶站水位影响较小。

第4章 三峡水库下游河道水动力–水质模拟技术及数学模型

4.1 基本原理及解算方法

4.1.1 一维非恒定流水动力–水质数学模型

三峡下游宜昌—大通河段采用一维水动力–水质模型进行模拟,分汊河段可概括成河网,支流、洞庭湖三口分流使用节点源汇的方式处理。其中,一维非恒定流水动力–水质数值模拟是计算的基础。

1. 基本控制方程

一维水动力模型的基本方程为圣维南方程组。
水流连续方程:

$$\frac{\partial Q}{\partial x}+B\frac{\partial Z}{\partial t}=q_l \tag{4.1.1}$$

运动方程:

$$\frac{\partial Q}{\partial t}+\frac{\partial}{\partial x}\left(\frac{Q^2}{A}\right)+gA\frac{\partial Z}{\partial x}=-g\frac{n^2Q|Q|}{A(A/B)^{4/3}} \tag{4.1.2}$$

式中:Z 为断面水位;A 为过水断面面积;Q 为流量,有 $Q=AU$,U 为流速;g 为重力加速度;q 为由降水、引水等引起的单位长度的源汇流量强度;x 与 t 分别为空间和时间坐标;n 为糙率;B 为平均河宽。

水质模型采用一维非恒定流对流扩散方程,基本方程为

$$\frac{\partial(AC)}{\partial t}+\frac{\partial(QC)}{\partial x}=\frac{\partial}{\partial x}\left(EA\frac{\partial C}{\partial x}\right)-AKC+C_2q \tag{4.1.3}$$

式中:C 为污染物质的断面平均浓度;Q 为流量;E 为纵向离散系数;K 为污染物降解系数,1/d;C_2 为源汇项浓度;q 为旁侧入流。

2. 差分方程

采用四点偏心 Preissmann 法,如图 4.1.1 为一矩形网格,网格中的 M 点处于距离步长 Δx 的正中,取 $0 \leq \theta \leq 1$,其中 θ 为权重系数,M 点距已知时刻 n 为 $\theta \Delta t$,按线性插值可得偏心点 M 的差商和函数在 M 点的值。

$$f_M=\frac{f_{j+1}^n+f_j^n}{2} \tag{4.1.4}$$

$$\left(\frac{\partial f}{\partial x}\right)_M = \frac{\theta(f_{j+1}^{n+1} - f_j^{n+1}) + (1-\theta)(f_{j+1}^n - f_j^n)}{\Delta x} \quad (4.1.5)$$

$$\left(\frac{\partial f}{\partial t}\right)_M = \frac{f_{j+1}^{n+1} + f_j^{n+1} - f_{j+1}^n - f_j^n}{2\Delta t} \quad (4.1.6)$$

由此可得到连续方程的离散格式为

$$\frac{B_{j+\frac{1}{2}}^n (Z_{j+1}^{n+1} - Z_{j+1}^n + Z_j^{n+1} - Z_j^n)}{2\Delta t}$$
$$+ \frac{\theta(Q_{j+1}^{n+1} - Q_j^{n+1}) + (1-\theta)(Q_{j+1}^n - Q_j^n)}{\Delta x_j} = q_{j+\frac{1}{2}} \quad (4.1.7)$$

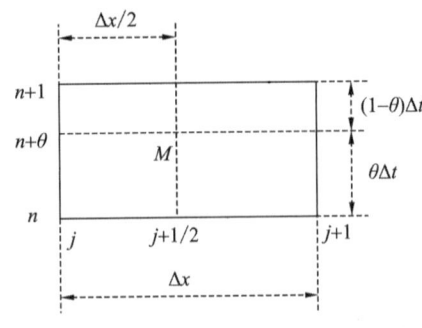

图 4.1.1 四点偏心 Preissmann 法网格

整理得

$$Q_{j+1}^{n+1} - Q_j^{n+1} + C_j Z_{j+1}^{n+1} + C_j Z_j^{n+1} = D_j \quad (4.1.8)$$

其中：

$$\begin{cases} C_j = \dfrac{B_{j+\frac{1}{2}}^n \Delta x_j}{2\Delta t \theta} \\ D_j = \dfrac{q_{j+\frac{1}{2}}^n \Delta x_j}{\theta} - \dfrac{1-\theta}{\theta}(Q_{j+1}^n - Q_j^n) + C_j(Z_{j+1}^n + Z_j^n) \end{cases} \quad (4.1.9)$$

动量方程的离散格式为

$$E_j Q_j^{n+1} + G_j Q_{j+1}^{n+1} + F_j Z_{j+1}^{n+1} - F_j Z_j^{n+1} = \Phi_j \quad (4.1.10)$$

其中：

$$\begin{cases} E_j = \dfrac{\Delta x}{2\theta\Delta t} - (\alpha u)_j^n + \left(\dfrac{g|u|}{2\theta C^2 R}\right)_j^n \Delta x \\ G_j = \dfrac{\Delta x}{2\theta\Delta t} + (\alpha u)_{j+1}^n + \left(\dfrac{g|u|}{2\theta C^2 R}\right)_{j+1}^n \Delta x \\ F_j = (gA)_{j+\frac{1}{2}}^n \\ \Phi_j = \dfrac{\Delta x}{2\theta\Delta t}(Q_{j+1}^n + Q_j^n) - \dfrac{1-\theta}{\theta}[(\alpha u Q)_{j+1}^n - (\alpha u Q)_j^n] - \dfrac{1-\theta}{\theta}(gA)_{j+\frac{1}{2}}^n (Z_{j+1}^n - Z_j^n) \end{cases} \quad (4.1.11)$$

3. 计算方法

任一河段差分方程可写为

$$\begin{cases} Q_{j+1} - Q_j + C_j Z_{j+1} + C_j Z_j = D_j \\ E_j Q_j + G_j Q_{j+1} + F_j Z_{j+1} - F_j Z_j = \Phi_j \end{cases} \quad (4.1.12)$$

上游边界流量已知，假设如下的追赶关系：

$$\begin{cases} Z_j = S_{j+1} - T_{j+1} Z_{j+1} \\ Q_{j+1} = P_{j+1} - V_{j+1} Z_{j+1} \end{cases} \quad j = L_1, L_1+1, \cdots, L_2-1 \quad (4.1.13)$$

因为 $Q_{L1} = Q_{L1}(t) = P_{L1} - V_{L1} Z_{L1}$，所以 $Q_{L1}(t) = P_{L1}$，$V_{L1} = 0$，由此可得

$$\begin{cases} -(P_j - V_j Z_j) + C_j Z_j + Q_{j+1} + C_j Z_{j+1} = D_j \\ E_j(P_j - V_j Z_j) - F_j Z_j + G_j Q_{j+1} + F_j Z_{j+1} = \Phi_j \end{cases} \quad (4.1.14)$$

与下游边界条件 $Z_{L2} = Z_{L2}(t)$ 联解，依次回代可求得 Z_j，Q_j。

水质控制方程，即对流扩散方程采用有限体积法进行离散，通过 TDMA 算法进行求解。最后基于 Fortran 语言，实现一维水量水质模型的编写。

4.1.2 带闸、堰等内边界条件的一维河网水动力-水质数学模型

1. 河网特性

首先对河网进行概化。在一个河网中，河道汇流点成为节点，两个节点之间的单一河道称为河段，河段内两个计算断面之间的局部河段称为微段。根据未知量的个数将节点分为两种：一是节点处有已知的边界条件，称为外节点；二是节点处的水力要素全部未知，称为内节点。同样，将河段也分为内外河段，只要某个河段的一端连接外节点，称为外河段，若两端均连接内节点，称为内河段。约定在环状河网计算中把内节点简称为节点。

为方便考虑，给河网的节点、河段和断面进行编号。如图 4.1.2 所示，1、2、3、4 为节点；一、二、三、四为河段，其中 1、4 为外节点，2、3 为内节点，一、四称外河段，二、三称为内河段。河道水流流向需事先假定，并标在概化图中（箭头所指方向为假定水流流向），河网的计算简图成为一幅有向图，各断面顺着初始流量方向依次编号。用关联矩阵来描述汊点与河道之间的

图 4.1.2 河网概化示意图

关系，当汊点与其连接的第 i 个河道相连，并且在该河道上是流入该汊点时，以 i 记；若汊点与河道相连，且在该河道上是流出该汊点时，以 $-i$ 记。

根据河道交汇处范围大小来决定如何概化节点。若该范围较大，则将其视为可调蓄节点，否则按无调蓄节点处理。

2. 基本方程

上述微段的一维非恒定流的数值计算采用一维圣维南方程组，见前述公式。

3. 方程的离散

由于一维非恒定流水动力-水质方程为二元一阶双曲拟线性方程组，常采用有限差分法求其数值解。为了加大计算时间步长，提高计算精度，节省计算时间，利用四点偏心 Preissmann 差分格式，详见前述章节。

4. 边界方程

其内容决定于实际的边界控制条件。边界控制条件一般有水位控制、流量控制、水位流量关系控制等几种情况，可以统一概化为

$$aZ_i + bQ_i = c \tag{4.1.15}$$

式中：a,b,c 为按不同边界条件确定的系数和右端项。

5. 汊点连接方程

虽然实际汊点形式很多，连接情况也往往不同，但总可以找到如下两方面的条件。

（1）流量衔接条件：进出每一汊点的流量必须与该汊点内实际水量的增减率相平衡

$$\sum Q_i = \frac{\partial \Omega}{\partial t} \tag{4.1.16}$$

式中：i 为汊点中各汊道断面的编号；Q_i 为通过 i 断面进入汊点的流量；Ω 为汊点的蓄水量。如将该点概化成一个几何点，则 $\Omega=0$，否则 $\frac{\partial \Omega}{\partial t}$ 将是该汊点平均水位变率 $\frac{\partial \overline{Z}}{\partial t}$ 的可知函数，即

$$\frac{\partial \Omega}{\partial t} = f\left(\frac{\partial \overline{Z}}{\partial t}\right) \tag{4.1.17}$$

当采用插分近似时，式（4.1.16）可以概化为

$$\sum Q_i + a\overline{Z} = b \tag{4.1.18}$$

式中：a、b 分别为由汊点几何形态和已知瞬时平均水位组成的系数和右端项。$\overline{Z}$ 还可进一步转化为各汊道断面水位 Z_i 的函数，于是可得

$$\sum Q_i + \sum a_i Z_i = b \tag{4.1.19}$$

（2）动力衔接条件：汊点的各汊道断面上水位和流量与汊点平均水位之间，必须符合实际的动力衔接要求。目前用于处理这一条件的方法，如果汊点可以概化成一个几何点，出入各汊道的水流平缓，不存在水位突变的情况，则各汊道断面的水位应相等，等于该点的平均水位，即

$$Z_i = Z_j = \cdots = \overline{Z} \tag{4.1.20}$$

如果各断面的过水面积相差悬殊，流速有较明显的差别，但仍属于缓流情况，则按伯努利方程，当略去汊点的局部损耗时，各断面之间的水头 E_i 应相等，即

$$E_i = Z_i + \frac{u_i^2}{2g} = E_j = \cdots = E \tag{4.1.21}$$

并可处理为

$$aZ_i + bQ_i + cZ_j + dQ_j = 0 \tag{4.1.22}$$

在更一般的情况下（包括汊点设有闸堰等建筑物），汊点两两断面之间的动力衔接条件总可以按具体条件概化为

$$aZ_i + bQ_i + cZ_j + dQ_j = e \tag{4.1.23}$$

式（4.1.23）是动力衔接的一般形式，可以概括式（4.1.20）和式（4.1.21）。

6. 带闸、堰的汊点连接方程

含有闸、堰等水工建筑物的特殊汊点如图 4.1.3 所示，其概化处理方式则不同[136-137]。

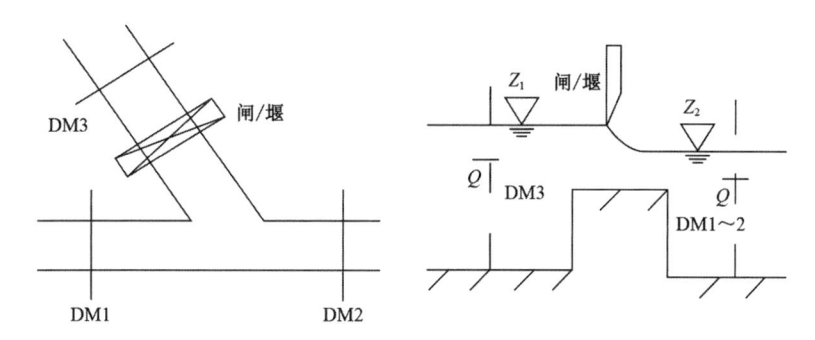

图 4.1.3 带闸、堰的汊点示意图

相比普通汊点而言，带闸、堰等水工建筑物的汊点依旧满足质量守恒方程，即式（4.1.16）依旧成立，同时闸、堰等水工建筑物的过流量可由其自身出流公式确定，两者结合起来就形成了带闸、堰的特殊汊点连接方程。近年来，围绕如何更加准确模拟闸、堰出流，各家探索不断，对其做了一定程度的研究与改进，但均需在闸后增设断面。本书直接考虑如图 4.1.3 所示的汊点连接断面的形式，提出改进后的双向迭代内边界控制法，模拟含有闸、堰的特殊汊点。具体步骤如下。

由初始时刻的闸上下水位 Z_1、Z_2（其中闸上水位 Z_1 为 DM3 处水位；闸下水位 Z_2 是根据 DM1 和 DM2 处水位加权平均而来），按照闸堰泄流公式计算闸、堰出流量 Q，并且根据连续性条件，闸上下流量皆为 Q；然后综合质量守恒方程式（4.1.16）作为该汊点带闸、堰的汊点连接方程，根据三级联合解法求解下一时刻闸上下的水位的试算值 Z_1、Z_2；重复上述两步，通过水位、流量的双向迭代求解出具有闸、堰的特殊汊点的水位、流量。

7. 求解方法

一维河网的算法研究至今，主要集中在如何降低节点系数矩阵的节数，主要有二级解法、三级解法、四级解法和汊点分组解法等。本模型采用三级联解算法（将河网计算分为微段、河段和汊点三级计算）对离散方程进行分级计算。分级的思想是：先求关于节点的水位（或流量）的方程组，然后再求节点周围各断面的水位和流量，最后再求各微段上其他断面的水位和流量。其中节点水位法使用较为普遍，效果也较好。在求得了各微段水位流量关系式（4.1.14）之后，还要进行下面两步工作。

1) 推求河段首尾断面的水位流量的关系

首先，由微段水位流量关系式（4.1.14），分别消去 Z_{j+1}，Q_{j+1}，得

$$\begin{cases} Z_{j+1} = L_j Z_j + M_j Q_j + W_j \\ Q_{j+1} = P_j Z_j + R_j Q_j + S_j \end{cases} \quad (4.1.24)$$

其中：

$$\begin{cases} L_j = \dfrac{-2a_{1i}a_{2i}}{a_{2i}c_{1i}+a_{1i}d_{2i}} \\ M_j = \dfrac{a_{2i}c_{1i}-a_{1i}c_{2i}}{a_{2i}c_{1i}+a_{1i}d_{2i}} \\ W_j = \dfrac{a_{2i}e_{1i}+a_{1i}e_{2i}}{a_{2i}c_{1i}+a_{1i}d_{2i}} \end{cases} \qquad \begin{cases} P_j = \dfrac{a_{2i}c_{1i}-a_{1i}d_{2i}}{a_{1i}d_{2i}+a_{2i}c_{1i}} \\ R_j = \dfrac{c_{1i}d_{2i}+c_{1i}c_{2i}}{a_{1i}d_{2i}+a_{2i}c_{1i}} \\ S_j = \dfrac{d_{2i}e_{1i}-c_{1i}e_{2i}}{a_{1i}d_{2i}+a_{2i}c_{1i}} \end{cases}$$

自相消元后,可以很容易地得到一对只含有首尾断面变量的方程组,取 n 为河段末断面,有

$$\begin{cases} Z_n = L'Z_1 + M'Q_1 + W' \\ Q_n = P'Z_1 + R'Q_1 + S' \end{cases} \tag{4.1.25}$$

2)形成并河网矩阵求解

结合上式、边界条件及节点连接条件,消去流量,得到河网节点方程组:

$$\boldsymbol{A}\cdot\boldsymbol{Z}=\boldsymbol{B} \tag{4.1.26}$$

式中:$\boldsymbol{A}$ 为系数矩阵,其各元素与递推关系的系数有关;$\boldsymbol{Z}$ 为节点水位;$\boldsymbol{B}$ 中各元素与河网各河段的流量及其他流量(如边界条件、源、汇等)有关。通过求解方程组,结合定解条件,计算出各节点的水位,进而推求出所有河段各计算断面的流量和水位。

4.1.3 平面二维水动力–水质数学模型

1. 基本原理及方程

水流连续方程:

$$\frac{\partial z}{\partial t}+\frac{\partial(hu)}{\partial x}+\frac{\partial(hv)}{\partial y}=0 \tag{4.1.27}$$

水流运动方程:

$$\frac{\partial u}{\partial t}+u\frac{\partial u}{\partial x}+v\frac{\partial u}{\partial y}+g\frac{\partial z}{\partial x}+g\frac{u\sqrt{u^2+v^2}}{C^2 h}-\gamma\left(\frac{\partial^2 u}{\partial x^2}+\frac{\partial^2 v}{\partial y^2}\right)=0 \tag{4.1.28}$$

$$\frac{\partial v}{\partial t}+u\frac{\partial v}{\partial x}+v\frac{\partial v}{\partial y}+g\frac{\partial z}{\partial y}+g\frac{u\sqrt{u^2+v^2}}{C^2 h}-\gamma\left(\frac{\partial^2 v}{\partial x^2}+\frac{\partial^2 v}{\partial y^2}\right)=0 \tag{4.1.29}$$

式中:z 为水位;h 为水深;u、v 为 x、y 方向的平均流速;γ 为紊动黏性系数;C 为谢才系数;g 为重力加速度。

污染物对流扩散方程:

$$\frac{\partial hC}{\partial t}+\frac{\partial huC}{\partial x}+\frac{\partial hvC}{\partial y}=\frac{\partial}{\partial x}\left(hD_x\frac{\partial C}{\partial x}\right)+\frac{\partial}{\partial y}\left(hD_y\frac{\partial C}{\partial y}\right)+hkC \tag{4.1.30}$$

式中:h 为水深;C 为水体污染物垂向平均浓度;u、v 分别为 x 方向与 y 方向的平均流速;D_x、D_y 为 x、y 方向的污染物扩散系数;k 为 C 的降解系数。

2. 方程的求解

采用非结构网格剖分进行方程的求解。非结构网格模型采用的数值方法是单元中心的有限体积法,如图 4.1.4 所示。控制方程离散时,结果变量 u、v 位于单元中心,跨边界通量垂直于单元边。在计算出每个控制体边界沿法向输入(出)的流量和动量通量之后,对每个控制体分别进行水量和动量平衡计算,得到计算时段末各控制体的平均水深和流速。然后由多个控制体的方程联合求解节点的数据。而相比于四边形网格,三角形网格在局部地形巨变、粗细网格过渡及曲折边界处处理得更好。时间差分采用的是显格式,如图 4.1.5 所示。

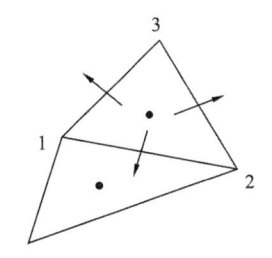

图 4.1.4　非结构性网格的模型数值解法示意图

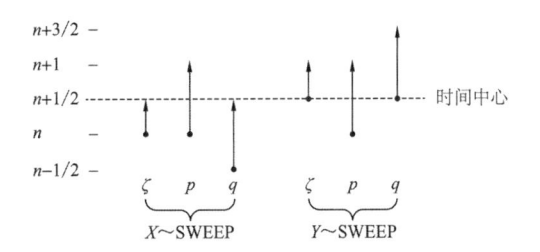

图 4.1.5　时间差分格式示意图

4.1.4　平面二维溢油模型

水源地风险预测分析中常研究事故溢油对水质的影响。在平面二维水动力计算成果的基础上,展开溢油输运预测。溢油进入水体后发生扩展、漂移、扩散等油膜组分保持恒定的输移过程和蒸发、溶解、乳化等油膜组分发生变化的风化过程,在溢油的输移过程和风化过程中还伴随着水体、油膜和大气三相间的热量迁移过程,而黏度、表面张力等油膜属性也随着油膜组分和温度的变化发生不断变化。采用在国际上得到广泛应用的 MIKE21 Spill Analysis 油粒子模型对溢油事故影响进行预测与分析,该模型可以很好地模拟上述物理化学过程。另外,油粒子模型基于拉格朗日体系,具有高稳定性和高效率的特点。油粒子模型就是把溢油离散为大量的油粒子,每个油粒子代表一定的油量,油膜就是由这些大量的油粒子所组成的云团。首先计算各个油粒子的位置变化、组分变化、含水率变化,然后统计各网格上的油粒子数和各组分含量可以模拟出油膜的浓度时空分布和组分变化,再通过热量平衡计算模拟出油膜温度的变化,最后根据油膜的组分变化和温度变化计算出油膜物理化学性质变化[138]。

1. 输移过程

油粒子的输移包括扩展、漂移、扩散等过程,这些过程是油粒子位置发生变化的主要原因,而油粒子的组分在这些过程中不发生变化。

1) 扩展运动

采用修正的 Fay 重力–黏力公式计算油膜扩展:

$$\left(\frac{\mathrm{d}A_\mathrm{oil}}{\mathrm{d}t}\right) = K_\mathrm{a} A_\mathrm{oil}^{1/3} \left(\frac{V_\mathrm{oil}}{A_\mathrm{oil}}\right)^{4/3} \tag{4.1.31}$$

式中：A_oil 为油膜面积，$A_\mathrm{oil} = \pi R_\mathrm{oil}^2$，$R_\mathrm{oil}$ 为油膜直径；K_a 为系数；t 为时间；V_oil 为油膜体积。

$$V_\mathrm{oil} = \pi \cdot R_\mathrm{oil}^2 h_\mathrm{s} \tag{4.1.32}$$

式中：初始油膜厚度 $h_\mathrm{s} = 10\ \mathrm{cm}$。

2）漂移运动

油粒子漂移作用力是水流和风拽力，油粒子总漂移速度由以下权重公式计算：

$$U_\mathrm{tot} = c_\mathrm{w}(z) \cdot U_\mathrm{w} + U_\mathrm{s} \tag{4.1.33}$$

式中：U_w 为水面以上 10 m 处的风速；U_s 为表面流速；c_w 为风漂移系数，一般为 0.03~0.04。风场数据从气象部门获得，而流场从二维水动力模型计算结果获得。但是一般二维水动力模型计算出的是垂向平均值，必须据此估算流速的垂向分布。假定其符合对数关系：

$$V(z) = \frac{U_\mathrm{f}}{\kappa} \cdot \ln\left(\frac{h-z}{k_\mathrm{n}/30}\right) \tag{4.1.34}$$

式中：z 为水面以下深度；$V(z)$ 为对数流速关系；κ 为冯卡门常数（0.42）；k_n 为 Nikuradse 阻力系数；U_f 为摩阻速度，定义为

$$U_\mathrm{f} = \frac{V_\mathrm{mean} \cdot \kappa}{\ln\left(\dfrac{h}{k_\mathrm{n}/30} - 1\right)} \tag{4.1.35}$$

式中：V_mean 为平均流速。

$$z = h - \frac{k_\mathrm{n}}{30} \tag{4.1.36}$$

当水深大于此位置时，模型假定对流速度为 0。当 $z=0$ 时，即可求出表面流速：

$$U_\mathrm{s} = V(0)$$

3）紊动扩散

假定水平扩散各向同性，一个时间步长内 α 方向上可能扩散距离 S_a 可表示为

$$S_\mathrm{a} = [R]_{-1}^{1} \sqrt{6 D_\mathrm{a} \Delta t_\mathrm{p}} \tag{4.1.37}$$

式中：$[R]_{-1}^{1}$ 为 –1 到 1 的随机数；D_a 为 α 方向上的扩散系数。

2. 风化过程

油粒子的风化包括蒸发、溶解和形成乳化物等过程，在这些过程中油粒子的组成发生改变，但油粒子水平位置没有变化。

1）蒸发

油膜蒸发受油分、气温、水温、溢油面积、风速、太阳辐射和油膜厚度等因素的影响。假定在油膜内部扩散不受限制（当气温高于 0℃ 及油膜厚度低于 5~10 cm 时基本如此）；油膜完全混合；油组分在大气中的分压与蒸气压相比可忽略不计。蒸发率可由下式表示：

$$N_i^e = \frac{k_{ei}P_i^{SAT}}{RT}\frac{M_i}{\rho_i}X\frac{m^3}{m^2 s} \tag{4.1.38}$$

式中：N_i^e 为蒸发率；k_{ei} 为物质输移系数；P^{SAT} 为蒸气压；R 为气体常数；T 为温度；M 为分子量；ρ 为油组分的密度；i 为各种油组分。k_{ei} 由下式估算：

$$k_{ei} = kA_{oil}^{0.045}Sc_i^{-2/3}U_w^{0.78} \tag{4.1.39}$$

式中：k 为蒸发系数；Sc_i 为组分 i 的蒸气 Schmidts 数。

2）乳化

（1）形成水包油乳化物过程。

油膜扩散到水体中的油分损失量计算如下：

$$D = D_a D_b \tag{4.1.40}$$

式中：D_a 为进入水体的分量；D_b 为进入水体后没有返回的分量。

$$D_a = \frac{0.11(1+U_w)^2}{3\,600} \tag{4.1.41}$$

$$D_b = \frac{1}{1+50\mu_{oil}h_s\gamma_{ow}} \tag{4.1.42}$$

式中：μ_{oil} 为油的黏度；γ_{ow} 为油–水界面张力。油滴返回油膜的速率为

$$\frac{dV_{oil}}{dt} = D_a(1-D_b) \tag{4.1.43}$$

（2）形成油包水乳化物过程。

油中含水率变化可由下式平衡方程表示：

$$\frac{dy_w}{dt} = R_1 - R_2 \tag{4.1.44}$$

R_1 和 R_2 分别为水的吸收速率和释出速率：

$$R_1 = K_1\frac{(1+U_w)^2}{\mu_{oil}}(y_w^{max} - y_w)$$

$$R_2 = K_2\frac{1}{AsWax\mu_{oil}}y_w \tag{4.1.45}$$

式中：y_w^{max} 为最大含水率；y_w 为实际含水率；As 为油中沥青含量（重量比）；Wax 为油中石蜡含量（重量比）；K_1、K_2 分别为吸收系数、释出系数。

3）溶解

溶解率用下式表示：

$$\frac{dV_{ds_i}}{dt} = Ks_i C_i^{sat} X_{mol_i}\frac{M_i}{\rho_i}A_{oil} \tag{4.1.46}$$

式中：V_{ds} 为溶解体积；C_i^{sat} 为组分 i 的溶解度；X_{mol_i} 为组分 i 的摩尔分数；M_i 为组分 i 的摩尔重量；Ks_i 为溶解传质系数，由下式估算：

$$Ks_i = 2.36\times10^{-6}e_i \tag{4.1.47}$$

式中：

$$e_i = \begin{cases} 1.4, & \text{烷烃} \\ 2.2, & \text{芳香烃} \\ 1.8, & \text{精制油} \end{cases} \quad (4.1.48)$$

3. 热量迁移

蒸气压与黏度受温度影响，而且观察发现通常油膜的温度要高于周围的大气和水体。图 4.1.6 为油膜的热平衡示意图。

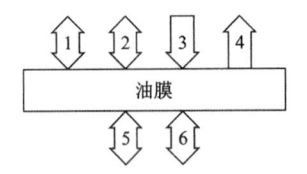

图 4.1.6　油膜的热量平衡示意图
1 为大气与油膜之间的传热过程；2 为大气与油膜之间的热辐射过程；3 为太阳辐射；4 为蒸发热损失；5 为油膜与水体之间的热量迁移；6 为油膜与水体之间散发和接受的热辐射

1）油膜与大气之间的热量迁移

油膜与大气之间的热量迁移可表达为

$$H_T^{\text{oil-air}} = A_{\text{oil}} k_H^{\text{oil-air}} (T_{\text{air}} - T_{\text{oil}}) \quad (4.1.49)$$

热量转移系数可表达为

$$k_H^{\text{oil-air}} = k_m \rho_a C_{\text{pa}} \left(\frac{S_c}{P_r}\right)_{\text{air}}^{0.67}$$

式中：T_{oil} 为油膜温度；T_{air} 为大气温度；ρ_a 为大气密度；C_{pa} 为大气的热容量；P_r 为大气普朗特数：

$$P_r = \frac{C_{\text{pa}} \rho_a}{0.0241(0.18055 + 0.003 T_{\text{air}})} \quad (4.1.50)$$

当蒸发可忽略不计时，$k_H^{\text{oil-air}}$ 可简单用下式计算：

$$k_H^{\text{oil-air}} = 5.7 + 3.8 U_w \quad (4.1.51)$$

2）太阳辐射

油膜接受太阳辐射取决于许多因素，其中最重要的为溢油位置、日期、时刻、云层厚度，以及大气中水、尘埃、臭氧含量。一天中的太阳辐射变化可假定为正弦曲线：

$$H(t) = \begin{cases} K_t H_0^{\max} \sin\left(\pi \dfrac{t - t^{\text{sunrise}}}{t^{\text{sunset}} - t^{\text{sunrise}}}\right), & t^{\text{sunrise}} < t < t^{\text{sunset}} \\ 0, & \text{其他} \end{cases} \quad (4.1.52)$$

式中：t^{sunrise} 为日出时刻（午夜后秒数）；t^{sunset} 为日落时刻（午夜后秒数）；T_d 为日长，即

$$t^{\text{sunset}} = t^{\text{sunrise}} + T_d \quad (4.1.53)$$

T_d 由下式计算：

$$T_\mathrm{d} = a\cos(\tan\phi\tan\varsigma) \tag{4.1.54}$$

式中：ϕ 为纬度；ς 为太阳倾斜角度（太阳在正午时与赤道平面的角度）：

$$\varsigma \cong 23.45\sin\left(360\cdot\frac{284+n}{365}\right) \tag{4.1.55}$$

$H_0^{\max}$ 为正午的星际辐射：

$$H_0^{\max} = \frac{12K_\mathrm{t}}{t^{\mathrm{sunset}}-t^{\mathrm{sunrise}}}I_{\mathrm{sc}}\left[1+0.033\cos\left(\frac{360n}{365}\right)\right](\cos\phi\cos\varsigma\sin\omega_\mathrm{s}+\omega_\mathrm{s}\sin\phi\sin\varsigma)$$

式中：I_sc 为太阳常数（1.353 W/m）；n 为一年中日数。ω_s 为日出的小时角度，正午时为 0，每小时等于 15（上午为正）；K_t 为系数，晴天时 $K_\mathrm{t}=0.75$，随着云层厚度增加而减少。很大一部分的太阳辐射到达地面时已被反射，因此净热量输入为 $(1-a)H(t)$，其中 a 为漫射系数（albedo）。

3）蒸发热损失

蒸发将引起油膜热量损失：

$$H^{\mathrm{vapor}} = \sum_i N_i\cdot\Delta H_{vi}\cdot[W/m^2] \tag{4.1.56}$$

式中：ΔH_{vi} 为组分 i 的汽化热。油膜总的动态热平衡综合考虑了上述各种因素：

$$\begin{aligned}\frac{\mathrm{d}T_{\mathrm{oil}}}{\mathrm{d}t} =& \frac{1}{\zeta\cdot C_\mathrm{p}\cdot h}\Big[(1-a)H+(l_{\mathrm{air}}T_{\mathrm{air}}^4+l_{\mathrm{water}}T_{\mathrm{water}}^4-2l_{\mathrm{oil}}T_{\mathrm{oil}}^4)\Big]\\ &+h_{\mathrm{ow}}(T_{\mathrm{water}}-T_{\mathrm{oil}})+h_{\mathrm{oa}}(T_{\mathrm{air}}-T_{\mathrm{oil}})-\sum N_i\Delta H_{vi}\\ &+\left(\frac{\mathrm{d}V_{\mathrm{water}}}{\mathrm{d}t}\zeta_\mathrm{w}C_{\mathrm{pw}}+\frac{\mathrm{d}V_{\mathrm{oil}}}{\mathrm{d}t}\zeta_{\mathrm{oil}}C_{\mathrm{poil}}\right)(T_{\mathrm{water}}-T_{\mathrm{oil}})A_{\mathrm{oil}}\end{aligned} \tag{4.1.57}$$

4）油膜与水体之间的热量迁移

油膜与水体之间的热量迁移可表达为

$$H_H^{\mathrm{oil}} = A_{\mathrm{oil}}k_H^{\mathrm{oil-water}}(T_{\mathrm{water}}-T_{\mathrm{oil}}) \tag{4.1.58}$$

$$k_H^{\mathrm{oil-water}} = 0.332+r_\mathrm{w}C_{\mathrm{pw}}Re^{-0.5}\mathrm{P_{r_w}}^{-2/3} \tag{4.1.59}$$

式中：C_{pw} 为水的热容量。P_{rw} 为水的普朗特数：

$$P_{\mathrm{rw}} = C_{\mathrm{pw}}v_\mathrm{w}\rho_\mathrm{w}\left[\frac{1}{0.330+0.000\,848(T_\mathrm{w}-273.15)}\right] \tag{4.1.60}$$

Re 为特征雷诺数：

$$Re = \frac{v_{\mathrm{rel}}\sqrt{\dfrac{4A_{\mathrm{oil}}}{\pi}}}{\eta_\mathrm{w}} \tag{4.1.61}$$

式中：v_{rel} 为油膜的运动黏滞系数。

5）反射和接受辐射

油膜将损失和接受长波辐射。净接受量由 Stefan-Boltzman 公式计算：

$$H_{\text{total}}^{\text{rad}} = \sigma \cdot (l_{\text{air}} \cdot T_{\text{air}}^4 + l_{\text{water}} T_{\text{water}}^4 - 2l_{\text{oil}} \cdot T_{\text{oil}}^4) \tag{4.1.62}$$

式中：σ 为 Stefan-Boltzman 常数[5.67×10^{-8} W/(m²·K⁴)]；l_{air}、l_{water}、l_{oil} 分别为大气、水和油的辐射率。

4. 输移、风化、热量迁移过程中包含的计算细节

1）油粒子组分变化计算

MIKE21 Spill Analysis 油粒子模型将油组分划成 8 个性质相近的区间（表 4.1.1）。

表 4.1.1　油组分及其属性表

组分	说明	沸点/℃	摩尔质量 /（g/mol）	密度 /（kg/m³）	100F 时黏度 /（mm²/s）	蒸气压/（mm/Hg）	表面张力 /（10³ N/m）
1	C_6–C_{12}（石蜡）	69~230	128	715	0.536	$10^{6.94-1\,417.61/(t+202.17)}$	29.9
2	C_{13}–C_{25}（石蜡）	230~405	268	775	4.066	$10^{7.01-1\,825.05/(t+149.76)}$	35.2
3	C_6–C_{12}（环烷）	70~230	124	825	2	$10^{6.91-1\,441.79/(t+204.7)}$	29.9
4	C_{13}–C_{13}（环烷）	230~405	237	950	4	$10^{6.99-1\,893.78/(t+151.82)}$	35.2
5	C_{11}–C_{11}（芳香烃）	80~240	110.5	990	0.704	$10^{6.91-1\,407.34/(t+208.48)}$	32.4
6	C_{12}–C_{18}（芳香烃）	240~400	181	1 150	6.108	$10^{6.97-1\,801.00/(t+162.77)}$	29.9
7	C_9–C_{25}（清油裂解芳香烃）	180~400	208	1 085	3	$10^{6.97-1\,789.85/(t+164.56)}$	29.9
8	残留物（包括杂环物质）	>400	600	1 050	458	0	47.2

2）油膜浓度计算

油粒子模型只追踪水体表面的粒子，油浓度和油膜厚度均以厚度表示。在每个时间步长统计网格中的油粒子数，根据粒子的体积和网格面积计算油膜厚度。

3）油膜物理化学性质计算

（1）黏度：由于蒸发和乳化，风化过程中油的黏度将增加，而且黏度受温度的影响很大。黏度计算分三个步骤。

应用 Kendall-Monroe 公式计算在参考温度 T_{ref} 时的不含水油膜黏度：

$$v_{T_{\text{ref}}}^{\text{oil}} = \left(\sum_{i=1}^{8} X_i \cdot v_i^{1/3} \right)^3 \tag{4.1.63}$$

式中：X_i 为组分 i 的摩尔分数。

计算实际温度时的油膜黏度：

$$\log\left[\log(v_T^{\text{oil}} + 0.7)\right] = \log\left[\log(v_T^{\text{oil}} + 0.7)\right] - B \log \frac{T}{T_{\text{ref}}} \tag{4.1.64}$$

式中：T 为温度，K；v_T^{oil} 为温度 T 时油膜的运动黏度；$B=3.98$。

计算实际温度和含水率时的油膜黏度：

$$\eta = \eta^{\text{oil}} \exp \frac{2.5 y_w}{1 - 0.654 y_w} \tag{4.1.65}$$

蒸发同样可增加黏度：

$$\eta^{\text{oil}} = \eta_0^{\text{oil}} \exp(C_4 F_e) \tag{4.1.66}$$

式中：C_4 为油膜含水率；F_e 为蒸发掉的油分数。

（2）表面张力：油膜的表面张力可简单表达为

$$T = \sum_{i=1}^{8} X_i T_i \tag{4.1.67}$$

（3）热容量：大气、油、水的热容量在以下公式中给出：

$$\begin{cases} C_{\text{pa}} = 998.73 + 0.133 T_{\text{air}} - \dfrac{119.3 \times 10^5}{T_{\text{air}}^2} \\ C_{\text{po}} = 1\,684.74 + \dfrac{3.3912(T_{\text{oil}} - 273.15)}{\sqrt{\rho_{\text{oil}} 10^{-3}}} \\ C_{\text{pw}} = (4.368\,4 - 0.000\,61 T_{\text{w}})10^3 \end{cases} \tag{4.1.68}$$

式中：所有温度为热力学温度。

（4）倾点：对于不含水的油膜，倾点的修正公式为

$$P_{p,\text{oil}} = P_{p0} + K_{p1} F_e \tag{4.1.69}$$

乳化后倾点提高：

$$P_{p,\text{oil-water}} = P_{p,\text{oil}} + |P_{p,\text{oil}}| K_{p2} y \tag{4.1.70}$$

研究表明该模型可以对油蒸发给出合理的评估。

4.2 数学模型的建立

4.2.1 模拟范围及河网概化

长江中下游宜昌—大通河段模拟范围如图 4.2.1 所示，其间包含清江、汉江两条主要支流入汇、洞庭湖水系囊括的荆江三口分流和城陵矶站入汇及鄱阳湖湖口的吞吐。长江干流中下游分汊河道众多，断面形态不满足一维水流数学模型的假定，因此在充分分析河网实际地形条件、水文资料的基础上，构建以干流河道为主体，将分汊河段概化成一维河网形式的模型。洞庭湖与长江上荆江段以松滋口、太平口及藕池口三口相连，三口分流处概化成分流节点；在城陵矶处入汇长江概化成汇流节点。鄱阳湖在湖口处与长江干流以吞吐形式完成水动力交换，因此分汇流节点在湖口处重合；主要支流清江在宜都大桥右岸入汇、汉江在武汉河段左岸入汇形成两个汇流节点。总的概化处理原则是：在不同水位条件下，概化后的河道流量、调蓄量与被概化的河道基本保持一致，即概化河网要反映天然河网的基本水力特性。研究河段河势曲折且断面形态多变，在河网概化的基础上，断面选择应尽可能反映河势和水力特性，遇曲折河段时，所选断面间水流特点应符合一维渐变流的假定。考虑河段河势和水流较为复杂的实际情况，在现有资料基础上尽可能多地选取有代表性的断面，以尽量保证准确反映河道沿程变化及过流能力。

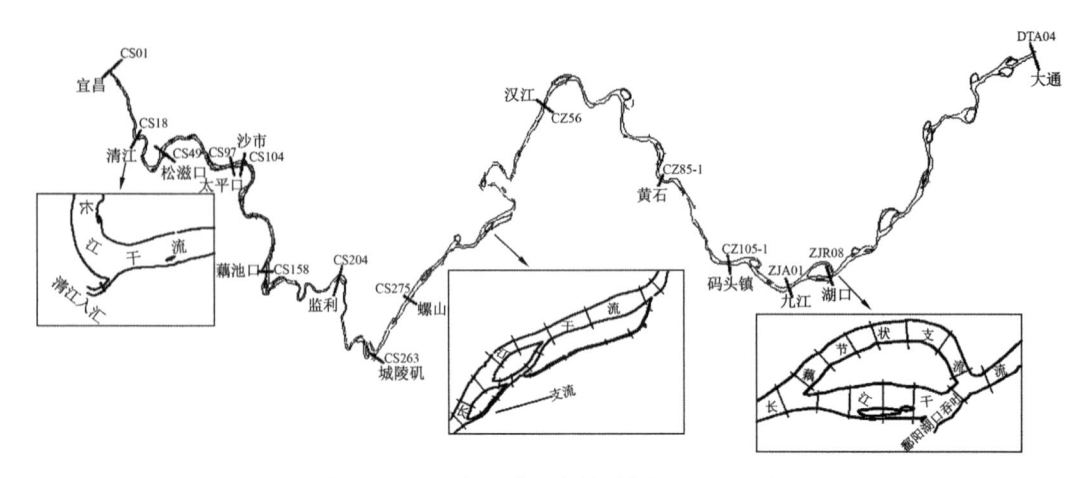

图 4.2.1　长江中下游干流断面布设及河网示意

长江干流宜昌—大通段全长约 1 200 km，干流共布设 925 个断面，平均断面间距约为 1 167.57 m。沿程藕节状支流概化河段共 22 个，共概化断面 204 个。分析三峡建库后荆江洞庭湖江湖关系，将三口分流作为宽顶堰溢流处理，采用以下计算拟合公式。

松滋口分流量：
$$Q_{SZ,t}=0.143\,8Z_{Z,t}^4-25.159Z_{Z,t}^3+1\,688.4Z_{Z,t}^2-50\,715Z_{Z,t}+569\,830 \quad (4.2.1)$$

太平口分流量：
$$Q_{TP,t}=16.192Z_{S,t}^2-1\,027.2Z_{S,t}+16\,287 \quad (4.2.2)$$

藕池口分流量：
$$Q_{OC,t}=0.019\,4Z_{X,t}^4-1.554\,8Z_{X,t}^3+58.657Z_{X,t}^2-1\,393.9Z_{X,t}+15\,230 \quad (4.2.3)$$

式中：$Q_{SZ,t}$、$Q_{TP,t}$、$Q_{OC,t}$ 分别为松滋口、太平口及藕池口的分流流量；$Z_{Z,t}$、$Z_{S,t}$、$Z_{X,t}$ 分别为新厂站、沙市站、枝城站水位。

三峡水库下游宜昌—枝城河段，荆州太平口—石首河段采用平面二维数学模型模拟，实现一维、二维数学模型耦合计算。

4.2.2　长江宜昌—大通段一维河网水动力数学模型的率定与验证

1. 边界条件

结合长江干流宜昌—大通河段及沿程支流、湖泊河网水系现状，模型的上边界设在宜昌水文监测断面，为流量过程；下边界设在大通水文监测断面，采用与流量过程相对应的水位信息。内部边界根据实际情况设定，包括清江、城陵矶、汉江入汇流量，松滋口、太平口、藕池口三口分流量，以及鄱阳湖与长江连通湖口吞吐流量。

2. 参数率定

由于研究河段河道长度较长、地形复杂、天然河道断面形态各异且藕节状支流众多，糙率的取值有一定难度。本次河道糙率率定计算选取 2010 年为水文代表年，其中 2010 年

8月、10月和2010年1月分别代表丰水期、平水期和枯水期,每个月选取一个代表流量,用恒定流模型率定河道糙率。经多次试算,三峡水库下游长江干流宜昌—大通河段的河道糙率率定结果见表4.2.1,绘制出的河道部分监测点水位高程对比如图4.2.2所示。

表4.2.1　2010年长江中下游干流河道糙率率定结果表

干流河段	丰水期糙率	平水期糙率	枯水期糙率
宜昌—宜都	0.037 0	0.043 0	0.046 0
宜都—荆州	0.034 5	0.039 0	0.045 0
荆州—监利	0.031 0	0.034 0	0.032 0
监利—城陵矶	0.028 5	0.036 0	0.034 0
城陵矶—螺山	0.024 5	0.030 0	0.035 5
螺山—汉口	0.021 5	0.032 0	0.031 5
汉口—黄石	0.023 0	0.029 0	0.024 5
黄石—码头镇	0.027 0	0.035 0	0.029 0
码头镇—九江	0.021 0	0.026 0	0.020 5
九江—大通	0.029 0	0.031 0	0.030 5

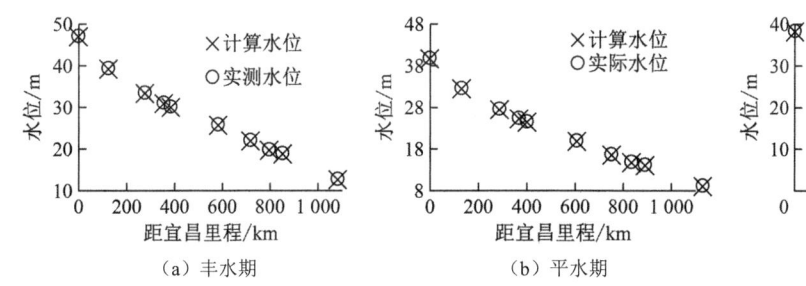

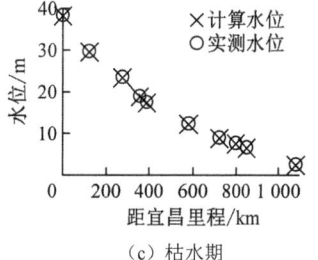

图4.2.2　部分监测点计算水位与实测水位对比图

3. 模型的验证

1)计算条件

在恒定流率定的基础上,本次河网水流模型采用非恒定流过程进行验证,目的在于能够较为精确地确定长江中下游干流河道的糙率。计算按长江干流宜昌—大通段干流及藕节状支流水系实测的2013年1月17日~1月24日水文资料进行模拟验证,在实测干流江段内布设12个水文观测断面,分别是宜昌、荆州、监利、城陵矶、莲花塘、螺山、汉口、黄石、码头镇、九江、湖口、大通。其中,同恒定流率定过程外边界条件相同,以宜昌流量过程为上边界条件,以大通相应水位过程为下边界条件;内部边界有所区别,加入了鄱阳湖区的水流吞吐,以及根据实际情况沿程的水量抽蓄,具体分别为清江入汇(高坝洲水文站流量过程)、松滋口分流(新江口站流量过程+沙道观站流量过程)、太平口分流(弥陀寺站流量过程)、藕池口分流(管家铺站流量过程+康家港站流量过程)、城陵矶入汇(城陵矶站流量过程,城陵矶站设置在湖区入汇洪道上)、汉江入流(仙桃水文站流量过程)、鄱阳湖吞吐(湖口水文站流量过程)。

2)验证结果

模型模拟的流量、水位过程验证结果如下。

(1)流量验证结果。由以下各水文监测断面流量(2013年1月17日~1月24日)验证对比如图 4.2.3 所示,除大通水文监测断面流量最大误差达 10%外,其他断面的流量过程计算值与实测值较为一致,最大误差均在 5%以内,说明模型能较好地模拟长江中下游河道水流传播过程。

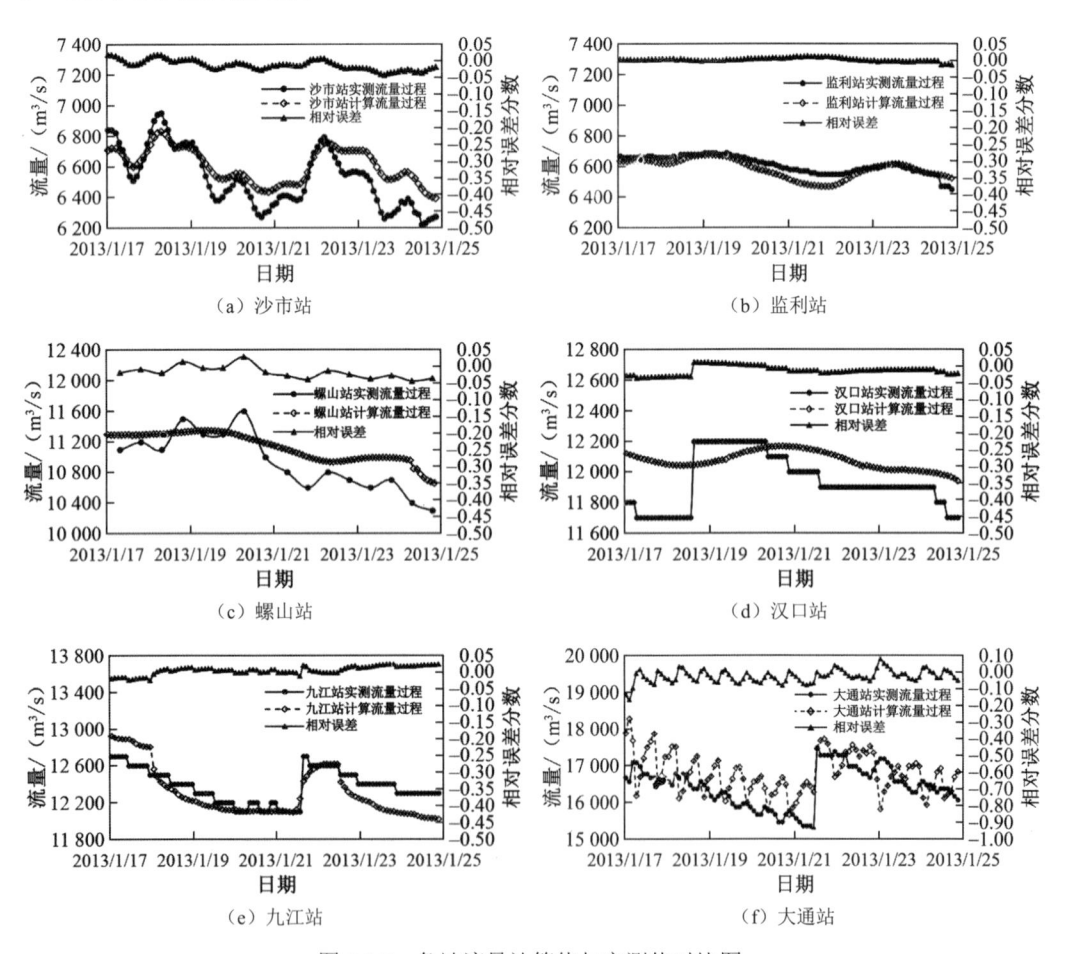

(a) 沙市站

(b) 监利站

(c) 螺山站

(d) 汉口站

(e) 九江站

(f) 大通站

图 4.2.3 各站流量计算值与实测值对比图

(2)水位验证结果。同流量验证时段相同,由以下各水文监测断面流量过程(2013年1月17日~1月24日)验证,结果如图4.2.4所示,除宜昌监测断面外,实测和计算的水位过程相差不大,最大误差基本保持在 10 cm 以内,说明模型能较好地模拟三峡下游河段流量变化特点。

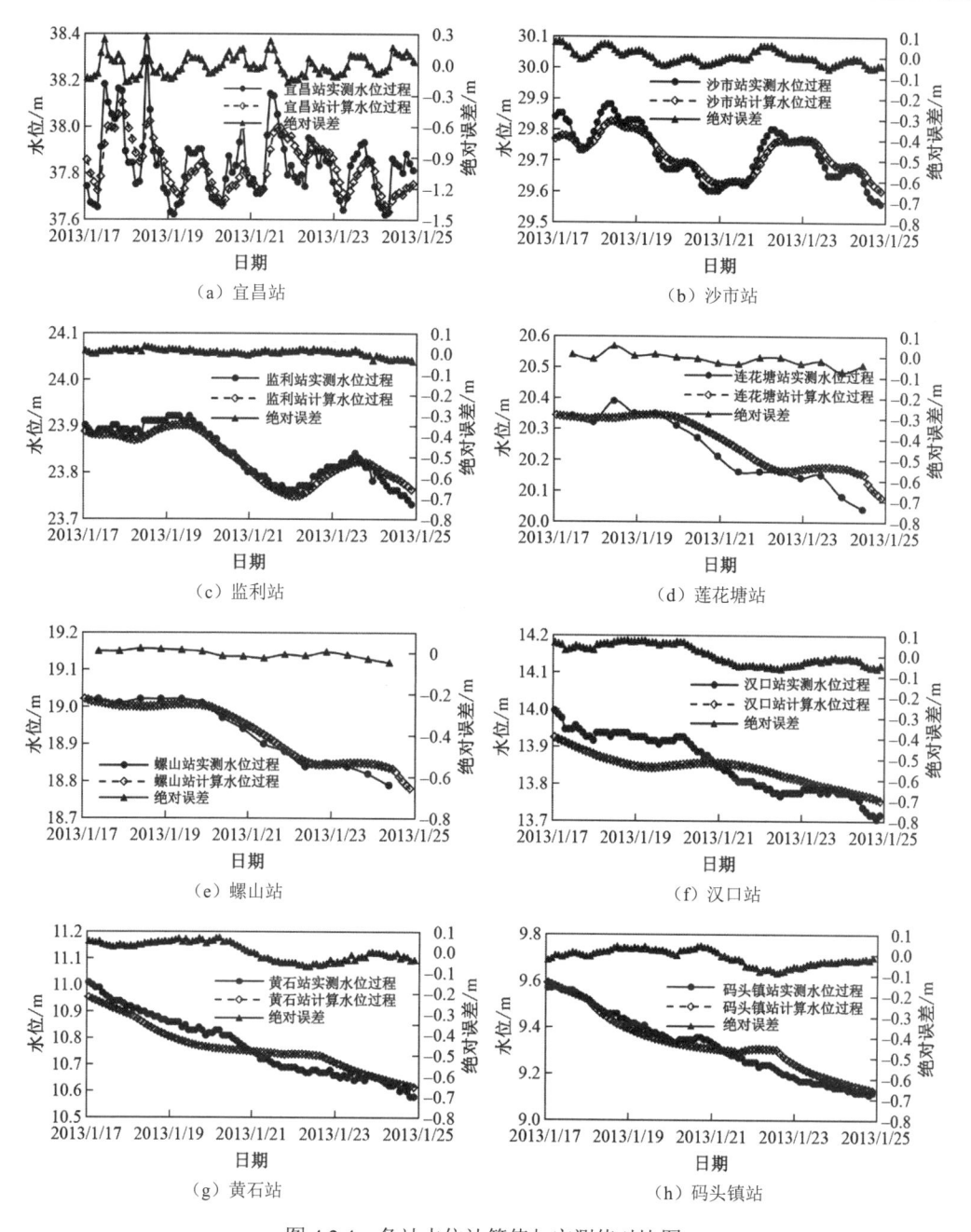

图 4.2.4 各站水位计算值与实测值对比图

其中,宜昌站实测水位过程呈现随时间波动的变化趋势,局部波动较为剧烈。而计算结果与实测数据相比,局部波动范围并未达到实测水位的极大值或极小值,因此结果误差出现了大于 10 cm 的情况。根据一般拟合经验,对于局部极大值或极小值可以适当舍弃,以整体符合度为主要参考依据,因此尽管宜昌监测断面水位过程并未达到全程误差在 10 cm 范围以内,仍可以基本认定计算结果基本符合实际,模型适用性良好。

（3）验证过程糙率修正。由于水流验证过程选取的时段为 2013 年 1 月 17 日～1 月 24 日，与之前 2010 年 1 月、8 月、10 月水情有所差别，并且沿程进行了适当的水流补给与抽排，内部边界条件给定加入了鄱阳湖的吞吐，与实际情况更为接近，在验证过程中对原本率定的糙率进行了一定程度的修正。修正结果见表 4.2.2。

表 4.2.2 2013 年与 2010 年河道枯水期糙率对比表

干流河段	2013 年枯水期验证糙率	2010 年枯水期率定糙率	修正值
宜昌—宜都	0.045 0	0.046 0	−0.001 0
宜都—荆州	0.044 0	0.045 0	−0.001 0
荆州—监利	0.031 0	0.032 0	−0.001 0
监利—城陵矶	0.032 8	0.034 5	−0.001 7
城陵矶—螺山	0.035 0	0.035 5	−0.000 5
螺山—汉口	0.031 1	0.031 5	−0.000 4
汉口—黄石	0.024 3	0.024 5	−0.000 2
黄石—码头镇	0.029 2	0.029 0	0.000 2
码头镇—九江	0.022 5	0.020 5	0.002 0
九江—大通	0.023 6	0.030 5	−0.006 9

4.2.3　三峡水库下游典型河段平面二维水动力–水质数学模型的率定与验证

二维模型验证分荆州河段及石首河段，荆州河段主要为确定水动力计算参数，石首河段主要为确定水质计算参数。

1. 荆州河段水动力参数率定及模型验证

采用 2014 年 12 月 23 日的实测资料确定边滩糙率为 0.020，主槽糙率为 0.011。荆州河段模型的验证断面布置如图 4.2.5 所示。水位验证结果见表 4.2.3，断面流速验证结果如图 4.2.6 所示。

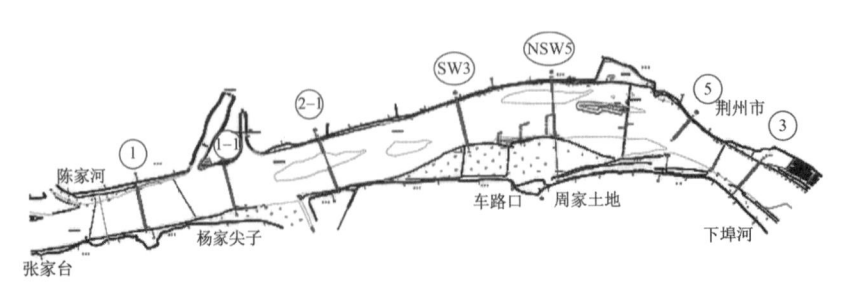

图 4.2.5　荆州河段验证断面布置图
①、1–1、2–1、SW3、NSW5、⑤、③为实测断面符号

表 4.2.3　水位实测与模拟对比表

断面号	里程/km	水位/m 实测	水位/m 模拟	模拟与实测差值/m
1–1	5.548	30.022	30.050	0.028
2–1 右（主汊）	8.343	29.880	29.914	0.034
SW3	12.140	29.738	29.718	−0.020
NSW5 右（主汊）	14.627	29.608	29.653	0.045
3	29.347	29.347	29.370	0.023

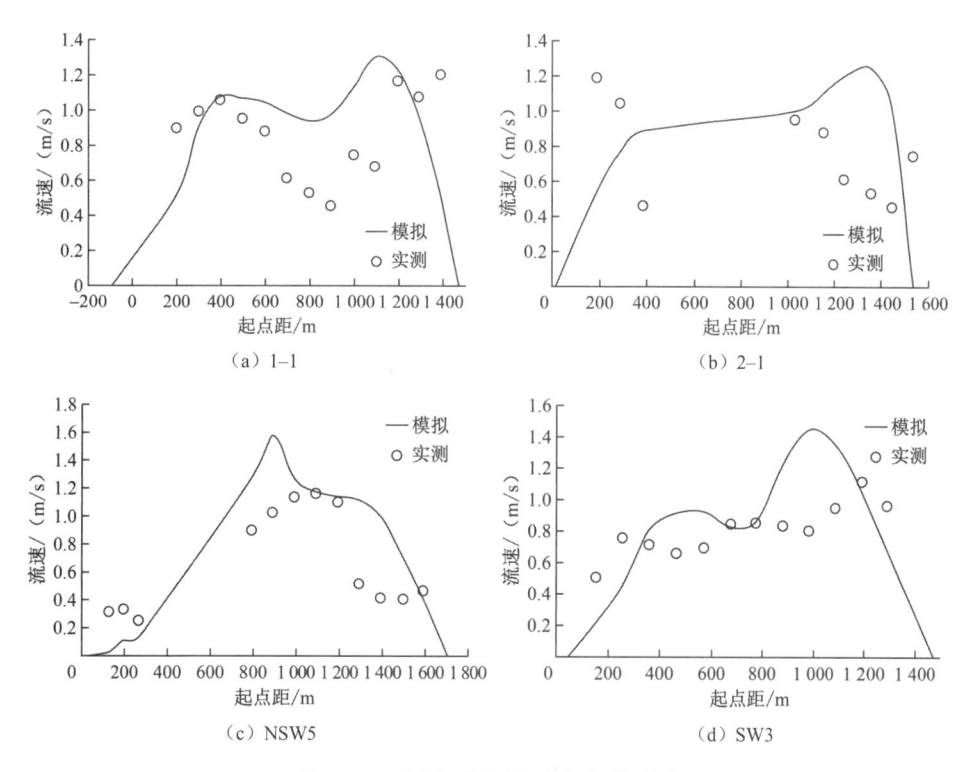

图 4.2.6　太平口断面流速分布验证图

2. 石首河段水动力–水质参数率定及模型验证

1）水流验证

采用 2016 年 7 月 9 日的实测资料，上游荆 90 断面流量为 18 200 m³/s，下游荆 97 断面水位为 35.03 m。确定边滩糙率为 0.020，主槽糙率为 0.011。石首模型的验证断面布置如图 4.2.7 所示。水位验证结果见表 4.2.4，流速验证结果如图 4.2.8 所示，计算结果误差在允许范围内，从综合结果来看选取的糙率具有可信度。

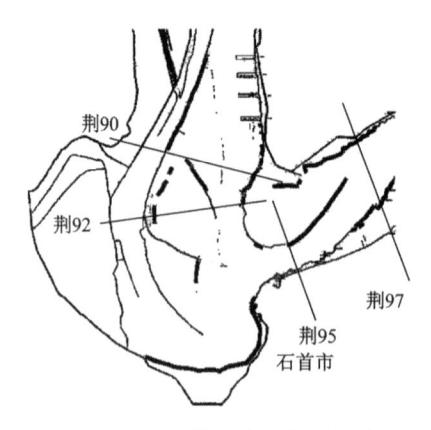

图 4.2.7　石首模型验证断面布置图

表 4.2.4　水位实测与模拟对比表

断面号	里程/km	水位/m 实测	水位/m 模拟	模拟与实测差值
荆 90	4.05	35.32	35.35	0.03
荆 92	5.02	35.24	35.26	0.02
荆 95	8.33	35.10	35.07	−0.03

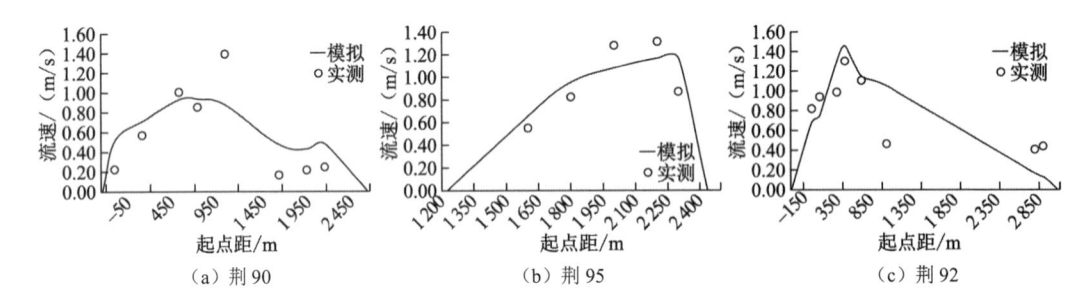

(a) 荆 90　　(b) 荆 95　　(c) 荆 92

图 4.2.8　石首弯道断面流速分布验证图

2）水质验证

根据 2016 年 7 月 9 日实测资料，验证 COD 污染指标的降解系数。降解系数表征了水体污染物降解速率的大小，是模型中的一个重要参数，与污水特征、河段特征、水文条件、温度等影响条件有关。

监测点分布于荆 90、荆 92 及荆 95 断面。根据当日情况确定模型边界条件，计算条件见表 4.2.5，最后可确定 COD 降解系数为 2.16/d。COD 实测与模拟对比见表 4.2.6。由于实测资料受地形、水流、温度及取样条件等多种因素的影响，且检测时存在误差，少数点验证结果较差，但整体验证结果较好。

表 4.2.5 计算条件表

项目	进口边界	出口边界
流量	18 200 m³/s	35.03 m³/s
COD	46 mg/L	零梯度

表 4.2.6 COD 实测与模拟对比表

断面	测点号	实测/(mg/L)	模拟/(mg/L)	模拟与实测差值/(mg/L)	相对误差/%
荆90	1	38.421	42.626	4.205	10.945
	2	51.435	44.663	−6.772	13.166
	3	38.658	45.159	6.501	16.817
	4	48.832	44.912	−3.920	8.028
	5	35.582	45.371	9.789	27.512
荆92	1	38.658	43.246	4.588	11.868
	2	40.551	43.971	3.420	8.434
	3	41.379	43.739	2.360	5.703
	4	29.903	37.820	7.917	26.476
荆95	1	34.399	40.135	5.736	16.675
	2	37.475	38.589	1.114	2.973
	3	40.787	35.488	−5.299	12.992

4.3 小　　结

（1）本章建立了长江中下游宜昌—大通河段一维河网水动力数学模型。以研究区域概化河网、代表性断面选取和实测水文资料为依托，实现了三峡水库下游至河口约 1 100 km 一维河网数学模型的构建。通过多次参数率定和验证，所构建的数学模型具有良好的适用性，可以较为精确地反映长江中下游河网水动力特性，也为后续调度方案的计算提供模型支撑。

（2）水质参数以 COD 为代表，建立了长江中游典型河段：荆州河段、石首河段平面二维水动力–水质数学模型。模型参数使用实测资料率定；模型经实测资料验证，与实测资料吻合良好，可用于应急调度方案效果的研究。实现了一维、二维水流–水动力数学模型的耦合计算。

（3）建立了典型河段溢油模拟平面二维数学模型。

第 5 章　长江中游生态流量和枯水期环境水位

5.1　生态流量计算方法

河槽和滩地中的生物群落直接或者间接食用的水体都取自河槽槽蓄水体，不管河流上游有没有来水（流量）对河槽水体进行补给，生物群落对消费水量的需求都是确定的，当河槽水量不能满足生物群落"消费水量"需求时，生物群体就会衰亡，反之亦然。鉴此，河流上游来流量的大小决定着河槽需水量的多少，河槽蓄水量的多少决定着生物群体"消费水量"的程度，生物群体消费量越多，河槽蓄水量就越少，要维系其平衡，必须通过河流来流（其大小通过流量来度量）的补给，河流来流量一部分"补偿"因生物群体消费引起的河槽水量的亏损，另一部分储蓄在河槽中为保障"消费水量"的后期支付。可见，河流生物及其生态系统运转所消费的是"河槽水量"，它只是河槽槽蓄的一部分水量，被生物群体消费掉的这部分河槽水量可以通过河流来流量得到"补偿"，河流来流量、河道槽蓄量与生物群体消费量是一种资源配置关系（即水物资的数量关系），河流流量与生物群体及其生态系统需求的消费水量没有直接关系。所以，河流"生态流量"就是生物群体消费量以补偿方式存在的在河流断面上的一个"折算"数值。

广义上讲，河流生态流量是指维持包括河流河道内（包括河床、漫滩、湿地、阶地）在内的与河流关联供给（湖泊、海洋、森林、草地、工业、农业、城市）生态系统良性发展所需要的流量及其过程。狭义上讲，河流生态流量是指维持河道内生态系统中生物群落良性发展所需要的流量及其过程。具体就是水生态系统发展的水生物群落需水量在特定断面上的"折算"值，河流按这个"折算"值对河槽水量进行"补偿"，其水量的补偿大小可用断面流量（其中一部分）来度量，这就是"河流生态流量"得名的内涵所在。生态流量对应的水位称为生态水位。图 5.1.1 为河流构造示意图。顾名思义，河流生态流量就是为河流中生物生存和发展服务的，河流中不存在生物群落，河流生态流量也就不存在了。

图 5.1.1　河流结构示意图

5.1.1　水文学方法

水文学方法是操作最简单同时也是最为成熟的生态流量计算方法，其主要依据历史的月径流或者日径流数据为标准进行计算，主要包含 Tennant 法、流量历时曲线法、7Q10 法、NGPRP 法、RVA 法等。

（1）Tennant 法。Tennant 法可以说是应用最早的生态流量计算方法，直到现在还广泛应用，该法是 Tennant 和美国渔业野生动物协会于 1976 年共同开发的一种标准设定法，Tennant 依据对美国中西部地区 11 条河流断面近 10 年的详尽观测数据，重点考虑了鲑鱼的栖息地等生物因素，结合水力学，基于河流平均流量给出了推荐的河流生态流量[139]。Tennant 法在美国一般只在优先度不高的研究河段使用，或者作为其他方法的检验，各国一般在应用 Tennant 法时会根据实际研究需要调整百分比。

（2）RVA 法。变异性范围（range of variability approach，RVA）法，起源于国外学者 Richter 等[140]于 1996 年提出的水文变化指标（indicators of hydrological alteration，IHA）法。该法依据河流的日水文资料来评估河流生态水文变化的程度及其对生态系统的影响，在 IHA 法中水文变异程度是以偏离度的概念来定量分析的，而其后 Richter 等为了更好衡量变化的等级，又提出 RVA 法进行单变量及综合水文改变的评定，可以说 RVA 法是以 IHA 法为基础，又进一步对其进行细化的结果。RVA 法根据历史日流量系列确定 33 个 IHA 水文指标，并分析它们在人类活动影响下的变化程度，最终以未受人类干扰情况下的流量作为初始生态流量，并在该生态流量实施后继续监测河流的相关数据来得到表 5.1.1 的信息。RVA 法的出现使得水文方学法进一步成熟，评价指标得到了极大丰富，其尤其适用于受人类活动影响较多的河流，促进了河流生态与河流管理沟通桥梁的构建。RVA 法在国外早已得到了广泛的应用，国内也在不断尝试 RVA 法在环境评价项目中的应用。

表 5.1.1　IHA 水文指标及其生态特征

IHA 指数组	水文指标	生态特征
月均流量（包含 12 个指数）	1~12 月的月均流量	水生生物的栖息地需求；植被土壤湿度需求；陆地生物对水资源的需求；食肉动物筑巢的通道；影响水温、含氧量、光合作用
极端水文条件及持续时间（包含 12 个指数）	年均 1d、3d、7d、30d、90d 最大流量	为植被提供更多生存场所；丰富水生生态系统；对水生生物产生压力；河流和漫滩的养分交换；塑造河道地形
	年均 1d、3d、7d、30d、90d 最小流量	
	零流量天数	
极端水文条件的出现时间（包含 2 个指数）	年最大流量出现时间	满足鱼类的洄游产卵；为生物繁殖提供栖息地
	年最小流量出现时间	
高流量及低流量的出现频率及持续时间（包含 4 个指数）	高流量出现次数	植物所需土壤温度的频繁与尺度；漫滩栖息地对水生有机物的有效性；河道与漫滩间的营养与有机物的交换；为水鸟提供栖息地
	高流量出现时间	
	低流量出现次数	
	低流量出现时间	
水流条件变化速率及频率（包含 3 个指数）	流量平均增加率	植物的干旱压力；孤岛、漫滩的有机物的截留；对河床边缘生物的干燥压力
	流量平均减少率	
	流量过程转换次数	

（3）流量历时曲线法。流量历时曲线是流量频率的关系曲线，其表示的是在某个观

察时段内超过某一强度流量的持续时间或出现频率，其中观察时段的尺度可以取年、季、月等。在绘出流量历时曲线后，取一定保证率下的某历时频率的流量作为生态流量。例如，取90%保证率（即重现期为10年的枯水年份），下频率超过97%的流量（即Q97,10）就已经成为日本的一种常用的生态流量取值方法[141]。该法相对于Tennant法更为充分地考虑了不同时间尺度下的流量的差异。

（4）7Q10法。美国7Q10法是采用90%保证率最枯7d的平均流量作为河流生态流量，而国内在引进该法后对其进行了改进，将近10年最枯月均流量或者是90%保证率下的月均流量作为河流生态流量的推荐值。

（5）NGPRP法。NGPRP法类似于流量历时曲线法，其将年份按25%、75%的保证率划分为枯水年、平水年、丰水年三个年组，并取平水年组90%保证率下的流量作为河流生态流量。

5.1.2 水力学方法

水力学方法是根据河道水力参数（如宽度、深度、流速和湿周等）确定河道内所需流量，其在国内外应用并不多，这里只挑选水力学方法中两种代表性的方法湿周法和R2-CROSS法作简要介绍。

（1）湿周法。该法假定生物栖息地面积与临界区域的湿周直接相关，如果能够提供足够的湿周，栖息地面积也能得到保证。具体操作是首先绘出湿周–流量关系图，如图5.1.2所示，一般来说起始时，湿周随着流量的增大而迅速增加，其后增长速率逐渐放缓，直到达到某一个节点时，同样幅度的流量变化就只能够引起极小的湿周变化，这个转折点上对应的流量也就是所求的河流生态流量值。湿周法认为只要流量达到该值，最基本的栖息地需求就能被满足。

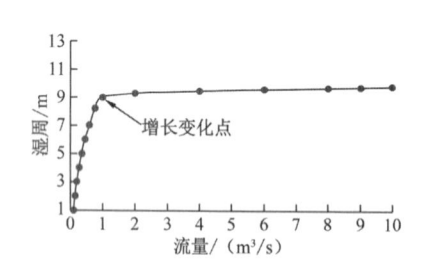

图5.1.2 湿周–流量关系图

（2）R2-CROSS法。该法假定浅滩是水生生物的临界栖息地，如果能够保护浅滩，其他栖息地也能相应得到保护，相较于湿周法仅仅考虑了湿周这个单一指标，该法还将河流宽度、平均水深及平均流速等水力指标纳入了考虑，只有使得这些指标保持在一定水平之上才认为水生生物尤其是鱼类的栖息地能够得到保障，见表5.1.2。

表5.1.2 R2-CROSS法单断面法确定最小流量的标准

河流顶宽/ft	平均水深/ft	湿周率/%	平均流速/（ft/s）
1～20	0.2	50	1.0
21～40	0.2～0.4	50	1.0
41～60	0.4～0.6	50～60	1.0
61～100	0.6～1.0	≥70	1.0

注：1 ft=3.048×10^{-1} m

5.1.3 栖息地法及综合法

栖息地法又称为生境模拟法,其代表性方法为内流量增加(instream flow incremental methodology, IFIM)法[142]。IFIM法借由一系列水力学和栖息地模型将水文水质数据及生物信息相结合,这其中水文水质数据主要包括河流流速、最小水深、水温、溶解氧、总碱度、浊度、透光度等,生物信息包括生物量及栖息地面积,由此可以得到河流流量变化与生物量或栖息地面积的量化关系,并对河道内流量变化对生物量或栖息地的影响作出评价。其他栖息地法诸如 RCHARC 法、有效宽度法等思路基本与 IFIM 法一致,但仅仅考虑了有限的水文指标。

综合法不再局限于某几种水生生物,而是从整个河流生态出发,重视河流的天然特征,其代表性方法为南非的建块法(BBM 法)和澳大利亚的整体分析法。这里着重介绍一下 BBM 法(图 5.1.3),该法要求将不同学科的专家集结在一起,各自做其擅长的工作,如水文学家专门研究河流的水流条件,生物学家收集研究水生生物的生物数据,模型构建人员根据给出的水流条件计算河流具体流经的范围等,最后汇总这些信息,将这些"块"由讨论组的科学家构建起来,最终得到可以满足河流管理目标的水流条件。

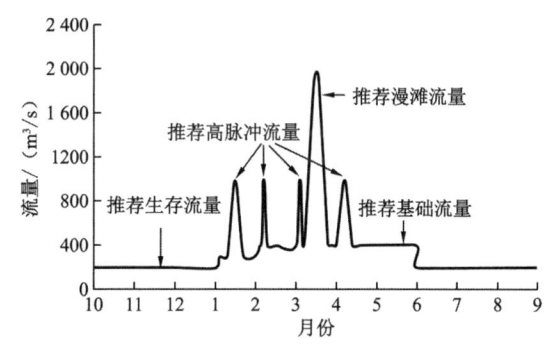

图 5.1.3 BBM 法所得流量过程线

5.1.4 生态流量计算方法的选择

1. 各种方法的适应性分析

客观上讲,河流历史上很有可能确实发挥了自然功能、开发功能和人文功能,只是某些时段流量较低而损害了某些河流功能的发挥,因此认为基于历史径流过程分析的水文学方法计算得到的流量具有作为生态流量的参考值。至于水力学方法,以河道形态为分析基础,认为河道形态与河流生物存在相关性,这种假设较为间接、片面,故而水力学方法的思想并不十分严谨。栖息地法将流量与生物栖息地面积直接挂钩,量化了流量对于生物栖息地的影响,应该说是理论相对严谨的方法,但其基本没有考虑河流的开发功能即人类社会取用水的需求,因此从思想内涵上来说,这种方法比较适合用来计算单纯的生态流量,而不是计算长江这类具有诸多功能的综合性河流的生态环境流量(即本章的生态流量)。综合法整合了各领域专家的优势,这就势必会考虑研究河流的具体开发程度,从而在保护河流生态的同时兼顾到人类用水的需求,这与生态流量的内涵是基本吻合的,故综合法也可为生态流量的计算提供一个合理的参考值。

从历史发展和适用范围的角度,这四大类方法中水文学方法虽缺乏相应的物理意义,但是其简单易操作,而且所需的历史径流数据一般都能得到满足,故应用范围几乎不受限制,加上近几十年来发展十分充分,越来越成熟,特别是以 RVA 法为代表的水文学方法能够充分对河道径流过程进行分析,因此其是目前为止四大类方法中应用最为广泛的方法,相信在未来相当长一段时间的研究里,水文学方法能够得到进一步的完善。水力学方法与水文学方法一样具有易操作的优点,但其应用范围相对更窄,由于其是依据河道水力参数来确定生态流量,而在水文泥沙条件变化和河床演变剧烈的河段,河道水力参数不稳定,也就无法使用水力学方法。事实上水力学方法的应用思想与栖息地法较为接近,但受到各种各样应用限制且加上自身基础理论的不扎实,使其现如今鲜有成熟的应用,但是对于该法的理论研究仍具有为其他方法提供水力分析支持的价值。栖息地法是近年来发展最快的一类方法,其在国外应用频率也仅次于水文学方法,该类方法充分考虑了目标生物量及生物栖息地与河流水流条件的关系,理论相对严谨,但要求有大量的生物信息数据作支撑,且计算上较为烦琐,故计算成本较大,适用于建立了长时间生物信息观测的河流,但可以预见的是栖息地法在未来的研究发展中极具潜力。综合法可以看作是对栖息地法的一个很好的补充,它不再只着眼于某几个物种,而是兼顾了整个河流生态,用专家经验来弥补现阶段普遍存在的生物信息数据缺乏的不足,适用性良好,但其发展相对不充分,在国内应用极少。

2. 计算方法的选择及优化

本书中主要采用比较成熟的水文学方法对生态流量进行研究,以 RVA 法为主,数据检验不满足 RVA 法时采用 7Q10 法作为辅助计算方法,称为改进 RVA 法。

5.1.5 改进 RVA 法计算生态流量值

1. 改进 RVA 法

传统 RVA 法是以日流量数据为基础,将大坝(或其他水利设施)建设前的流量系列作为未受人类活动影响的自然流量状态,统计 33 个 IHA 指标在大坝建立前后的变化,分析大坝建立前后的改变程度,但是水文改变指标受影响的标准需要借助生态方面受影响的资料,如果这方面资料匮乏,Richter 等[143]建议以各指标的均值加减一个标准差或是各指标发生概率的 75% 及 25% 的值作为各个指标的上下限,称为 RVA 阈值。

但是,考虑汛期流量较大,从流量的角度来讲,尤其是长江流域,较容易满足河流生态健康的发展,因此将 6~9 月的上下限阈值调整为当月流量发生概率的 85% 及 15% 的值作生态流量计算的上下限,将 11 月的上下限阈值调整为当月流量发生概率的 80% 及 20% 作生态流量计算的上下限,其他月仍采用当月流量发生概率的 75% 及 25% 作生态流量计算的上下限,以此来计算生态流量。

若建坝后受影响的流量序列仍有较高比例落在 RVA 阈值范围内,则认为建坝对径流影响较小,反之则认为大坝改变了自然径流过程。为了量化这种改变程度,Richter 等[144]建议采用下式进行评估:

$$D=\left|\frac{N_0-N_e}{N_e}\right|\times100\%$$

式中:D 为各个 IHA 指标的改变度;N_0 为建坝后 IHA 指标落入 RVA 阈值范围内的年数;N_e 为预期建坝后 IHA 指标落入 RVA 阈值范围内的年数,$N_e=r\times N_T$,r 为坝前 IHA 指标落入 RVA 阈值范围内的比率,N_T 为建坝后流量序列的总长度。认为 D 在 0～33%时为无或低度改变,D 在 33%～67%时为中度改变,D 在 67%～100%时为高度改变。

RVA 法被广泛应用于评估河流生态系统是否得到维护,近年来更是不断有学者尝试将该评价方法的思路应用到估算生态流量上来。舒畅等[145]使用均值与 RVA 阈值差估算了南水北调西线一期工程中泥曲河的生态流量值;杜保存[146]用该法估算了山西省 4 条较大河流的生态需水,并分析认为使用此法估算的结果是合理的。前人将 RVA 法应用于生态流量的计算中是以一个未受人类活动干扰的日流量序列即建坝前的序列(一般要求该序列长度至少在 20 年以上)为基础,通过一定的规则或是公式得到一个满足河流生态需求的生态流量或范围。但是本书认为单纯将某个坝的建造时间点的前后作为区分人类活动影响有无的时期在长江这样的河流上是不适用的,长江上有着诸多的水利工程,建造时间点各不相同,且人类社会对于长江的开发利用在很早就开始了,因此不能简单地人为设定一个时间点将流量序列进行分割,本书参考了水文序列突变点的检验方法,提出对日流量序列进行秩和检验,在一定的置信水平下将检验点前后流量序列分布差异最大的时间点替代传统 RVA 法中的建坝时间点,余下步骤遵从原 RVA 法和前人研究成果,如果在该置信水平下未发现变异点则认为人类活动对分析的流量序列没有显著影响。将整个序列作为计算的基础序列,计算思路如图 5.1.4 所示。

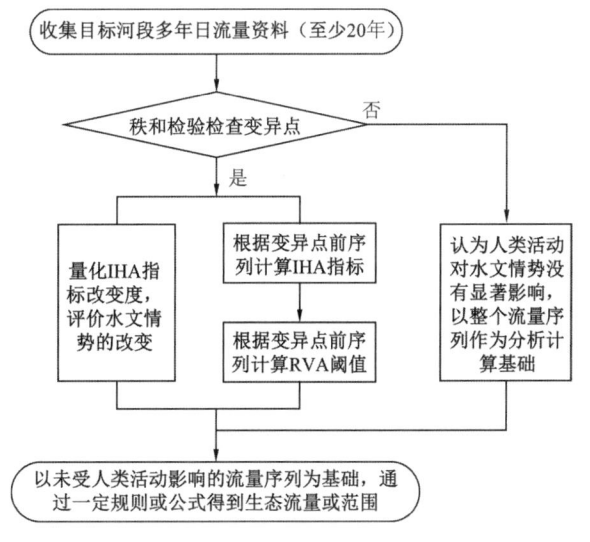

图 5.1.4　RVA 法计算生态流量思路图

2. 数据秩和检验

为保证用于计算的日流量时间序列未受人类活动等干扰，对所研究水文站的多年日流量资料进行秩和检验来验证数据系列是否满足该法计算要求，检验方法采用 Mann-Whitney U 检验法[147-148]。依据监利站日流量资料计算出各年目标月份的月均流量，并按时间顺序将各年份作为分割点，对两个样本的水文序列进行滑动秩和检验，假设如下。

H_0：两个样本的分布无显著差异，即气候变化和人类活动对水文序列影响不显著。

H_1：两个样本的分布有显著差异，即气候变化和人类活动对水文序列影响显著。

两个样本容量小者为 n_1，容量大者为 n_2，T 为 n_1 中各数值的秩和，用下列公式计算 U_1 和 U_2 的值：

$$U_1 = n_1 n_2 + \frac{n_1(n_1+1)}{2} - T$$

$$U_2 = n_1 n_2 - U_1$$

取 U_1 和 U_2 中较小的值作为检验统计值 U，并构造秩统计量 Z：

$$Z = \frac{U - n_1(n_1+n_2+1)/2}{\sqrt{n_1 n_2(n_1+n_2)/12}}$$

Z 服从标准正态分布，取置信水平 $\alpha=0.05$，则所有满足 $|Z|>Z_{0.05/2}=1.96$ 的检验点均表明检验点前后两个序列分布有显著差别。

5.2 环境水位计算方法

环境水位有两个最基本要求，一是不能低于枯水位，否则会断流，河流不具有生命力；二是不能低于河流内水生态系统良性发展的结构水位，否则生态系统衰败。两者对比取其高。

5.2.1 天然水位资料法

将天然情况下湖泊多年最低水位作为最低环境水位。一般来说，认为天然情况下的低水位对生态系统的干扰在生态系统的弹性范围内。因此，最低水位是湖泊生态系统已经适应的最低水位，其相应的水面积和水深是湖泊生态系统已经适应的最小空间。湖泊水位若低于此水位，湖泊生态系统可能严重退化。此最低环境水位的设立，可以防止在人为活动影响下由于湖泊水位过低造成的天然生态系统的严重退化的问题，同时允许湖泊水位一定程度的降低，以满足社会经济用水。最低环境水位是在短时间内维持的水位，不能将湖泊水位长时间保持在最低环境水位。

此方法需要确定统计的水位资料系列长度和最低水位的种类。最低水位可以是瞬时最低水位、日均最低水位、月均最低水位等[149]。

5.2.2 湖泊形态分析法

湖泊生态系统由水文、地形、生物、水质和连通性五部分组成。这五个部分在生态系统中有各自的作用。它们各自的功能和相互间的作用决定了湖泊生态系统的功能。在这五个部分中,水文是主动的和起主导作用的部分。水文循环的存在导致了湖泊的产生,水文循环的改变导致湖泊的改变。地形为湖泊的存在提供了支撑,为水文循环提供了舞台,同时,又对水文循环产生着制约。湖泊中的生物适应着水文与湖床的形态。水与湖床构成的空间是生物赖以生存的栖息地,是生物生存的最基本的条件。因此,水文和湖泊地形构成了湖泊最基础的部分。要维持湖泊自身的基本功能,必须使水文和湖泊子系统的特征维持在一定的水平。因此,湖泊最低环境水位定义为:维持湖泊水文和地形子系统功能不出现严重退化所需要的最低水位。

用湖泊水位作为湖泊水文和地形子系统特征的指标,用湖面面积作为湖泊功能指标。随着湖泊水位的降低,湖面面积随之减少。湖泊水位和面积之间为非线性的关系。当水位不同时,湖泊水位每减少一个单位,湖面面积的减少量是不同的。采用实测湖泊水位和湖泊面积资料,建立湖泊水位和湖泊面积的减少量的关系线,在此关系线上,湖面面积变化率有一个最大值,此最大值相应水位为最低环境水位[149]。

5.2.3 生物空间最小需求法

用湖泊各类生物对生存空间的需求来确定最低环境水位。湖泊水位是和湖泊生物生存空间一一对应的,因此,用湖泊水位作为湖泊生物生存空间的指标。湖泊植物、鱼类等为维持各自群落不严重衰退均需要一个最低环境水位。取这些最低环境水位的最大值,即为湖泊最低环境水位[149],表示为

$$H_{e\min} = \text{Max}(H_{e\min 1}, H_{e\min 2}, \cdots, H_{e\min i}, \cdots, H_{e\min n}), \quad i = 1 \sim n$$

式中:$H_{e\min}$ 为湖泊最低环境水位;$H_{e\min i}$ 为第 i 种生物所需的湖泊最低环境水位;n 为湖泊生物种类。

湖泊生物主要包括藻类、浮游植物、浮游动物、大型水生植物、底栖动物和鱼类等。要将每类生物最低生存环境水位全部确定,在现阶段无法实现。因此,选用湖泊指示生物,认为指示生物的生存空间得到满足,其他生物的最小生存空间也得到满足。和其他的类群相比,鱼类在水生态系统中的位置独特。一般情况下,鱼类是水生态系统中的顶级群落,是大多数情况下的渔获对象。作为顶级群落,鱼类对其他类群的存在和丰度有着重要作用。鱼类对湖泊生态系统具有特殊作用,加之鱼类对低水位最为敏感,故将鱼类作为指示生物。认为鱼类的最低环境水位得到满足,则其他生物的最低环境水位也得到满足。公式简化如下:

$$H_{e\min} = H_{e\min 鱼}$$

式中:$H_{e\min 鱼}$ 为鱼类所需的最低环境水位。

对于在湖泊居住的鱼类,水深是最重要和基本的物理栖息地指标,因此,必须为鱼类提供最小水深。鱼类需求的最小水深加上湖底高程即为最低环境水位。鱼类所需的最低

环境水位表示如下：

$$H_{e\min 鱼} = H + h_{鱼}$$

式中：H 为湖底高程；$h_{鱼}$ 为鱼类所需的最小水深。

5.2.4 保证率设定法

保证率设定法是基于杨志峰[150]提出的用来计算河道基本环境需水量的月（年）保证率设定法的基本原理及水文学中 Q95th 法来计算湖泊最低环境水位[151]。计算公式如下：

$$H_{\min} = \mu \bar{H}$$

式中：$H_{\min}$ 为最低环境水位；$\bar{H}$ 为某保证率下所对应的水文年年平均水位；μ 为权重。

计算步骤为：①根据系列水文资料，对历年最低水位按照从小到大的顺序进行排列；②根据湖泊自然地理、结构和功能选择适宜的保证率（50%、75%、95%），然后计算该保证率下所对应的水文年；③计算水文年年平均水位；④确定权重 μ。

以水文年年平均水位作为湖泊最低环境水位，因没有考虑生物的细节而计算的结果可能与客观情况有一定差别。为了使成果更加符合实际情况，用权重 μ 来进行调整。它反映的是水文年年平均水位与最低环境水位的接近程度。计算方法有两种：①专家判断法；②根据水文年湖泊生态系统健康等级来估算。对于湖泊生态系统健康等级的研究，目前已有不少研究，现有研究成果将湖泊生态系统健康等级分为优、较好、中等、差和极差等五个级别，见表 5.2.1。当水文年湖泊生态系统健康等级为较好及以上时，说明该年的水位为湖泊的正常水位，这时，计算结果应适当下调；湖泊生态系统健康等级为中等时，说明该年的水位能维持湖泊生态系统的动态平衡；湖泊生态系统健康等级为差或者极差时，说明该年的水位不能满足湖泊生态系统的需水要求，此时，计算结果应适当上调。再由生态水文学原理，可确定权重 μ 与湖泊生态系统健康等级的对应关系。

表 5.2.1 湖泊生态系统健康等级与权重 μ 的对应关系

湖泊生态系统健康等级	优	较好	中等	差	极差
权重 μ	0.945	0.975	1.000	1.005	1.013

为了体现调度的时效性，本书着重分析三峡水库蓄水末期在湖泊生态系统健康等级中等情况下，设定 75%保证率的湖泊水位为环境水位。

5.2.5 消落带面积法

消落带（区）是季节性水位涨落而周边被淹没土地周期性出露于水面的一段特殊区域，当前对水库消落带的研究较多。受水位淹没、地表径流、人为干扰等因素影响，消落带的生态环境脆弱，其生态恢复与重建成为研究热点。

研究湖滨消落带，参照水库消落带定义，以最高水位和最低水位之间区域作为湖滨消落带。湖滨消落带是湖滨湿地的主要分布区域，消落带面积直观反映水位变化对湖滨湿地面积的影响。湖滨消落带示意图如图 5.2.1 所示。

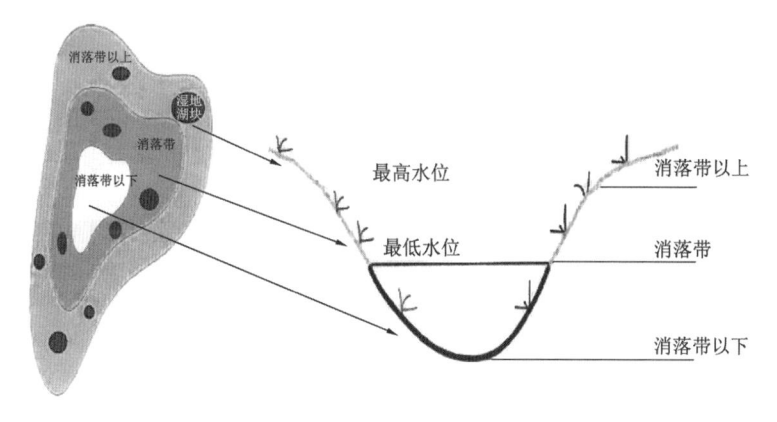

图 5.2.1　湖滨消落带示意图

根据每年最高与最低月水位之间淹没范围作为湖滨湿地消落带，分析湖区湿地在消落带内与消落带外的分布变化，进一步对各类型湖滨湿地在高程上的主要分布和变化进行深入研究，反映水位变化对湖滨湿地的影响。以多年平均消落带面积对应的水位确定为湖区环境水位[152]。

5.3　长江中游生态流量确定

5.3.1　典型河段生态流量的确定

1. 监利河段关键月份的生态流量

监利河段是长江四大家鱼关键产卵场之一。三峡水库蓄水前四大家鱼产卵时间为 5~6 月，三峡水库蓄水引起下泄水流水温偏低，生态调查显示四大家鱼产卵时间后延。因此，本书将 5~7 月作为监利河段生态流量计算的关键月份。基于 1975~2014 年的监利水文站日流量数据来推算该河段生态流量。RVA 法共涉及评价 33 个 IHA 指标（包括流量大小、幅度、时间、频率等），通常大部分研究采用指标发生概率的 75% 和 25% 作为各指标参数的 RVA 上下阈值。初步将流量发生概率的 75% 和 25% 作为流量的上下阈值。

选用皮尔逊 III 型曲线对月均流量系列进行适线，适当修正统计参数直到配合良好为止，以 5 月月均流量为例配线过程如图 5.3.1 所示。

在得到理论频率曲线后，从频率曲线上得到月均流量的 RVA 阈值，依据式（5.3.1）估算河流生态流量：

$$Q_e = \bar{Q} - (Q_上 - Q_下) \tag{5.3.1}$$

式中：Q_e 为生态流量；$\bar{Q}$ 为流量均值；$Q_上$ 为 RVA 的上限阈值；$Q_下$ 为 RVA 的下限阈值。另外，考虑 6 月、7 月为汛期，其流量较容易满足生态健康需求，故将 RVA 法的上限阈值、下限阈值保证率调整为 15% 与 85%，据此得到监利河段 5 月、6 月、7 月三个月的生态流量见表 5.3.1。

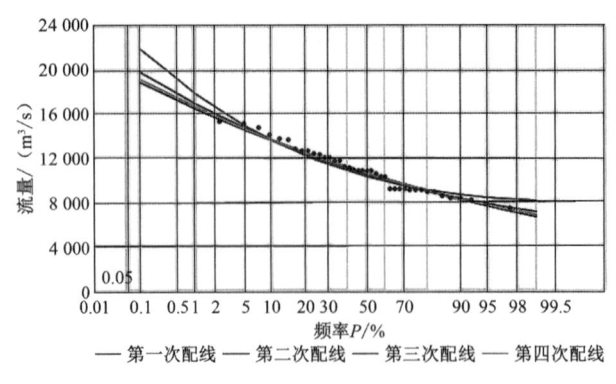

图 5.3.1 5 月月均流量配线图

表 5.3.1 监利站 RVA 法计算的生态流量　　　　　　　　　　（单位：m³/s）

月份	均值	上限阈值	下限阈值	生态流量
5	10 846	12 273	9 076	7 648
6	15 434	17 814	13 232	10 853
7	23 489	28 955	18 497	13 031

作为对比，本书中采用几种传统的水文学方法：①Tennant 法，采用平均流量的 60%作为推荐的河流生态流量；②7Q10 法，采用近 10 年最枯月均流量或 90%保证率最枯月均流量作为河流生态流量，两种计算方法分别记为 7Q10 法 1、7Q10 法 2；③NGPRP 法，将年份分为枯水年、平水年、丰水年，取平水年组的月均流量的 90%保证率作为河流生态流量；④习变法，刘苏峡等[153]基于生态保护对象的生活习性和流量变化提出，习变法认为关键月份河流需要保证中值流量的方差量级的流量才能保护研究生态对象的正常生活习性，具体计算公式如式（5.3.2）所示：

$$\text{EIFR} = Q_{\text{mean}} \times C_v = Q_{\text{mean}} \times \frac{\sigma}{\bar{x}} \tag{5.3.2}$$

式中：Q_{mean} 为该月的中值流量；C_v 为该月流量的变异系数；$\bar{x} = \frac{1}{n}\sum_{i=1}^{n} x_i$ 为月均流量；$\sigma^2 = \frac{1}{n}\sum_{i=1}^{n}(x_i - \bar{x})^2$ 为方差。

用以上所述方法计算监利河段的生态流量见表 5.3.2 及图 5.3.2。习变法计算结果远小于其他 5 种方法的计算结果，由该法得到的 5 月、6 月、7 月生态流量依次为 2 096 m³/s、2 099 m³/s、4 561 m³/s，而在 1975~2014 年的实测日流量系列中从未出现过低于这些数值的流量，故认为习变法不适用于监利河段生态流量的估算。剩余五种估算方法中，NGPRP 法计算结果最大，Tennant 法最小。两种 7Q10 法的计算结果占多年月均流量的 65%~80%，RVA 法计算得到的三个月的生态流量占多年月均流量的 70%、70%、55%。值得一提的是，以上两种 7Q10 法均针对国内实际情况做了一定改进，而 RVA 法的计算结果基本落在这两种方法的计算结果之间，可以认为 RVA 法计算结果合理，能够作为生态流量最终取值的参考。

表 5.3.2　各方法计算所得监利河段生态流量　　　　　（单位：m³/s）

计算方法	5 月	6 月	7 月
Tennant 法	6 507	9 261	14 093
7Q10 法 1	8 824	11 703	16 084
7Q10 法 2	7 087	9 960	14 010
NGPRP 法	9 314	14 708	20 626
RVA 法	7 648	10 853	13 031
习变法	2 096	2 099	4 561

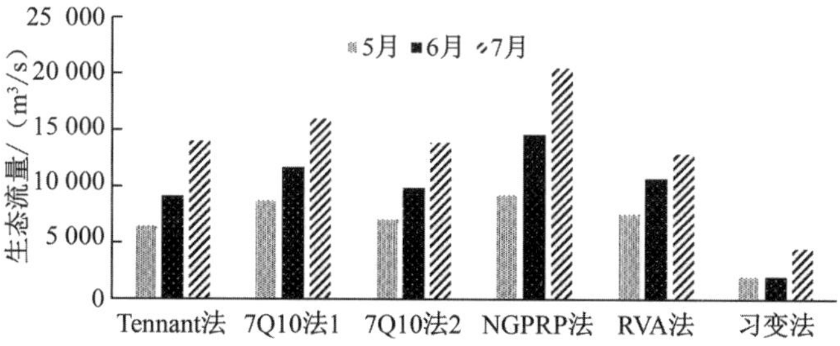

图 5.3.2　各方法计算监利河段生态流量结果比较

2. 监利河段其他月份生态流量过程

对监利河段非关键月，即 8 月～次年 4 月的流量序列（1975～2014 年）同样进行 Mann-Whitney U 检验，并作相同的 H_0 和 H_1 假设，将各月检验到的最大统计量 $|U|$ 及其对应的检验点和检验结果列于表 5.3.3 中，其中检验的置信水平为 0.05，可以看到结果显示 8 月、9 月、11 月的检验结果均没有变异点，而 10 月、12 月、1 月、2 月、3 月和 4 月的流量在检验点前后的分布是有显著差异性的，综合来看，人类活动对于监利河段的水文序列的影响主要集中在非汛期、枯水期。

表 5.3.3　监利河段非关键月份流量序列秩和检验结果

月份	检验点	统计量 $|U|$	检验结果
8	2001 年	0.907	接受 H_0
9	1991 年	1.574	接受 H_0
10	2001 年	3.771	接受 H_1
11	1997 年	1.433	接受 H_0
12	1993 年	2.395	接受 H_1
1	1994 年	5.451	接受 H_1
2	1991 年	4.368	接受 H_1
3	2002 年	3.843	接受 H_1
4	1992 年	2.339	接受 H_1

结合三峡水库的水位调度过程线（图 2.2.3）来看，为保证发电水头及在来年枯水月有足够的水量对下游进行补水，10 月三峡减少出库流量，并在 11 月 1 日之前从 145 m 的水位蓄至 175 m，在 1~3 月为对下游进行补水三峡水库加大出库流量，水库水位也在 4 月之前从 175 m 降低至 155 m，这必然使得 10 月三峡下游流量较天然流量减小，而 1~3 月的下游流量较天然流量较大，这与秩和检验的结果是大致相符的。将 2003 年作为这几个月份的检验点，同样发现检验点前后序列分布显著不同，用 RVA 法计算这些月的水文改变度和生态流量，结果见表 5.3.4，可以看到 RVA 法认为人类活动对于 2 月、3 月的流量影响很大，对 10 月和 1 月也有着不小的影响，表中给出的 10 月及 1~3 月的生态流量与三峡水库蓄水后的月均流量相去甚远，且其显然并不是十分适用于目前该阶段的河流管理目标。考虑生态流量的内涵之一是要以满足一定程度的人类用水为前提，为了协调三峡的发电、防洪和航运等效益，又考虑这些月份并非目标河段的关键月份，故将 RVA 法的计算结果仅作为恢复天然流量的一个参考值，对这几个月份采用传统的水文学方法中的 7Q10 法 1 进行计算。对于 12 月，只在 1993 年检查出变异点，而变异点前的序列（即受人类活动影响前的序列）时间较短，不足 20 年，因此不适用于 RVA 法，故同样采用 7Q10 法 1 进行计算。对于没有变异点的 8 月、9 月和 11 月，仍然采用 RVA 法及式（5.3.1）计算这些月份的生态流量。

表 5.3.4   10 月及 1~3 月 RVA 法计算结果

月份	月均流量/（m³/s） 变异前	月均流量/（m³/s） 变异后	改变度 D/%	改变度评价	RVA 阈值/（m³/s） 上限	RVA 阈值/（m³/s） 下限	生态流量/（m³/s）
10	15 798	11 540	53	中度	17 500	13 650	11 948
1	4 609	5 746	55	中度	4 890	4 264	3 983
2	4 212	5 548	70	高度	4 522	3 926	3 615
3	4 658	6 006	70	高度	5 338	4 067	3 386

计算过程不再赘述，以下直接给出计算结果，见表 5.3.5。将全年生态流量值汇于图 5.3.3（a）中，并与月均流量及历年各月最小流量相对比，可以看到生态流量在 1~3 月这样的枯水月与月均流量十分接近，且超出历年各月最小流量较多，因此在枯水期要特别注意生态流量不能长时间过低，而在洪水期（同时也是关键月）生态流量与月均流量相去较远，与历年最小月均流量相当，这说明关键月份生态流量的数值较为容易得到保证，故更多的调度注意力应当放在生态流量的其他几个要素上，如涨水时间、次数、涨幅等。

表 5.3.5   监利河段非关键月份生态流量值

月份	8	9	10	11	12	1	2	3	4
生态流量/（m³/s）	12 288	10 096	8 481	6 420	5 350	4 786	4 445	5 210	6 280
计算方法	RVA 法	RVA 法	7Q10 法 1	RVA 法	7Q10 法 1				

(a) 调整前　　　　　　　　　　(b) 调整后

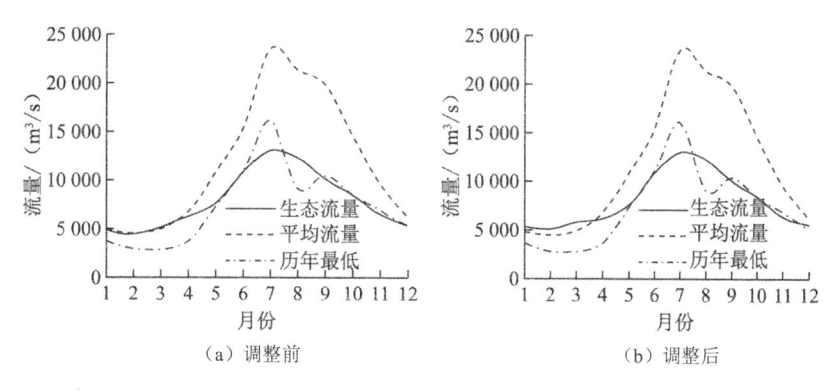

图 5.3.3　监利河段全年生态流量过程

众所周知,水库的运行会对天然流量过程起到一定的均化作用。所以,研究水库下游河段的生态流量除以多年历史水文资料为依据,还应根据蓄水后的流量特征进行校正。三峡水库蓄水前后,监利河段的枯水期逐月平均流量具有明显的差异,主要体现在蓄水后枯水期流量的增加。考虑蓄水后年份较短,故采用平均值兼顾最小值的办法对枯水期生态流量进行调整。具体数值见表 5.3.6,并重新绘制图 5.3.3（b）。

表 5.3.6　蓄水前后枯水期统计流量与生态流量的调整　　（单位：m³/s）

月份	1975~2017 年月平均流量	蓄水前月平均流量	蓄水后月平均流量	蓄水后最小流量	调整后的生态流量
12	6 285	6 155	6 512	5 350	5 631
1	5 101	4 617	6 069	4 770	5 400
2	4 782	4 203	5 940	4 445	5 192
3	5 278	4 645	6 545	5 210	5 478

3. 典型河段生态流量的确定

通过收集监利站 1975~2014 年逐日实测流量资料,运用 RVA 法计算得到监利河段适宜四大家鱼产卵的全年逐月生态流量。将类似的研究思路应用于螺山站和汉口站两个水文站,收集螺山站和汉口站 1992~2016 年逐日实测流量资料,比较 RVA、Tennant 和 7Q10 三种方法计算得到的逐月生态流量后推荐采用 7Q10 法的计算结果,见表 5.3.7。综合三个监测站的计算成果并取整处理得到表 5.3.8。

表 5.3.7　三峡水库下游主要监测站全年生态流量需求　　（单位：m³/s）

站点	逐月生态流量需求											
	1月	2月	3月	4月	5月	6月	7月	8月	9月	10月	11月	12月
螺山站	7 250	7 808	8 622	10 689	12 346	23 532	26 310	16 665	14 193	10 543	8 687	7 163
汉口站	7 760	8 342	9 235	11 505	13 032	24 251	27 535	18 039	15 437	11 361	9 874	7 587

表 5.3.8 三峡水库下游主要站点全年生态流量需求

站点	生态流量需求
监利站	1~12 逐月月均生态流量依次为 5 400 m³/s、5 190 m³/s、5 480 m³/s、6 280 m³/s、7 650 m³/s、10 850 m³/s、13 030 m³/s、12 290 m³/s、10 100 m³/s、8 480 m³/s、6 420 m³/s、5 630 m³/s
螺山站	全年下限值为 7 200 m³/s
汉口站	全年下限值为 7 500 m³/s

5.3.2 监利河段四大家鱼的生态流量需求

河流水生态系统的健康最直接反映在水生生物的数量和种类等特征上，而鱼类作为河流水生态系统的顶级消费者，如若水体受到污染或是水文情势有较大改变时，鱼类都是最先受到影响的，故鱼类的数量和种类（尤其是重要鱼类的数量）在相当程度上能够反映整个河流生态系统的健康程度。鉴于四大家鱼在生态环境及国家淡水渔业的双重重要地位，将四大家鱼作为反映长江中游水生态系统健康的指示生物。

1. 四大家鱼特征及生物习性

青鱼、草鱼、鲢鱼和鳙鱼（图 5.3.4）均属鲤科，这四类鱼都有生长迅速、抗病力强的特点，适合作为大众食用鱼，且其繁殖均为流水中产漂流性卵，漂流性鱼卵的密度略大于水，产出后卵膜吸水膨胀，要借助于水流的动力作用，才能够悬浮于水中并顺水漂流，因此它们均不能在静水中产卵。四大家鱼在通江湖泊中育肥，秋末到长江中下游越冬，次年春天再溯江至中上游产卵，早期仔鱼要顺水漂流数百公里，在发育成熟并具备足够的溯游能力后，才再次溯河至合适的江段中繁殖，故四大家鱼均具有江湖洄游习性，也称为半洄游性鱼类[154]。

图 5.3.4 四大家鱼图示

2. 水温

大量研究调查表明温度是制约家鱼繁殖的重要因素之一，表 5.3.9 给出了 2012~2015 年四大家鱼在宜都和荆州断面第一次产卵的时间和水温，从表中可以看出，产卵水温为 18.5~22℃，可以认为产卵水温需达到 18℃以上，这与前人研究成果相一致。据观测，长江中游水温一般能够满足家鱼产卵的要求，但仍需严格观测控制，在 2013 年 5 月 7 日~5 月 9 日的 3d 时间里，由于三峡下泄水温仅有 17℃，在宜都、荆州断面均未发现四大家鱼产卵。

表 5.3.9 2012~2015 年四大家鱼第一次产卵的时间和水温

年份	宜都 日期	水温/℃	荆州 日期	水温/℃
2012	5月21日	19.7	5月2日	20.6
2013	5月19日	18.5	5月13日	19.0
2014	5月18日	18.5	6月6日	21.2
2015	5月3日	21.0	6月9日	22.0

3. 水文水动力条件

长江干流四大家鱼繁殖期为 4~7 月，其中 5 月、6 月为繁殖高峰期，其繁殖与长江中游的水文水动力要素密切相关，因此三峡进行生态调度的时间也应放在每年的 5 月、6 月。对于长江中游四大家鱼种群生物学特性、产卵场及产卵时相应的河流水文过程有过数次调查，最为详尽的是长江水产研究所 1997~1999 年在监利断面 3 年的监测结果[155]，结合相关水文资料将数据列于表 5.3.10。据表 5.3.10 可以认为在江段水位开始上涨之后（一般认为是 0.5~2 d）家鱼便开始产卵，当每次涨水到尾声时，苗汛便同时形成，因此涨水是家鱼产卵的必备条件之一。此外，可以看到，起涨流量量级更大时，起涨时间与鱼汛产生时间的间隔就更短。

表 5.3.10 监利断面涨水与四大家鱼发江时间

年份	涨水日期	水位/m	流量/(m³/s)	水位日上涨率/(m/d)	流量日上涨率/[m³/(s·d)]	苗汛日期	四大家鱼鱼苗径流量/万尾
1997	5月9日~5月21日	27.31~30.51	8 300~15 000	0.267	558	5月20日~5月24日	156 674.1
	6月6日~6月15日	28.14~31.62	9 400~19 400	0.386	1 111	6月11日~6月14日	11 819.1
1998	5月1日~5月15日	25.59~30.88	5 200~15 600	0.378	743	5月14日~5月31日	72 175.8
	6月6日~6月30日	28.59~35.50	8 900~19 000	0.288	421	6月11日~6月27日	191 526.7
1999	5月16日~5月27日	27.70~30.80	8 600~14 700	0.282	554	5月18日~5月31日	73 130.7
	6月6日~6月11日	29.98~30.73	10 100~15 200	0.150	1 020	6月10日~6月20日	34 797.9
	6月17日~6月30日	30.38~34.27	14 400~32 300	0.299	1 377	6月23日~6月30日	85 077.4

由表 5.3.10 定性分析也可以看出，水位或流量上涨幅度越大，四大家鱼产卵规模也就

越大。但由于数据较少,缺少说服力,为进一步说明涨水强度与四大家鱼产卵量呈正相关,将收集到的近两次监利断面四大家鱼鱼苗径流量的监测数据及相应的水文数据整理见于表 5.3.11。从苗汛时间上可以看出,2008~2010 年的苗汛时间相较之前的观测推迟了约一个月。自三峡水库蓄水以来,随着蓄水水位的逐渐升高,水库库容逐渐增大,水库的滞温效应也随之增强,在蓄水后 4~5 月的水温明显降低,坝下水温达到 18℃的时间延后,因而四大家鱼产卵的时间也有逐年延后的趋势,首次发现产卵日期最多推迟一个月以上。

表 5.3.11 监利断面鱼苗径流量与水文因子

年份	苗汛月份	鱼苗径流量/亿尾	月均流量/(m^3/s)	涨水次数	涨水日数/d	平均每次涨水时间/d	平均每次水位涨幅/m	平均每次流量涨幅/(m^3/s)
1997	5、6	35.87	12 744	3	29	9.7	2.54	7 600
1998	5、6	27.47	12 782	5	42	8.4	2.61	5 260
1999	5、6	21.54	13 783	6	35	5.8	1.11	3 667
2000	5、6	28.54	12 659	3	36	12.6	3.02	8 580
2001	5、6	19.04	12 244	5	42	8.4	1.79	4 004
2008	6、7	1.82	16 283	6	32	5.3	1.15	4 850
2009	6、7	0.42	16 959	8	37	4.6	0.62	3 025
2010	6、7	4.05	19 969	4	45	11.3	1.73	7 300

利用 SPSS 对监利断面鱼苗径流量与月均流量、涨水次数、涨水日数、平均每次涨水时间、平均每次水位涨幅和平均每次流量涨幅进行相关性检测,检测结果表明鱼苗径流量只与平均每次涨水时间、平均每次水位涨幅、平均每次流量涨幅呈正相关,相关系数分别为 0.484、0.455、0.792,其中平均每次流量涨幅与鱼苗径流量呈显著正相关性。又考虑 2010 年是在进行了人工增殖放流的情况下鱼苗径流量才从前一年的 0.42 亿尾显著增加到 4.05 亿尾,故剔除该年数据以进行修正,修正后鱼苗径流量依然是与平均每次涨水时间、平均每次水位涨幅和平均每次流量涨幅呈正相关,但相关系数分别调整为 0.811、0.688、0.844,即修正后鱼苗径流量与平均每次涨水时间和平均每次流量涨幅呈极强相关(5%置信水平)。

如前所述,四大家鱼的产卵与水温和涨水有着密切联系,故仍需对水温和涨水条件提出要求。水温已在前文提到过应尽量使得三峡下泄水温在生态调度期间保持在 18℃以上,但也不宜超过 24℃。关于涨水条件,将从涨水次数、涨水发生时间、涨水持续时间、涨水幅度这几个方面逐一分析。①涨水次数。尽管在相关性分析中,鱼苗径流量与涨水次数几乎无相关性,但是每次苗汛前都必然伴随着涨水的发生,即涨水次数不能少于四大家鱼产卵期间的苗汛次数,根据表 5.3.10 监利断面 1997~1999 年的苗汛资料,产卵期间一般会有 2~3 次苗汛,因此涨水次数不能少于 3 次,从苗汛日期对应的涨水日期上来看最短历时的涨水时间是 1999 年的第二次苗汛对应的涨水从 6 月 6 日~6 月 11 日,涨水历时 5 d,又考虑三峡水库调度还要为其他综合调度目标服务,因此生态调度应尽可能不影响三峡的其他效益,故将调度涨水次数定为3次,每次涨水历时不短于5 d。②涨水发生时间。参考1999年的3次苗汛时间并同时考虑监利断面家鱼发江时间后延的影响,3次涨水的发生时间应分别在5月下半旬、6月下半旬、7月上半旬。③涨水持续时间。在修正后的相关性分析中,鱼苗径流量与平均涨水时间显著相关,每次涨水天数控制在5~8 d为宜。④涨水幅度。每次涨水的流量上涨总幅度应控制在6 000~10 000 m³/s为宜。

为验证以上提出的对生态流量的各要素的要求是否合理,以监测资料较全的2011~2013年生态调度实施情况为例,如表5.3.12所示:①水温方面要求保持在18~24℃,仅2013年的生态调度未满足要求,下泄水温过低,仅为17℃;②涨水次数要求在5~7月应当发生3次涨水以满足可能发生的3次苗汛,3年中仅2012年通过调度人为地制造了3次涨水;③涨水发生时间上,3年的生态调度时间均控制在5~7月,符合要求;④涨水持续时间要求5~8 d为宜,2011年涨水过程持续3 d,2013年涨水过程持续2 d均不符合要求;⑤每次涨水流量上涨幅度应控制在6 000~10 000 m³/s,2011年出库流量上涨4 647 m³/s,2013年涨幅仅为1 703 m³/s,2012年第一次生态调度涨水流量上涨10 538 m³/s,2012年第三次调度涨水涨幅为14 168 m³/s,均不达标。以上分析与表中核查情况基本吻合,略有出入之处在于涨水幅度这一点上,2012年的3次涨水中有1次涨水幅度大幅超过了10 000 m³/s,但就调度效果来看应该是成功的,说明在流量涨幅的确定上还有待研究并修正。

表5.3.12 2011~2013年生态调度实施情况

序号	时间	入库流量/(m³/s)	出库流量/(m³/s)	下泄水温/℃	调度期间效果	核查情况
1	2011年6月16日~6月19日	12 236~20 071	13 951~18 598	23.2	宜昌下游河段四大家鱼有较大规模产卵,推算总卵苗数1.31亿粒	流量增幅、涨水天数不满足设计方案要求
2	2012年5月25日~5月31日	13 346~21 129	11 906~22 444	20.4	调度期间,宜都断面监测到6次产卵,推算总卵苗数5.15亿粒	满足设计方案要求
	2012年6月20日~6月27日	12 402~16 578	12 097~18 607	22.3		
	2012年7月1日~9日	35 432~59 623	24 439~38 607	21.4		
3	2013年5月7日~9日	7 795~9 165	6 800~8 503	17.0	调度期间,宜都断面未发现四大家鱼产卵,荆州断面发现产卵	水温、流量、涨水天数未达到设计方案要求

5.4 长江中游枯水期城陵矶站环境水位确定

本节水位除特殊说明外,均为吴淞高程。

5.4.1 城陵矶站水位代表性分析

城陵矶站水位与洞庭湖湖泊水域面积及水深密切相关。分析三峡水库蓄水后 2004~2016 年的城陵矶洪道、螺山站、莲花塘站的数据，可以看出：城陵矶洪道水位与莲花塘站水位具有明显的线性关系，如图 5.4.1 所示，其 R^2 达到 0.983 7；莲花塘站水位与螺山站水位的线性关系更为明显，如图 5.4.2 所示，其 R^2 达到 0.999；而螺山站流量与莲花塘站水位之间呈现二次函数的关系，其 R^2 为 0.987 2，如图 5.4.3 所示。因此，可以认为莲花塘站的水位、螺山站的流量对长江干流城陵矶段具有极强的代表性。

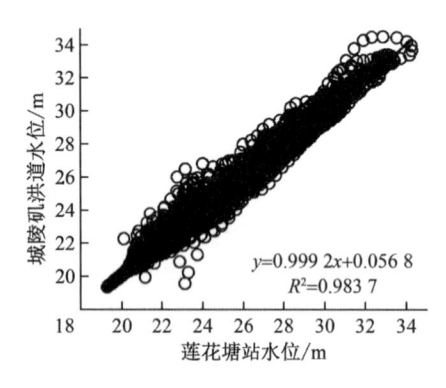

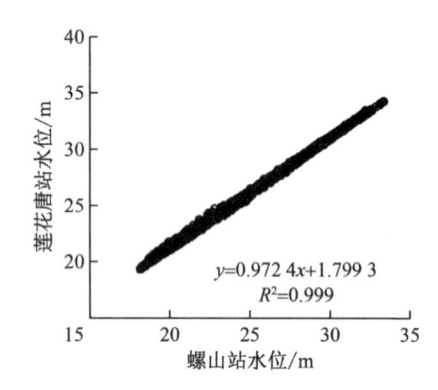

图 5.4.1　城陵矶洪道水位与莲花塘站水位的关系　　图 5.4.2　螺山站与莲花塘站逐日水位关系曲线

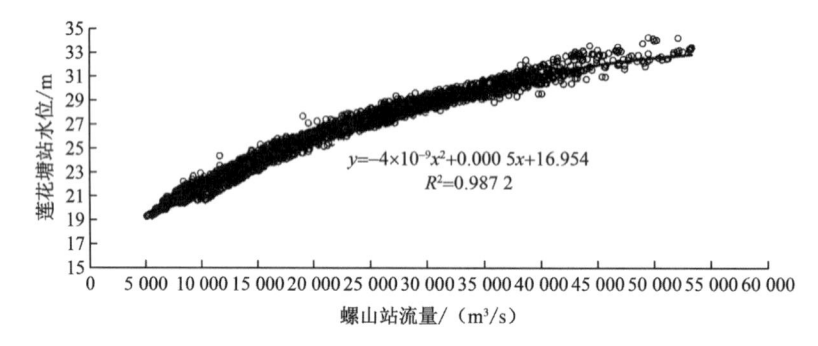

图 5.4.3　螺山站逐日流量与莲花塘站逐日水位关系曲线

5.4.2 洞庭湖环境水位确定

确定洞庭湖区与城陵矶水位相关性最高的东洞庭湖环境水位。

1. 天然水位资料法

统计分析 1993~2017 年城陵矶站的水文资料，月平均最低水位为 19.07 m，发生于 1999 年 3 月，见表 5.4.1。可认为使用天然水位资料法获取的东洞庭湖环境水位为 19.1 m，称为天然水位法 I。

表 5.4.1　1993～2017 年城陵矶站逐月水位　　　　　　（单位：m）

年份	1月	2月	3月	4月	5月	6月	7月	8月	9月	10月	11月	12月
1993	20.25	19.98	22.25	23.11	25.58	26.59	30.54	32.18	31.32	27.38	25.53	22.84
1994	20.72	21.17	21.79	24.55	25.82	28.22	28.96	28.01	27.16	27.57	23.37	23.15
1995	22.16	20.27	22.11	23.83	25.70	31.08	31.39	29.49	27.41	26.75	23.28	20.96
1996	20.28	19.66	19.79	23.97	25.09	28.19	32.63	32.33	28.42	25.59	24.59	21.16
1997	20.11	21.43	21.97	25.32	26.11	27.27	30.39	28.53	25.23	25.85	22.82	22.53
1998	23.55	22.57	24.44	24.07	26.49	28.22	34.26	35.43	32.38	26.90	22.63	20.77
1999	19.94	19.58	19.07	21.69	26.42	27.99	34.48	31.47	31.30	26.97	25.22	22.10
2000	20.76	20.64	22.63	23.94	23.84	28.42	31.04	29.56	29.17	28.57	25.68	22.39
2001	21.80	21.59	21.69	23.67	26.25	27.76	28.53	26.97	28.55	26.83	24.57	21.38
2002	20.22	20.10	23.07	23.88	29.72	29.51	30.80	32.07	28.08	24.63	24.38	22.87
2003	22.23	22.07	23.22	23.83	27.77	27.47	31.82	28.36	29.53	26.15	21.90	20.92
2004	20.08	19.70	22.44	22.86	26.33	28.34	29.86	28.94	29.15	26.14	23.70	21.77
2005	21.31	22.72	22.89	23.35	26.31	29.49	29.21	30.17	29.46	26.68	24.46	21.57
2006	21.04	21.03	23.90	23.94	25.83	27.49	28.42	25.06	23.79	22.70	21.92	21.37
2007	20.74	20.95	22.57	22.13	23.72	27.15	29.95	30.48	29.45	24.94	22.23	20.17
2008	20.56	20.76	21.70	24.17	25.06	27.27	28.06	29.59	30.04	25.11	27.09	22.03
2009	20.91	21.24	23.52	23.87	27.02	27.31	29.13	29.54	27.00	22.34	21.30	20.61
2010	20.77	20.85	21.20	24.59	26.86	29.82	32.11	30.52	29.25	25.73	22.37	21.73
2011	22.10	21.52	21.92	22.20	22.62	26.72	27.71	26.85	24.06	23.00	23.57	21.14
2012	21.31	21.28	22.66	23.62	28.06	29.53	31.67	31.12	28.36	25.72	24.11	22.03
2013	22.19	21.53	22.24	24.37	27.07	28.40	29.22	28.04	25.98	23.70	21.55	20.85
2014	20.93	20.83	21.97	24.08	26.76	28.11	30.80	29.32	29.96	25.68	24.55	22.30
2015	20.63	20.88	22.74	24.39	26.11	29.71	29.80	26.10	27.24	25.22	24.90	23.85
2016	22.79	23.29	23.37	26.82	29.32	29.71	33.10	30.31	23.70	21.96	23.41	21.16
2017	21.59	20.83	23.66	25.48	25.76	28.27	31.85	27.29	26.73	27.80	23.39	20.63

将 1993～2017 年的历年最低月平均水位取均值，得到该历史时段内城陵矶站最低月平均水位为 20.58 m，取整为 20.6 m。该水位可以作为城陵矶站枯水期环境水位的参考值，采用历年枯水期最低水位平均的方法，简称为天然水位法 II。

对比 1993～2002 年与 2003～2017 年逐月水位，发现 2003 年后最低月平均水位出现时间提前，见表 5.4.2。12 月出现最低水位的频率由 1993～2002 年的 20%增加到了 2003～2017 年的 47%；1 月出现最低水位的频率 1993～2002 年与 2003～2017 年相当；2 月出现最低水位的频率由 1993～2002 年的 40%减少到了 2003～2017 年的 27%；2003～2017 年 3 月未出现最低水位，而 1993～2002 年出现 1 次，即 10%的频率。

表 5.4.2　最低水位出现月份统计

年份	12月 次数	占比/%	1月 次数	占比/%	2月 次数	占比/%	3月 次数	占比/%
1993~2002	2	20	3	30	4	40	1	10
2003~2017	7	46	4	27	4	27	0	0

2. 湖泊形态分析法

以洞庭湖中水域面积相对较大的、具有代表性湖面——东洞庭湖为研究对象，根据 1995 年东洞庭湖区实测库容、面积资料，建立湖泊面积-库容、水位-库容关系曲线，如图 5.4.4、图 5.4.5 所示。

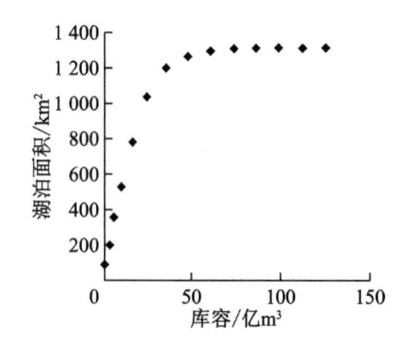

图 5.4.4　东洞庭湖湖泊面积-库容曲线　　图 5.4.5　东洞庭湖湖泊水位-库容曲线

由图 5.4.4 可知，当库容在 33 亿 m³ 以下时，随着库容的减小，湖泊面积的降低率明显增加；当库容在 33 亿 m³ 以上时，随着库容的增加，湖泊面积的变化较小。由图 5.4.5 可知，当洞庭湖水位约 25.4 m 时，其库容为 33 亿 m³，即东洞庭湖的最低环境水位为 25.4 m。

3. 生物空间最小需求法

洞庭湖湿地有国家 I 级重点保护鸟类 7 种、II 级重点保护鸟类 43 种，国际湿地公约名录中的鸟类 37 种，据 2005~2007 年监测有珍稀濒危保护鸟类 218 种，调查中共观察纪录珍稀濒危保护水鸟 111 种，占鸟类群落总种数的 50.92%。水位涨落直接影响湖滨湿地的规模与格局，进而对鸟类的越冬迁徙生境产生影响，珍稀濒危鸟类生存受到威胁。湖泊生物主要包括藻类、浮游植物、浮游动物、大型水生植物、底栖动物和鱼类等。鱼类对湖泊生态系统具有特殊作用，加之鱼类对低水位最为敏感，故将鱼类作为指示生物。认为鱼类的最低环境水位得到满足，则其他类型生物的最低环境水位也得到满足。

长江江豚是一种哺乳动物，仅分布于长江中下游干流及洞庭湖、鄱阳湖，是唯一江豚淡水亚种，是 3 个江豚亚种中最濒危的一个。2014 年 10 月，农业部发文把长江江豚列为国家一级重点保护动物，长江江豚也被世界自然保护联盟列入《世界自然保护联盟濒危物种红色名录》中的极度濒危等级。长江江豚随着水位的变化，其分布范围、数量和活动规律也随之变化。对长江江豚进行研究和保护是非常有意义的，可以将江豚作为洞庭湖鱼类指示生物。中国科学院水生生物研究所研究员王丁被称为"中国豚类研究第一人"。其团队多次赴洞庭湖启动的"洞庭湖江豚、水鸟、麋鹿科学调查"围绕洞庭湖区域的长江江豚数量、分布规律、栖息习惯，以及长江江豚的江湖迁移规律进行了调查。研究表明，长江江豚对不同的水深具有显著的选择偏好，它们主要选择小于 15 m 的水深处活动（87.6%）[156]，如图 5.4.6 所示。

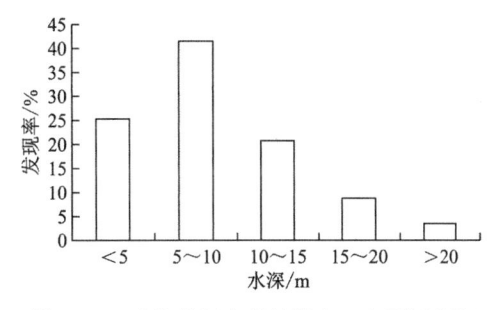

图 5.4.6 动物的目击事件数在 5 个不同水深范围中所占百分比

考虑洞庭湖湖底平均高程为 6.39 m（黄海高程），为满足江豚的生存空间，洞庭湖环境水位可定为 21.39 m（黄海高程），其相应的吴淞高程环境水位为 23.33 m。

4. 保证率法

对于通江湖泊，枯水期来临前其出口江段的水位直接影响湖区的水位与蓄水量。

9 月、10 月为三峡水库的蓄水时间，蓄水随着时间的延续对下游河道与通江湖泊的影响也逐渐显露，分析 10 月城陵矶站水位可以发现，1993~2002 年，城陵矶站的月平均水位有下降的趋势，而 2003~2017 年 10 月的月平均水位仍然存在下降的趋势，但与 1993~2002 年相比有所减缓，如图 5.4.7 所示。同样，蓄水末期，即 10 月 25~31 日，城陵矶站的水位也呈下降趋势，如图 5.4.8 所示。具体数据见表 5.4.1。

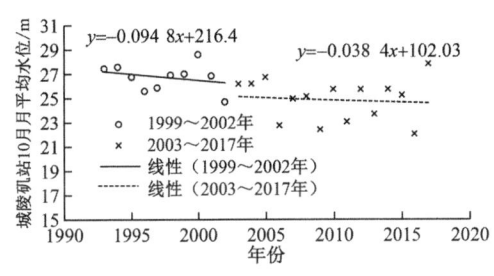

图 5.4.7 城陵矶站 10 月平均水位

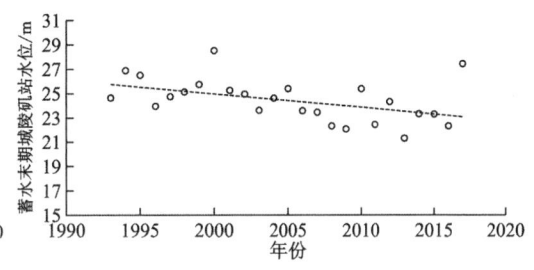

图 5.4.8 三峡水库蓄水末期城陵矶站水位

10 月 25~31 日是三峡水库蓄水末期，该时段水位的高低直接影响后期枯季洞庭湖的水位与蓄水量，对洞庭湖水环境影响巨大。统计 1993~2017 年城陵矶站的水位资料见表 5.4.3，分析不同水位的保证率，如图 5.4.9 所示。城陵矶站 50%保证率的水位为 24.64 m，75%保证率的水位为 23.35 m，95%保证率的水位为 22.05 m。若取 75%作为环境水位保证率，则城陵矶站 10 月 25~31 日的环境水位为 23.35 m。

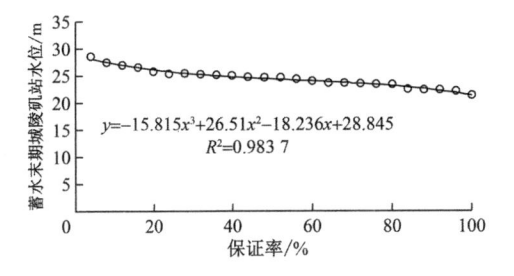

图 5.4.9 城陵矶站水位-保证率曲线

表 5.4.3　1993～2017 年 10 月不同时段城陵矶中水位平均值　　　（单位：m）

年份	10月上旬	10月中旬	10月下旬	10月25～31日
1993	27.25	26.38	24.90	24.64
1994	26.81	28.59	27.34	26.90
1995	26.79	26.87	26.61	26.52
1996	26.31	26.24	24.36	23.95
1997	26.14	26.37	25.13	24.78
1998	28.24	26.98	25.62	25.15
1999	28.33	26.73	25.96	25.74
2000	29.24	28.15	28.35	28.58
2001	28.36	26.86	25.40	25.26
2002	24.68	24.35	24.83	24.97
2003	27.83	26.69	24.18	23.66
2004	27.25	26.38	24.90	24.64
2005	27.30	27.31	25.56	25.39
2006	21.86	22.60	23.56	23.56
2007	26.51	24.87	23.59	23.46
2008	27.10	25.70	22.77	22.31
2009	23.26	21.89	21.91	22.04
2010	26.62	25.12	25.45	25.38
2011	23.96	22.59	22.49	22.44
2012	26.17	26.40	24.68	24.33
2013	26.81	23.13	21.38	21.31
2014	28.26	25.46	23.54	23.35
2015	26.42	25.64	23.75	23.33
2016	22.36	21.38	22.12	22.33
2017	27.36	28.38	27.67	27.45

5. 消落带面积法

史璇[157]采用消落带面积法对洞庭湖环境水位进行了研究。由 431 220 个湖底实测高程点，结合 1:25 万湖滨高程数据，通过 ArcGIS9.3 软件 Topogrid 命令得到湖区高程模型。依据两个时段（2000 年和 2005 年）全国分县土地覆盖矢量数据。该数据是在多期的 TM 影像的基础上，配合其他影像数据解译获得的，空间分辨率为 30 m，提取出洞庭湖区部分进行分析。整体来看，洞庭湖湖滨消落带面积呈现周期性波动变化，在 1 336～2 920 km² 波动，1961～2008 年平均消落带面积为 2 434.5 km²。分析水位变化与湿地消落带面积具有相似的变化规律。取 1980～2002 年水位的多年平均值 23.3 m 为洞庭湖环境水位。

6. 环境水位合理性分析

综合以上五种计算方法，整理出城陵矶站环境水位计算结果见表 5.4.4。关于环境水位的计算方法，目前尚不成熟，每种方法既有优势也有弊端。

表 5.4.4　不同计算方法得到城陵矶站环境水位

计算方法	计算结果	计算方法	计算结果
天然水位资料法 I	19.1	生物空间最小需求法	23.3
天然水位资料法 II	20.6	保证率法（蓄水末期75%）	23.35
湖泊形态分析法（湖区）	25.4	消落带面积法	23.3

（1）传统的天然水位资料法（天然水位资料法 I）是一种完全基于历史水文水位资料的计算方法。该方法注重对数据的分析，忽略了湖泊生态系统间的内部关联和动态转化。具体应用时，需要大量的天然水位资料。在计算城陵矶站环境水位的过程中，选用的是 1993~2017 年共 25 年的数据。该数列具有一定的代表性，但天然水位资料法强调湖泊生态系统已经适应了多年的天然最低水位，在经济高速发展、资源需求膨胀的今天并不适用。基于该方法的局限性，其结果仅作为参考，提供洞庭湖最低水位大概的范围。为了缓解这一矛盾，取统计年限内每年的枯水期最低月平均水位再进行多年平均，此值可作为枯水期的环境水位。

（2）湖泊形态分析法是研究湖泊环境水位的重要途径之一。基于生态水文学中湖泊水量与生态功能的相关性、水资源危机标准的确定及其湖泊生态管理目标，统计历史并结合现状的有关生态水文信息来预测湖泊未来的生态发展情势。其优点在于全面考虑了湖泊的生态环境功能，直接针对目前系统的生态价值和现存问题，并充分反映了湖泊生态健康状况与水量之间的相关关系。但是，以湖泊形态法确定的水位作为全年的环境水位，分析历史水位资料发现，枯水期的保证率非常低，从水库调度的角度来讲，也是不可能实现的。

（3）生物空间最小需求法是从生态水文学的水资源功能与水量关系角度出发，针对具体的湖泊，为维持其水资源功能而不至于造成显著危机时必须满足的水量。优点是全面考虑了湖泊的水资源功能，能够确保湖泊所有功能的正常发挥。缺点是没有考虑水文条件对湖泊的影响。例如，长江江豚是国家一级保护物种，其分布范围、数量和活动规律随着水位的变化而变化，将其作为指示物种是可以接受的，一直以来学术界也是这么做的。但是，湖泊水生生物种类繁多，仅仅按照江豚喜欢生活的水深要求折算湖泊环境水位只具有一定的参考价值。

（4）保证率法是在天然水位资料分析的基础上分析一定保证率的水位，一般用于计算一定年保证率条件下的水文需求。这里考虑三峡水库的调度需求，计算的是三峡水库蓄水末期（10 月 25～31 日）的城陵矶站水位，以 75% 作为调度需求，该保证率下的城陵矶站水位为 23.35 m。

综上，湖泊形态分析法计算的城陵矶站环境水位偏高，保证率法和消落带面积法计算的城陵矶站水位接近。保证率法更加客观，故蓄水末期以该方法为准，确定洞庭湖城陵矶站环境水位为 23.35 m（吴淞高程）。而枯水期的环境水位则以改进的天然水位资料法获得的 20.6 m（吴淞高程）作为环境水位。

5.4.3 城陵矶江段环境水位确定

根据式（3.4.10）计算得城陵矶站 23.35 m 环境水位对应的莲花塘站的水位为 23.31 m，换算成黄海高程则约为 21.4 m。因此，三峡水库蓄水末期，即 10 月 25 日～10 月 31 日，莲花塘站环境水位约为 21.4 m（黄海高程）；以此类推，枯水期莲花塘中环境水位约为 18.7 m（黄海高程）。

5.4.4 监利江段全年环境水位确定

根据专利"一种干支流交汇区的水位流量关系确定方法"确定的监利站、城陵矶站两站之间的水位差和流量关系可知，在城陵矶站环境水位一定的条件下，监利站环境水位取决于监利站的生态流量，监利站生态流量越大，其环境水位越大。

$$\left(\frac{Q_J^2}{Z_J-Z_C}\right)^{0.17}=1.16(Z_J-9.52)$$

式中：Q_J 为监利站流量；Z_J 为监利站水位；Z_C 为城陵矶站水位。监利站水位、城陵矶站水位均为黄海高程，单位为米。

因此，可以通过上式计算得到城陵矶站枯水期 18.7 m、其他时段 21.4 m 的环境水位条件下，监利站逐月生态流量对应的环境水位，见表 5.4.5 与图 5.4.10。2 月的环境水位最小，其黄海高程为 23.1 m。

表 5.4.5 监利站环境水位（黄海高程）

月份	监利站生态流量/（m³/s）	监利站环境水位/m	城陵矶站环境水位/m
1	5 400	23.2	18.7
2	5 190	23.1	18.7
3	5 480	23.2	18.7
4	6 280	24.0	21.4
5	7 650	24.5	21.4
6	10 850	25.6	21.4
7	13 030	26.2	21.4
8	12 290	26.0	21.4
9	10 100	25.4	21.4
10	8 480	24.8	21.4
11	6 420	24.1	21.4
12	5 630	23.3	18.7

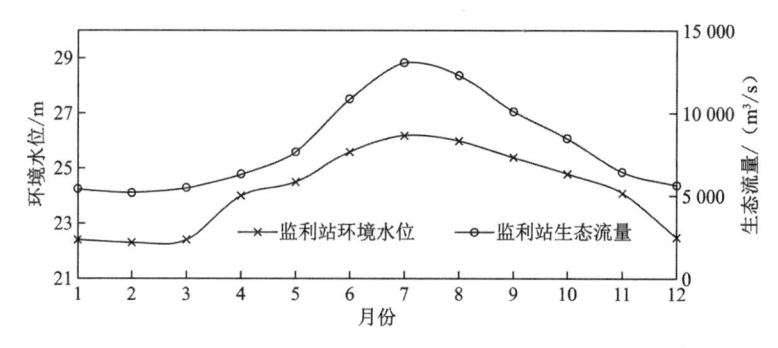

图 5.4.10　监利站逐月生态流量与环境水位（黄海高程）

5.5　小　　结

（1）收集归纳了常用生态流量、环境水位的计算方法，并分析了各种方法的适应性，以及对于长江中下游生态流量与环境水位计算方法的选择。对于生态流量而言，对不同的河段、不同的月份，选择方法有所不同。

（2）分析了长江中下游生态流量影响因子，指出长江中下游生态流量具有动态性、过程性、量质统一性、多指标性等特点，尤其指出对于四大家鱼的生态流量除水动力需求外，还包括水温需求。

（3）计算了长江中游典型河段监利河段、螺山河段、武汉河段的生态流量。其中监利河段计算了全年逐月生态流量，并强调了四大家鱼产卵期对生态流量水动力过程需求及水温需求。

（4）城陵矶作为洞庭湖入汇江段，在长江中游具有代表性意义。本章分析了莲花塘站、螺山站、城陵矶站的水文资料间的相关关系，分析得出城陵矶江段三峡水库蓄水末期，即 10 月 25 日～10 月 31 日，莲花塘站环境水位约为 21.4 m（黄海高程）；枯水期莲花塘站环境水位约为 18.7 m（黄海高程）。

第 6 章 长江河口南支上段水源地压咸流量阈值

影响河口盐水入侵的因素有径流量、潮汐强度、河口外海水盐度、河口地形和河床阻力、风力与风向等，但起决定性作用的是径流量和潮差。当径流量达到某个临界值时，河口盐水入侵频度和强度将明显减弱。由于三峡水库同时承担航运、发电等多项任务，枯水期可用水资源量有限，合理确定河口区域压咸流量对流域水资源调控至关重要。长江河口南支上段的徐六泾至浏河口区域有东风西沙、陈行、宝钢等水库，均为长江河口重要水源地，该区域盐水主要源自北支倒灌。本章以南支上段为对象，采用经验模型估算压咸所需的大通临界流量。

6.1 长江口北支倒灌影响下典型区域盐度预测经验模型

为预测不同径流过程下的盐水入侵强度，以长江口南支上段为研究对象，采用实测资料和理论分析相结合，建立以大通流量和农历日期快速估算氯度的经验模型。

6.1.1 方法现状

对于河口盐水入侵强度的预测，国内外常用方法有三种。

（1）数学模型方法[158-159]。基于水流运动和盐水输移控制方程，采用数值方法求解一维、二维、三维数学模型，能够给出区域内详细的盐度时空分布，但该方法需要地形数据，为准确反映潮泵作用、咸淡水密度差等影响，模型参数率定工作量大，计算耗时，多用于盐度过程精细模拟。

（2）解析模型方法[160-161]。将河口盐度输移概化为一维对流扩散方程，其中包含径流量、河道形态因子、纵向扩散系数等参数，方程解析解可以给出纵向盐度分布，但由于其中最为关键的扩散系数与潮汐等因素有关，具有空间差异和时变性，需借助一些经验关系和实测资料才能给出[162]，该方法多用于涨落憩或潮平均等情况下的盐度入侵距离估算。

（3）基于实测资料统计的经验模型[163-166]。借助于量纲分析、相关性统计等手段，各种主要因子和盐水入侵的相关关系较易识别，在此基础上借助观测资料率定参数，可形成对盐水入侵进行描述的经验关系，但不同研究者得出了指数函数、幂函数、多项式函数等各种预测模型，尚未能形成具有可移植性的统一公式形式，该方法较适用于资料丰富的特定区域。

以上三种方法中，后两种均具有较强的经验性，只能给出日最大、最小和平均值等特征值，但由于其形式简单、参数少，尤其是对地形资料依赖性小，在工程和规划中依然广泛应用[164-166]。对于径流压咸调度而言，其目的是在较大保证率情况下满足特定水源地盐度低于标准值,不需要整个河口区域内详细的盐度输移信息。解析模型或经验模型具有其应用前提,但要满足该方面需求,以往方法尚存不足之处:一是过去主要关注极端和平均情况下盐水入侵的空间范围,因而提出的预测模型多是针对涨憩、落憩或潮平均情况下的盐水入侵距离,针对特定地点盐度随时间变化的研究较少[160-163];二是径流压咸调度中,径流量是唯一可控因素,但以往研究是建立在径流、潮位(潮差)已知情况下[163-166],预报功能受制于潮差预报。

6.1.2 研究区域与数据处理

长江口具有三级分汊、四口入海的特殊河势条件,各口门径流、潮汐动力不同,加之水平环流、漫滩横流等影响,盐度的时空变化规律复杂多变[129-130]。根据以往研究[130],南支中上段盐水来源主要为北支倒灌的过境盐水团,其路径为青龙港、崇头、杨林、浏河口。盐水团的倒灌主要发生于大潮期,滞后数日到达宝钢、陈行一带[130,167]。因此,盐度研究的区域仅限于徐六泾至浏河口附近(图 2.1.24)。

文献[129]和文献[130]的资料分析表明,在研究区域内,由于南支径流的掺混作用,各站点盐度日内变幅自上游而下游逐渐减小,盐度月内变幅远大于日内变幅。有鉴于此,许多研究将日均盐度作为讨论对象[164-165]。此外,已有资料统计表明,研究区域内站点间日均氯度相关性较强[159,165]。对 2011 年 2~3 月少量氯度观测资料的统计也表明(图 6.1.1),沿程日均氯度的相关性非常明显。尽管研究区域内多个站点的氯度同步观测较为缺乏,但根据以上认识,各站点的氯度变化规律具有相似性。因此,下文以氯度日均值 C 为讨论对象,选取资料相对丰富的东风西沙为代表站点。该站点位于崇明岛南岸,上距崇头约 11.6 km,氯度资料年限为 2009~2014 年枯季。

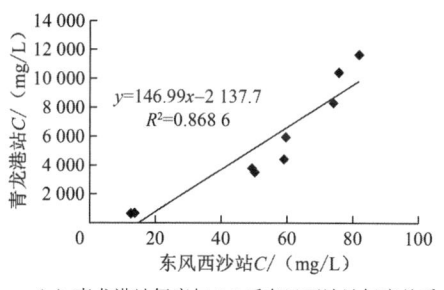

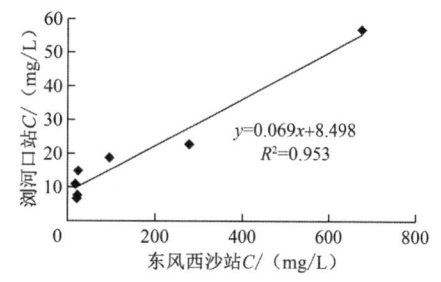

(a) 青龙港站氯度与 2 d 后东风西沙站氯度关系　　(b) 东风西沙站氯度和 2 d 后浏河口站氯度关系

图 6.1.1　2011 年 2~3 月不同站点日均氯度观测值的相关性

大通站流量常用于代表长江口入海流量。选取 1950~2013 年的大通站流量资料。多年的资料显示大通站流量在年际间变化约 21 153~43 104 m³/s,多年平均流量约为 28 288 m³/s(图 6.1.2)。虽然大通站流量在年际间存在变化,但总的说来比较稳定(除特枯水年和特丰水年)。

已有研究认为大通站与徐六泾站之间流量传播时间约为 6 d,有鉴于此,下文所指的流量均是 6 d 前大通站日均流量。如图 6.1.3 和图 6.1.4 所示,通过分析 2012 年实测资料,

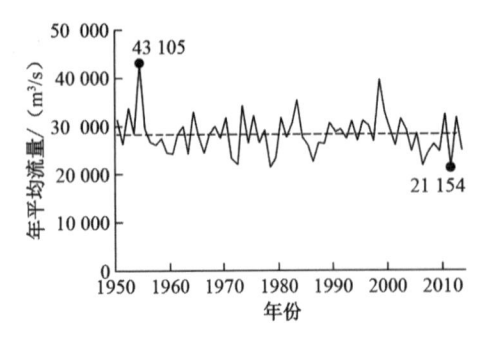

图 6.1.2　1950～2013 年大通站年平均流量 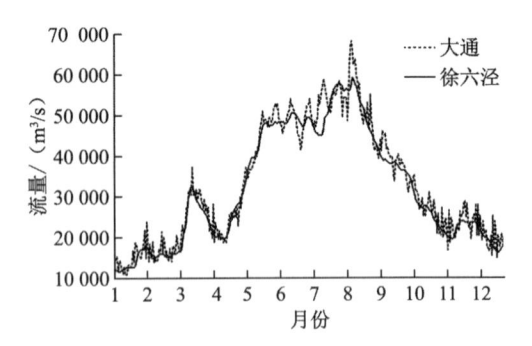　　图 6.1.3　2012 年徐六泾站和大通站流量过程线

证明了大通站流量传递至徐六泾站需要 4～6 d。在考虑了此滞后时间的基础上，大通站流量和徐六泾站流量相关性可以达到 0.95。

对于北支盐水倒灌，多以青龙港站潮位或潮差作为潮汐强度指标，但青龙港站潮位资料较为缺乏。根据收集到的部分资料来看，青龙港与其附近的徐六泾站同日潮位和潮差之间存在较强相关性（图 6.1.5），因而以徐六泾站日均潮差近似替代青龙港站日均值进行分析，潮差资料为 2009 年全年。

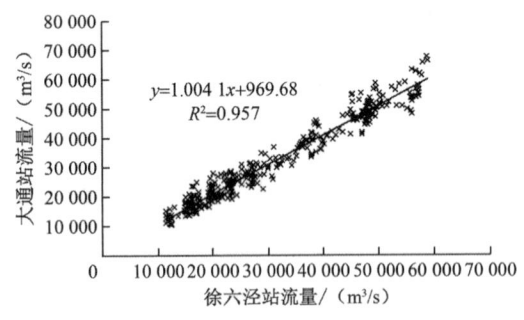

图 6.1.4　2012 年徐六泾站和大通站流量关系 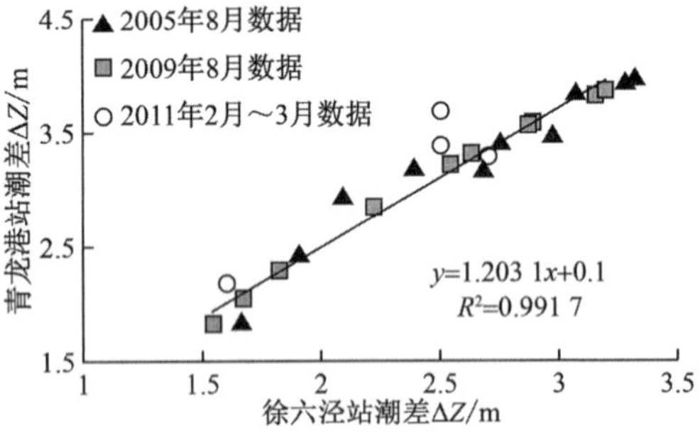　　图 6.1.5　徐六泾站与青龙港站日均潮差相关性

6.1.3　模型建立与验证

1. 潮差预测模型

1）潮差变化规律

潮泵作用是河口盐水上溯的最主要原因，在盐度入侵经验关系中，多数研究都将潮差作为潮汐强度指标[129,160-162]。感潮河段内，潮波上溯过程中，受径流、河道形态、沿程阻力等因素影响，会不断变形和坦化，潮差沿程衰减。但 Horrevoets 等[168]通过圣维南方程组理论解析表明，靠近河口端的河道呈开敞喇叭形，其宽度远大于径流河段，在该范围内径流量丰枯变化导致的水深变幅为小量，对潮差的影响可以忽略，潮差主要受河口形态、摩擦阻力等影响，在靠近潮流界的某个临界位置以上，汛枯季水深变幅较大，径流量才明显对潮差产生影响。

徐六泾位于长江口喇叭形分汊顶点，处于潮流界以下，路川藤等[169]的模拟计算表明，徐六泾以下洪枯各级流量下月均潮差相差仅 0.2 m。这里采用 2009 年徐六泾站实测日均潮差，点绘了其与大通站日均流量（已考虑 6 d 传播时间，下同）关系如图 6.1.6（a）所示，可见两者不存在明显的相关性。由此可见，径流丰枯变化对徐六泾以下潮差影响可近似忽略。进一步采用 2009 年全年资料，分析了日均潮差随时间变化情况，结果表明各月内的日均潮差波动明显，但在年尺度上不存在明显变化趋势。在此基础上，分析了农历日期和日均潮差之间的关系，由图 6.1.6（b）可见潮差随着农历日期变化呈现出明显的波动规律，月内呈现两涨两落的周期变化。这种变化规律为潮差估算提供了可能性。

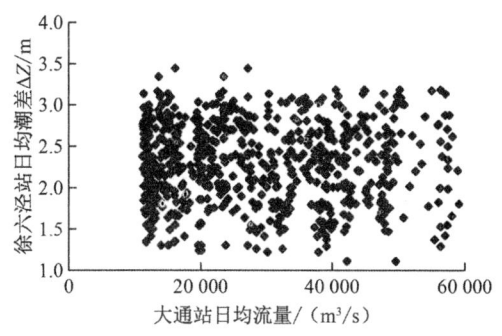

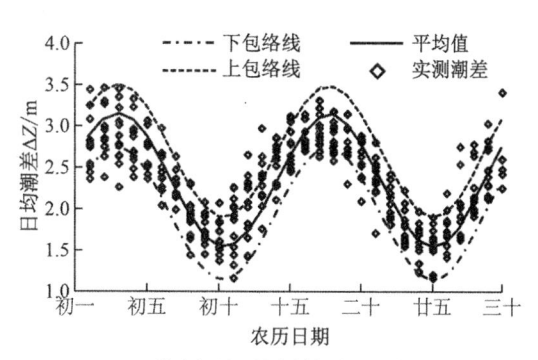

（a）徐六泾站日均潮差与大通站日均流量关系　　（b）徐六泾站日均潮差与农历日期关系

图 6.1.6　徐六泾站日均潮差与大通站日均流量、农历日期的关系

2）潮差估算方法

在河口地区，可使用调和分析法预测某处的潮位，其计算式为

$$Z(t)=Z_0+\sum_{j=1}^{n}H_j\cos(w_j t+\varphi_j) \tag{6.1.1}$$

式中：$Z(t)$ 为 t 时刻潮位；Z_0 为受径流影响的平均海平面；H_j、w_j、φ_j 分别为第 j 个分潮的振幅、角频率和相位。忽略其他次要分潮，并将角频率相近的分潮合并考虑，式（6.1.1）简化为

$$Z(t)=Z_0+H_1\cos(30t+\varphi_1)+H_2\cos(15t+\varphi_2)+H_3\cos(t+\varphi_3)+H_4\cos(60t+\varphi_4) \tag{6.1.2}$$

式中：角标 1、2、3、4 分别表示半日、全日、半月和浅水分潮，其中 H_1 显著大于 H_2、H_3、H_4。假定 t_{i1}、t_{i2}、t_{i3}、t_{i4} 分别代表第 i 日的 4 次高、低潮位时刻，其时间间隔 6 h，则由相邻高、低潮位时 $\partial Z/\partial t=0$，近似有 $30t_{i0}+\varphi_1=k\cdot 180°$（$k=0,1,2,\cdots$），前、后两次涨落潮的潮差分别为

$$\begin{aligned}\Delta Z_{i1}=Z(t_{i0})-Z(t_{i1})=&2H_1+H_2[\cos(15t_{i0}+\varphi_2)+\sin(15t_{i0}+\varphi_2)]\\&+H_3[\cos(t_{i0}+\varphi_3)-\cos(t_{i0}+\varphi_3+6)]\end{aligned} \tag{6.1.3a}$$

$$\begin{aligned}\Delta Z_{i2}=Z(t_{i2})-Z(t_{i3})=&2H_1+H_2[-\cos(15t_{i0}+\varphi_2)-\sin(15t_{i0}+\varphi_2)]\\&+H_3[\cos(t_{i0}+\varphi_3+12)-\cos(t_{i0}+\varphi_3+18)]\end{aligned} \tag{6.1.3b}$$

式中的浅水分潮影响已被抵消。由式（6.1.3）得到第 i 日内平均潮差为

$$\Delta Z_i=(\Delta Z_{i1}+\Delta Z_{i2})/2=2H_1+H_3\cos(t_{i0}+\phi) \tag{6.1.4}$$

式中：ϕ 与 φ_3 有关，是决定于地理位置的常数。由式（6.1.4）可见，日均潮差近似可表示为半月（15 d）周期函数，其平均值为半日分潮幅值的 2 倍，变幅为半月分潮幅值。在有实测资料情况下，H_1、H_3、ϕ 皆可率定。

式（6.1.4）可用以估算日均潮差，在实践中为便于应用，可采用农历日期建立其与日均潮差的关系（平均周期为 29.5 d），图 6.1.6（b）正是这种关系的体现。由图 6.1.6（b）可见，徐六泾站最大潮差约出现于每月朔望之后 3 d，根据图中点据反算潮差振幅和均值，可得日均潮差估算式为

$$\Delta Z_t = \Delta Z_0 + 0.7\cos\left[\frac{2\pi}{14.75}(t-3)\right] \quad (6.1.5)$$

式中：ΔZ_t 为农历月第 t 日的徐六泾日均潮差；ΔZ_0 为潮差均值，对应图 6.1.6 中上包络线、平均线、下包络线该值分别为 2.7 m，2.3 m 和 1.9 m。之所以在平均线之外给出上、下包络线，是因为式（6.1.3）中忽略了次要分潮和气象等随机因素，潮差估算值会存在误差，但根据实际应用场合选取包络线，有助于合理弥补误差带来的风险。

如图 6.1.7 所示，运用潮差估算式（6.1.5）预测潮差和实测潮差的相关性，可达 0.89。

2. 氯度预测模型

1）氯度变化特征

如图 6.1.8 所示，对东风西沙站 2009～2014 年的氯度数据进行统计分析，发现其氯度和农历日期有很好的相关性。明显发现氯度的波动情况类似于潮汐运动规律，东风西沙站氯度在每一农历月内都出现两个峰、谷值，而且峰值出现在每月初三和十七左右，谷值出现在农历初八和廿四左右。这点与潮汐运动出现大潮的时间稍有不同。原因是氯度峰值相对于出现大潮的时间有一定的滞后性。

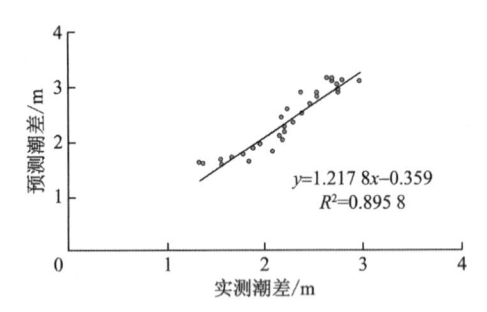

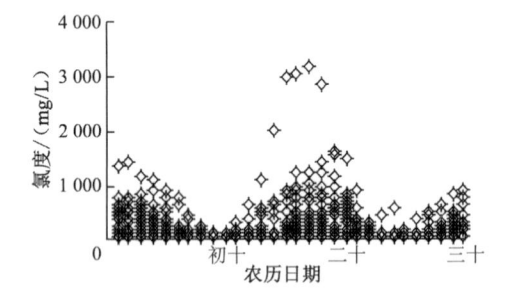

图 6.1.7　徐六泾站实测潮差和预测潮差对比　　图 6.1.8　东风西沙站氯度和农历日期关系

2）氯度和潮差的关系

东风西沙站附近盐水主要来源于北支倒灌。由于潮波传播速度显著快于盐水团输移速度，潮差与盐度变化存在相位差。以 2012 年农历二月为例，比较日均氯度和日均潮差过程线（图 6.1.9）发现，两者周期一致、峰谷相应，但氯度相位滞后于潮差约 2 d，以下分析中潮差均指 2 d 前徐六泾站日均潮差。

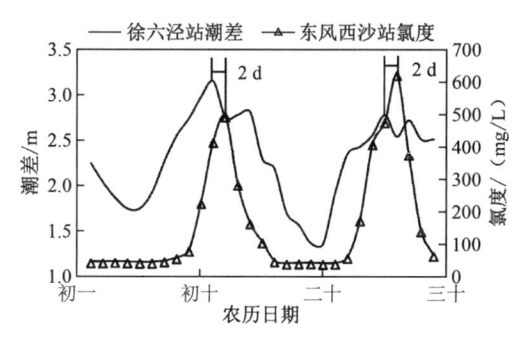

图 6.1.9 东风西沙站日均氯度和徐六泾站日均潮差过程

采用 2009 年 1~5 月数据,分析氯度与潮差的关系,如图 6.1.10(a)、(b)所示。对大通站流量排序,考察氯度与潮差关系如图 6.1.10(c)、(d)所示,可见流量分级之后,氯度与潮差相关度明显提高,但对比而言,形如图 6.1.10(c)、(d)的关系呈现出更好的效果。

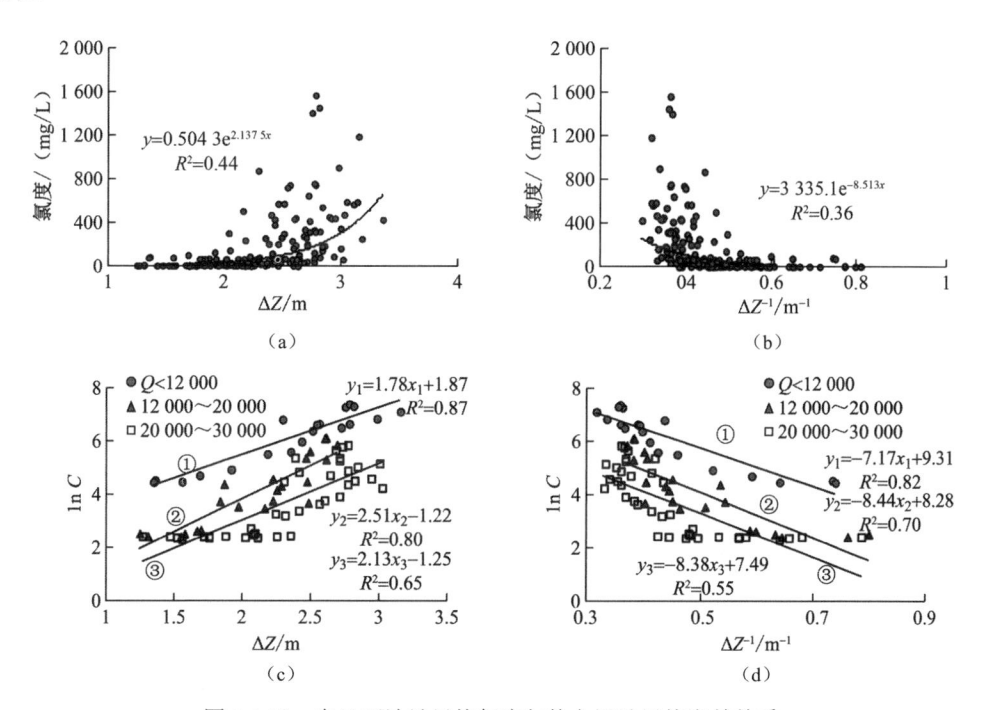

图 6.1.10 东风西沙站日均氯度与徐六泾站日均潮差关系

3)氯化物浓度和大通站径流关系分析

采用 2009~2014 年东风西沙站氯度与大通站流量数据,统计各级流量下的氯度如图 6.1.11(a)所示,在潮差影响下氯度存在变幅,变幅总体呈现随流量增加而衰减的趋势。图 6.1.11(a)中各级流量下氯度最大值(外包络线)主要发生于大潮期,根据图 6.1.6,潮差与流量相关性不大,根据式(6.1.5),大潮期日均潮差值相差不大,因此图 6.1.11(a)中氯度上包络线在平均意义上反映了固定潮差情况下的氯度随流量的变化规律。分别采用不同函数形式对图 6.1.11（a）外包络线进行拟合，效果见表 6.1.1，指数型拟合效果如图 6.1.11（b）所示。

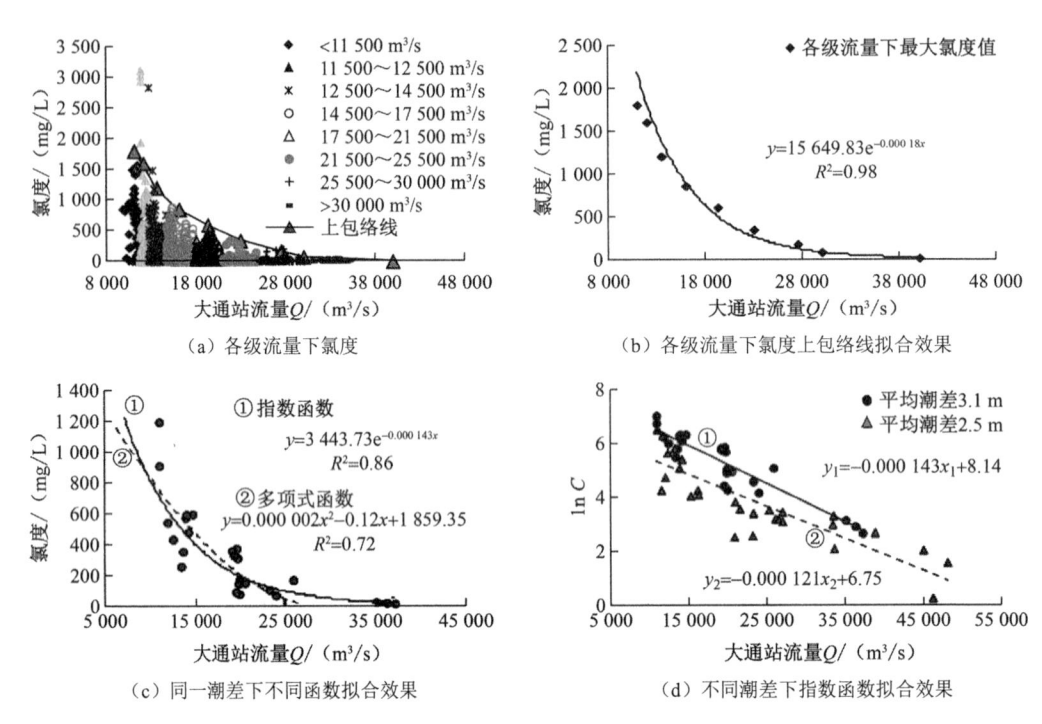

图 6.1.11 东风西沙站日均氯度与大通站日均流量关系

表 6.1.1 不同函数形式对图 6.1.11（a）上包络线的拟合效果

函数形式	$C \sim \exp(-aQ)$	$C \sim \exp(aQ^{-1})$	$C \sim Q^{\alpha}$	$C \sim c_1 Q^2 + c_2 Q + c_3$
相关系数 R^2	0.978	0.782	0.899	0.978

采用实测徐六泾站潮差资料，筛选了 3 m、2.5 m 两级较大潮差下的东风西沙站氯度数据。针对 3 m 潮差附近点据，采用指数函数、多项式函数拟合，效果如图 6.1.11（c）所示，采用实测潮差后，各种随机因素的影响较图 6.1.11（b）增大，指数函数相比多项式函数拟合效果更佳。针对 3 m、2.5 m 两级潮差下数据样本，分别点绘关系如图 6.1.11（d）所示，氯度的对数值随流量增大而线性减小，不同潮差下的点据呈条带状分布。以上分析说明，采用指数函数能够较好地描述氯度随流量的变化规律。

4）具有预报功能的氯度估算经验模型

基于前文分析，仅考虑单因素时，氯度与流量、潮差之间的关系近似为

$$\ln C = a_1 \Delta Z + b_1 \quad (6.1.6a)$$
$$\ln C = -a_2 Q + b_2 \quad (6.1.6b)$$

式中：a_1、a_2、b_1、b_2 为系数。由图 6.1.10（c）、图 6.1.11（d）可见，系数皆为变数，但当流量变化时，b_1 较 a_1 更敏感；当潮差变化时，b_2 较 a_2 更敏感。因此，流量、潮差同时变化时，

可近似用下式描述氯度变化：

$$\ln C = a\Delta Z - bQ + c \quad 即 \quad C = A\exp(a\Delta Z - bQ) \tag{6.1.7}$$

式中：a、b、c 皆为待定参数，可用实测资料通过多元线性回归确定；得到 c 之后，$A = e^c$。潮差用式（6.1.5）估算，则式（6.1.7）转化为

$$C = A\exp(-bQ)\exp\left\{a\Delta Z_0 + 0.7a\cos\left[\frac{2\pi}{14.75}(t-3)\right]\right\} \tag{6.1.8}$$

采用该式，仅需农历日期及 6 d 前的大通流量，便可估算目标位置当日的日均氯度。需要指出的是，作为一种经验模式，式（6.1.8）中的潮差和氯度两方面参数都需要结合目标位置的实测资料加以率定，位置不同则参数不同。

3. 模型验证

采用 2009 年枯季东风西沙站氯度实测资料，确定式（6.1.7）中各参数值为 $A=5.26$，$a=2.45$，$b=0.000\ 155$。率定参数后，用实测流量、农历日期代入式（6.1.8）计算氯度值并与实测值比较如图 6.1.12 所示，两者总体沿 45°线分布，决定系数在 0.8 以上，低氯度时期误差较大。相比于图 6.1.10，由于式（6.1.8）中同时考虑了流量和潮差的影响，计算值与实测值相关度显著提高。

采用式（6.1.8），分别计算 2009 年、2011 年枯季的东风西沙站氯度过程，并与实测值

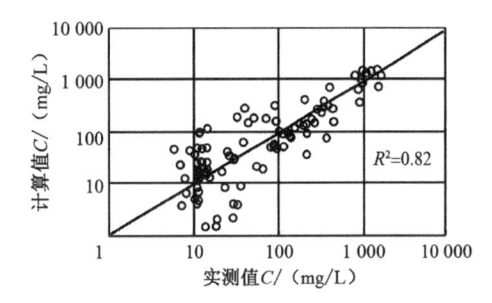

图 6.1.12 参数率定效果（2009 年 2～5 月）

进行比较如图 6.1.13 所示。采用图 6.1.6 中的平均潮差线计算，其结果如图 6.1.13（a）、(b)中的计算值 1 所示，可见计算的氯度与实测值波动相位、幅度基本一致。由于式（6.1.7）中参数是采用 2009 年资料率定，2009 年计算效果优于 2011 年，这说明经验模式的精度与参数紧密相关。

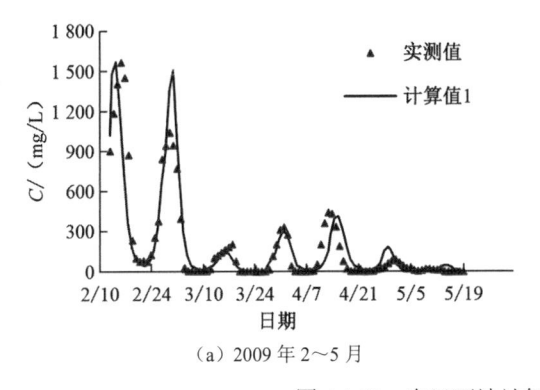

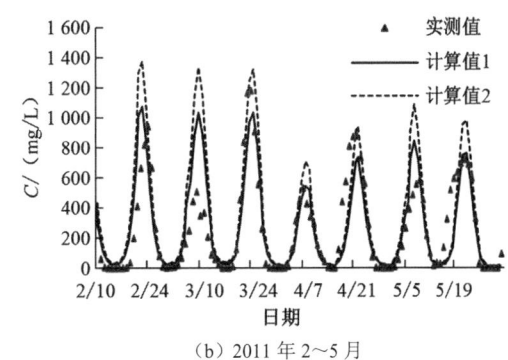

(a) 2009 年 2～5 月

(b) 2011 年 2～5 月

图 6.1.13 东风西沙站氯度计算值与实测值比较

由于潮差计算存在误差，加之氯度变化还受到气象等随机因素的影响，图 6.1.13 中个

别位置存在明显误差。图6.1.13（b）中，除取用图6.1.6中平均潮差线对应值2.3 m外，适当考虑潮差上包络线，将值取为2.7 m，得到计算值2。由图6.1.13（b）可见，计算值2总体大于实测值，从工程和规划角度，计算结果偏于安全。这说明，适当将潮差向图6.1.6上包络线方向调整，可减小潮差计算误差带来的风险。

需要指出的是，除参数、随机因素引起的误差外，极端情况下南支上段还可能受到南支盐水直接上溯的影响，这在的经验模式中未加考虑，不可避免会引起误差。尽管如此，作为一种估算模式，式（6.1.8）的价值在于：仅根据当前大通站流量可估算数日后的氯度，也可根据水源地的氯度控制标准和持续时间要求，对大通站日均流量过程提出大致要求。

6.2　满足河口压咸需求的临界大通流量

6.2.1　研究区域与资料来源

研究区域为长江口南支上段的徐六泾至浏河口（图2.1.23），有东风西沙、陈行、宝钢等水库，均为长江口重要水源地。该区域盐水主要源自北支倒灌[129-130,167]。

除利用文献中前人资料和成果外，见表6.2.1，另外，收集有1950～2015年大通站日均流量，东风西沙站2009～2014年各年11月至次年4月的日均氯度实测值，2009年和2012年徐六泾站日均潮差，2017年4月、5月青龙港站日均潮差。

表6.2.1　数据来源

序号	数据名称	年份	类型	数据来源
1	大通站流量	1950～2015	日均值	长江水文年鉴
2	徐六泾站潮差	2009、2012	日均值	长江水文年鉴
3	青龙港站潮差	2005、2009、2011、2014、2017	日均值	江苏省水文水资源勘测局
4	东风西沙站氯度	2009～2014	日均值	上海水务局

6.2.2　入海径流特征统计

已有研究表明，长江入海控制站——大通站径流传播到研究河段的时间约6 d，一般以6 d前的大通站流量作为徐六泾以下径流代表值[170]。为了便于比较流量过程的变化，以三峡水库蓄水及不同蓄水位阶段来划分时间阶段，分别为1950～2002年、2003～2007年和2008～2016年。如表6.2.2所示，三峡水库蓄水后，$Q<25\,000\,\text{m}^3/\text{s}$的频率有所增加，$Q<15\,000\,\text{m}^3/\text{s}$、$Q<12\,000\,\text{m}^3/\text{s}$和$Q<10\,000\,\text{m}^3/\text{s}$的累积频率均有所减小。

表6.2.2　三峡水库蓄水前后日均流量频率特征

时段	小于某级流量的累积频率/%			
	$Q<25\,000$	$Q<15\,000$	$Q<12\,000$	$Q<10\,000$
1950～2002年	45.71	25.71	16.90	10.06

续表

时段	小于某级流量的累积频率/%			
	$Q<25\,000$	$Q<15\,000$	$Q<12\,000$	$Q<10\,000$
2002~2007年	55.83	24.85	14.29	2.74
2008~2015年	50.33	21.39	7.73	0.10

针对易发生盐水入侵的10月至次年4月进行统计,三个时段内这7个月的平均流量分别为 16 725 m³/s、15 938 m³/s、17 806 m³/s,变幅较小。但由图6.2.1中各月的多年月均流量及三个时段内各月出现的最大、最小流量可见,水库蓄水后月均流量在12~3月增大,在10~11月减小;各月最枯流量均增加,流量最大值被削减,月内变幅减小。对于最小流量,1950~2002年、2003~2007年和2008~2016年分别为 6 300 m³/s(1963年)、8 380 m³/s(2004年)和9 927 m³/s(2014年2月),为增加趋势。

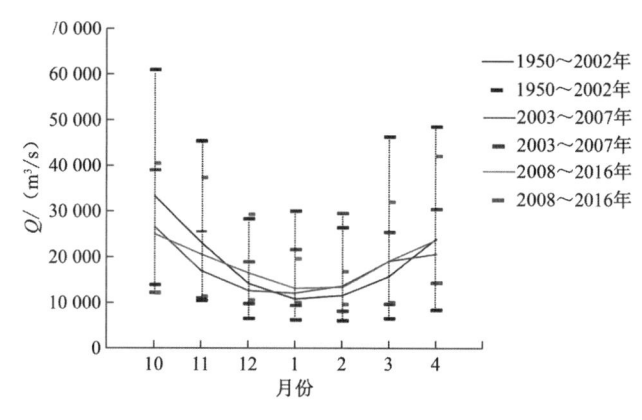

图6.2.1 三峡水库蓄水前后大通站枯水期各月流量特征

6.2.3 潮差特征统计

青龙港站为北支进口代表潮位站,其潮汐参数反映北支潮动力强弱,由于未收集到青龙港站长系列的潮汐数据资料,采用徐六泾站与青龙港站潮汐参数关系,确定青龙港站的潮汐参数[171]。本书收集了2005年8月、2009年8月、2011年2~3月、2013年8月、2014年3月、2017年4~5月青龙港站潮差数据,如图6.2.2所示,青龙港站与其附近的徐六泾站同日潮差之间存在较强相关性,相关系数达0.97(R^2)。

徐六泾站位于长江口喇叭形分汊顶点,处于潮流界以下。徐六泾站实测日均潮差与大通站日均流量相关性不显著,这与Horrevoets等[168]论证的河宽较大河口区域内潮差与径流量关系不显著、路川藤等[169]提出的徐六泾站以下洪枯各级流量下潮差相差不超过0.2 m的计算结果相一致。因此,可不考虑径流洪枯变化对徐六泾站以下潮差的影响。以2009年和2012年徐六泾站日均潮差数据分析潮差频率特征如图6.2.3所示,可见潮差$\Delta H>2$ m的概率为72%,$\Delta H>2.5$ m的概率为42%,$\Delta H>3$ m的概率为10%。

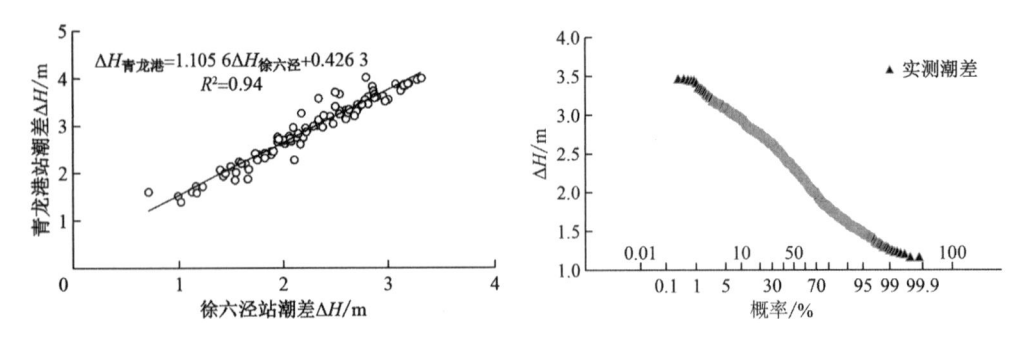

图 6.2.2　青龙港站日均潮差和徐六泾站日均潮差相关性　　图 6.2.3　徐六泾站各级潮差概率分布

徐六泾站日均潮差的周期特征如图 6.2.4（a）所示，潮差随农历日期大体呈半月周期变化，峰值出现在农历初三和十八附近，平均振幅约为 0.7 m，由于气象等随机因素影响，图中的振幅存在约为 0.5 m 的变幅。为清晰描述潮差变化，图 6.2.4（a）中以正弦曲线近似给出了点据的上包络线 A、平均线 B 等特征曲线，并根据图 6.2.2 中青龙港站与徐六泾站日均潮差相关关系，给出了青龙港站潮差特征曲线，如图 6.2.4（b）所示。图 6.2.4（b）中同时给出了文献[165]中得到的少量青龙港站日均潮差实测值，尽管数据较少，但可看出青龙港站日均潮差变化特征与图 6.2.4（a）类似。

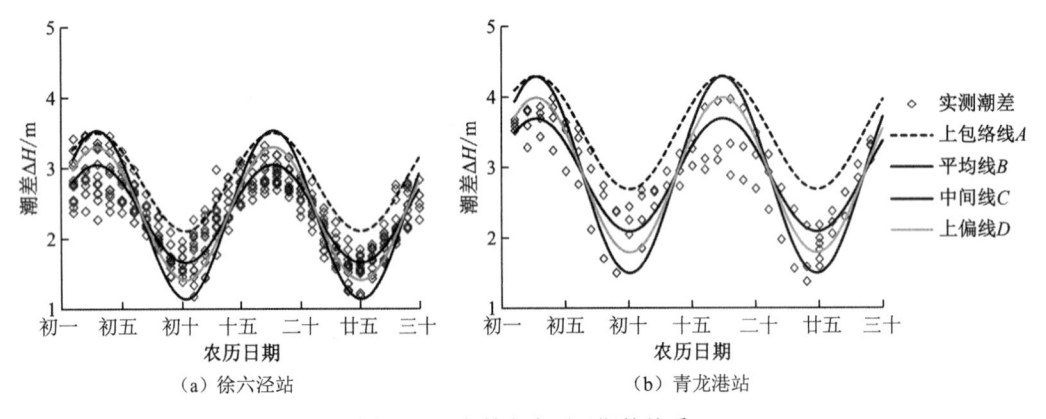

图 6.2.4　潮差和农历日期的关系

6.2.4　盐水入侵特征统计

收集了近年来南支中上段盐水入侵持续时间较长（≥9 d）部分相关数据，见表 6.2.3。由表 6.2.3 可见，大通站流量越大则盐水入侵天数越短，但即使流量条件相近，盐水入侵天数也存在一定变幅，这说明流量不是影响盐水入侵的唯一因素。由这些数据统计盐水入侵发生时机，可看出几方面的特征：①80%的盐水入侵发生在枯水期 11 月～次年 4 月，盐水入侵时段内，82%的大通站日均流量低于 15 000 m³/s，这说明一旦大通站日均流量接近或低于 15 000 m³/s，盐水入侵概率较大。②当盐水入侵持续时间接近或者超过一个潮周期 15 d 时，该时段大通站平均流量普遍低于 10 000 m³/s，而根据徐建益和袁建忠[130]的研究，大通站流量在 10 000 m³/s 以下时北支倒灌与南支盐水直接上溯将产生叠加，使高盐度持续时间超过潮周期,这说明 10 000 m³/s 左右的大通站流量是导致较长时期盐水入侵的临界流量。③盐水入侵时段长度大于 15 d,但时段内大通站平均流量大于 10 000 m³/s 的次数较少,如 2014 年 2 月出现强偏北风,南支正面侵袭与北支倒灌相叠加,导致前后两次咸潮相衔接,氯度连续超标近 20 d,但这种事件在表 6.2.3 中仅出现 1 次,占总次数 5%,说明气象条件是小概率影响因素。

表 6.2.3 长江口南支上段严重咸潮入侵事件统计特征

发生时间	监测点	超标天数/d	超标时段内大通平均流量/(m³/s)
1978 年冬~1979 年春	吴淞水厂	64	7 256
1987 年 2~3 月		13	8 467
1999 年 2~3 月		25	9 487
2004 年 2 月	陈行水库	9.8	9 479
2006 年 10 月		9	14 300
2014 年 2 月		19	10 900
2009 年 11 月 3~12 日		10	14 030
2013 年 11 月 15~24 日		10	12 240
2013 年 12 月 3~11 日	东风西沙	9	12 500
2013 年 12 月 17~25 日		9	11 356
2014 年 1 月 2~10 日		9	12 144
2014 年 1 月 30 日~2 月 22 日		24	11 138

6.2.5 基于实测资料统计的临界大通站流量确定

1. 不同流量下的氯度超标概率

利用东风西沙站 2009~2014 年枯季共 1 113 d 氯度观测资料,分析不同径流条件下的氯度特征(图 6.2.5)。图 6.2.5(a)表明,当大通站流量高于 30 000 m³/s 时,氯度基本不超过 250 mg/L,随着流量减小,氯度超标的可能性迅速增加。将大通站 30 000 m³/s 以下流量划分为不同的区间,统计各区间内氯度值超过 250 mg/L 天数占该区间总天数的比例[图 6.2.5(b)],当流量低于 10 000 m³/s 时,发生氯度超标的概率接近 100%;当流量处于 11 000~12 000 m³/s 时,氯度超标的发生概率为 65%。将统计数据内共计 301 d 氯度超标天数做累积频率分析如图 6.2.5(c)所示,97%的超标天数出现在 20 000 m³/s 流量以下,69%的天数出现在 15 000 m³/s 流量以下。

综上分析表明,大通站流量小于 30 000 m³/s 时,即可发生氯度超标现象,但主要发生在流量小于 15 000 m³/s 时,尤其以流量小于 12 000 m³/s 时最易发生。三峡水库蓄水后,大通站日均流量低于 10 000 m³/s 的概率接近于 0,但 2014 年仍然出现了明显氯度持续超标(≥9 d)的情形,因此大通站临界流量应在 10 000 m³/s 以上[图 6.2.5(c)、表 6.2.2]。

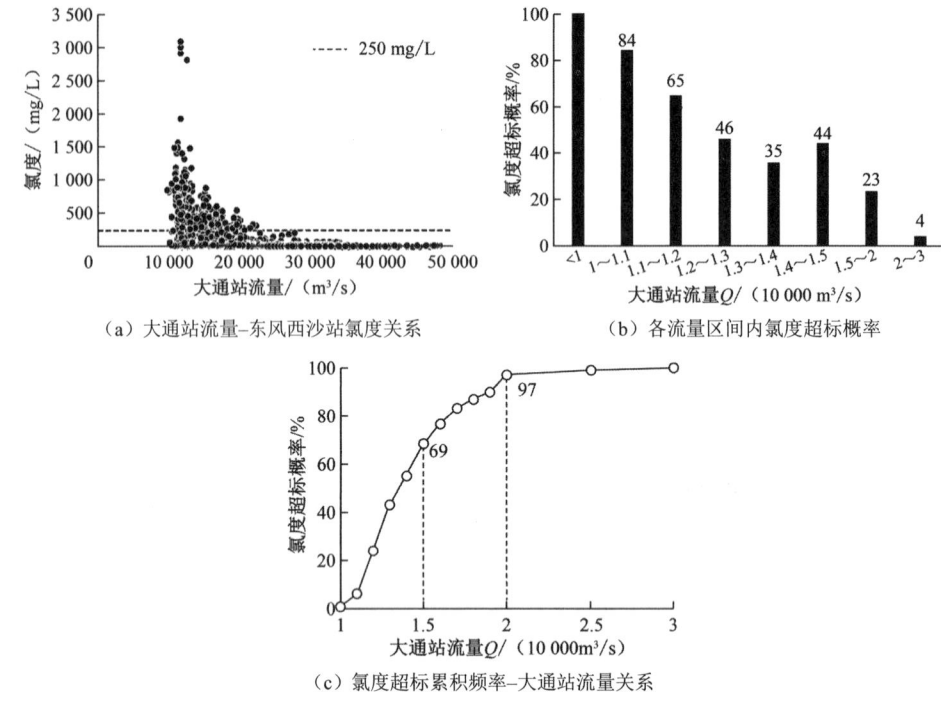

(a) 大通站流量-东风西沙站氯度关系

(b) 各流量区间内氯度超标概率

(c) 氯度超标累积频率-大通站流量关系

图 6.2.5 不同流量下盐水入侵特征

2. 考虑潮差影响的临界流量确定

图 6.2.5（b）显示，当流量小于 15 000 m³/s 时氯度仍存在不超标的情况，这与潮汐动力作用强弱有关。绘制东风西沙站氯度与徐六泾站日均潮差之间的关系曲线（图 6.2.6），当徐六泾站日均潮差大于 1.8 m 时，即可能发生氯度超标现象，当潮差大于 2.3 m 时氯度超标的概率明显增加。发生盐度超标的条件是流量小于某一数值与潮差大于某一数值的组合，对于临界潮差的确定，在不考虑气象等随机因素影响下，进行以下两个方面的假定。

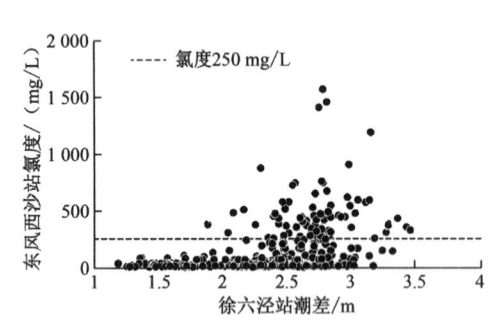

图 6.2.6 徐六泾站潮差和东风西沙站氯度的关系

（1）对于恒定的来流量 Q_c，存在某一恒定强度潮差 ΔH_c，两者组合可使南支上段特定位置的日均氯度维持在 250 mg/L。

（2）来流量维持 Q_c，若潮差强度大于 ΔH_c，则该位置的氯度将超过 250 mg/L。

在已有的研究中，在固定潮差或来流中的任意一个因素时，另一因素与氯度之间为单调的影响关系，即上述假定成立。在此前提下，可利用实测资料筛选出特定流量下氯度与潮差的关系，如图 6.2.7 中为 11 000 m³/s 流量附近数据关系图，可见两者近似呈指数关系，决定系数 R^2 在 0.8 以上。类似图 6.2.5，固定多级流量可确定出各级流量下氯度与潮差关系曲线，利用这些曲线，对于给定的 Q_c 值可得到相应的 ΔH_c 值（表 6.2.4）。

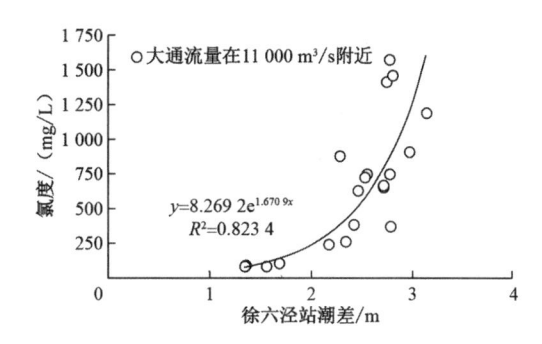

图 6.2.7 固定大通站流量下徐六泾站潮差和氯度的关系

表 6.2.4 不同大通站流量值 Q_c 对应的徐六泾站潮差值 ΔH_c

序号	东风西沙站氯度 C/(mg/L)	大通站流量 Q_c/(m³/s)	徐六泾站潮差 ΔH_c/m
1	250	11 000	2.05
2	250	12 000	2.24
3	250	13 000	2.42
4	250	15 000	2.61

由图 6.2.7 可知,固定流量情况下潮差与氯度之间呈正相关,而潮差变化具有明显的 15 d 周期(图 6.2.4),因此若在固定流量下发生了连续 10 d 的氯度超标,则意味着平均意义上潮差超过临界值 ΔH_c 的概率为 2/3。由图 6.2.3 可得到对应的 ΔH_c 值为 2.11 m。结合表 6.2.4 和假定(1)可得到,要避免连续 10 d 氯度超标的情况,临界大通流量应在 11 000~12 000 m³/s,这里取下限值为 11 000 m³/s。

6.2.6 基于氯(盐)度预测经验模型的临界大通流量确定

选取已有研究中较有代表性的 4 个经验模型见表 6.2.5,它们都可通过径流和潮差预测某点氯(盐)度,其中郑晓琴等[165]和陈立等[164]提出的关系式结构相似但参数不同。计算采用的参数均为文献中给定值,其中茅志昌等[167]未给出经验模型的具体参数值。

表 6.2.5 长江口南支中上段氯(盐)度预测的统计模型

文献来源	关系式形式	变量含义
茅志昌等[167]	$S \sim \exp(\Delta H^\alpha / Q^\beta)$	S 宝钢站盐度、ΔH 青龙港站潮差、Q 大通站流量
郑晓琴等[165]	$S = f(\Delta H, Q) = ae^{b\Delta H} + ae^{b\Delta H}(c_1 Q^3 + c_2 Q^2 + c_3 Q + c_4)$	S 青龙港站盐度、ΔH 青龙港站潮差、Q 大通站流量
陈立等[164]	$S = (4.16\times 10^{-9} Q^2 - 2.745\times Q + 4.317) \times 0.024\,04 \times e^{0.009\,085\Delta H}$	S 陈行站盐度、ΔH 青龙港站潮差、Q 大通站流量
孙昭华等[172]	$C = A\exp(-bQ) \times \exp\left\{a\Delta H_0 + 0.7a\times\cos\left[\dfrac{2\pi}{14.75}\times(t-3)\right]\right\}$	Q 大通站流量、ΔH_0 徐六泾站潮差、t 农历日期、C 东风西沙站氯度

1. 满足压咸需求的临界流量过程

1）潮差近似估算模式

表 6.2.5 中各关系式均含有潮差，需提出潮差的估算模式才能实施氯度计算。在工程实践中，长江口潮位常只考虑月内周期变化，据图 6.2.4 中实测日均潮差的周期变化特征，可近似用下式描述潮差：

$$\Delta H_t = \Delta H_0 + a\cos\left[\frac{2\pi}{14.75}(t-b)\right] \tag{6.2.1}$$

式中：ΔH_t 为农历月第 t 日的日均潮差；ΔH_0 为潮差周期均值；a 为潮差振幅；b 为相位。ΔH_0、a 和 b 可据实测数据得到。注意图 6.2.4 中点群分布具有一定随机性，尝试在式（6.2.1）中用不同模式计算日均潮差的周期均值和振幅（表 6.2.6），分别是：①上包络线 A，用同日期潮差最大值确定周期均值和振幅；②平均线 B，用同日期潮差平均值确定周期均值和振幅；③中间线 C，用一个潮周期内最大峰值与最小谷值确定周期均值和振幅；④上偏线 D，周期内潮差均值和振幅取 B 和 C 的平均值。以上四种潮差估算模式中，平均线 B 和中间线 C 代表了从点群中部穿过的两种模式，而 A 线和 D 线则代表了较平均情况整体偏大的两种模式。

表 6.2.6　式（6.2.1）中不同潮差估算模式的参数值

站点	潮差振幅	平均潮差 ΔZ_0/m	潮差振幅 a/m
青龙港站	上包络线 A	3.5	0.8
	平均线 B	2.9	0.8
	中间线 C	2.9	1.4
	上偏线 D	2.9	1.1
徐六泾站	上包络线 A	2.8	0.7
	平均线 B	2.35	0.7
	中间线 C	2.35	1.15
	上偏线 D	2.35	0.925

2）氯（盐）度经验预测模式效果检验

将表 6.2.5 中氯（盐）度计算经验模型与表 6.2.6 中潮差估算模式相结合，可对盐度实施预测，但还需结合实测资料对其效果进行检验，该过程采用了文献[164-165,167]中所记载的青龙港站、陈行站等位置得到的盐度实测资料[172]。其中，茅志昌等[167]提出的模型未给出参数，采用东风西沙站实测氯度资料和青龙港站潮差对其进行率定。

将表 6.2.6 中各潮差模式分别结合表 6.2.5 中各经验关系，再代入大通站流量和农历日期，计算结果表明，无论采用哪种模型，潮差模式 B 线和 C 线的效果显著优于 A 线和 D 线。表 6.2.7 中给出了利用 B 线和 C 线计算青龙港站、东风西沙站、陈行站等位置盐度的效果，可见 C 线整体效果最优，计算值与实测值相关系数均在 0.5 以上，其中前三种模型的 R^2 值均在 0.7 以上（图 6.2.8），这说明了潮差估算模式的有效性。

表 6.2.7 B 线和 C 线潮差模式下盐度计算值和实测值相关系数

序号	模型	潮差估算模式	计算和实测值相关系数 R^2
1	茅志昌等[167]	青龙港 B 线	0.45
		青龙港 C 线	0.51
2	郑晓琴等[165]	青龙港 B 线	0.85
		青龙港 C 线	0.88
3	陈立等[164]	青龙港 B 线	0.70
		青龙港 C 线	0.74
4	孙昭华等[172]	徐六泾 B 线	0.80
		徐六泾 C 线	0.81

由图 6.2.8 可以看出，前三种模型均可在较大跨度内取得较好效果，能够用以估算枯水期盐度变化过程。但考虑青龙港站附近并非水源地，因而下文中仅以模型 2、3、4 预测水源地盐度。具体为：给定某一大通站流量值，计算相应的氯度变化周期过程，考察氯度超标天数，如图 6.2.9 所示。通过不断试算，可以得到超标天数为 10 d 的临界大通站流量值。采用表 6.2.7 中设定的几组潮差计算模式，计算结果显示所得压咸临界流量总体规律为：上包络线 A＞中间线 C＞上偏线 D＞平均线 B。可见，若取潮差上包络线 A 得到的流量作为大通压咸临界流量，会存

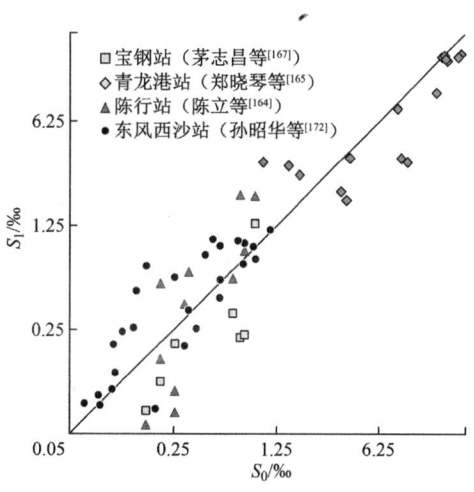

图 6.2.8 各经验模型盐度实测值和计算值对比
S_0 为实测盐度；S_1 为计算盐度

在一定程度上的水资源浪费，潮差中间线 C 能较为完整地反映实测潮差中的极大、极小值，而且由表 6.2.8 可见，该模式计算结果与实测值吻合度最好。为保证压咸安全，综合潮差上包络线 A 和中间线 C，提出了介于两者之间的上偏线 D，代入各经验模型计算结果

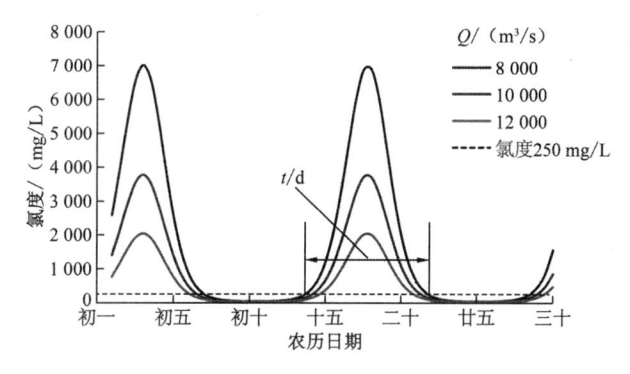

图 6.2.9 不同大通站流量下东风西沙氯度过程线（t 为氯/盐度超标持续时间）

表 6.2.8   不同潮差组合下预测模型计算得到的大通站临界流量

模型	计算对象	潮差组合	大通站临界流量/（m^3/s）
茅志昌等[167]	宝钢水库	青龙港中间线 C	12 000
陈立等[164]	陈行水库	青龙港中间线 C	11 000
孙昭华等[172]	东风西沙	徐六泾中间线 C	11 500

在 11 000～12 000 m^3/s。综合以上各模型计算结果可见，采用经验统计模型确定的大通站临界流量下限为 11 000 m^3/s。

2. 讨论

确定长江口压咸临界流量，其难点在于咸潮入侵与潮差、大通流量的概率分布关系极为复杂，很难凭借有限的观测资料加以量化。研究区域定位于南支上段，当大通流量大于 10 000 m^3/s 时，其盐水来源主要受北支倒灌影响，较之于同时受到北支倒灌与盐水直接上溯影响的南支中下段而言，其影响因素相对更明确，盐度与潮差、径流之间的相位关系也更简单。除此之外，潮差变化以农历月为主要周期的特征，在长江口潮位预报等工程问题研究中早已广泛接受，数学模拟研究中也通常将下边界设定为月潮位过程。基于该特征，再考虑随机因素的影响，以图 6.2.3 中的累积频率分布及图 6.2.4 中各种估算模式分别来描述平均意义上的潮差变化情况，从而可使"连续 10 d 盐度超标"的临界标准转化为某一潮差临界值，减少了潮差不确定性带来的研究难度。计算结果证明，通过实测数据直接统计法与经验模型估算法两种途径确定的大通临界流量非常接近，这正是由于两者虽方法角度不同，但基本原理相同，从而可以相互印证。

文中选用的四种经验模型，均采用了指数函数描述氯（盐）度和潮差之间的关系，但对氯（盐）度和径流的关系存在细小差别，陈立等[164]和郑晓琴等[165]认为氯（盐）度和径流为多项式关系，而孙昭华等[172]和茅志昌等[167]认为是指数关系。应该注意到，经验模型是以实测数据统计为基础，同一变化规律可用不同曲线形式拟合，只要参数率定适当，不同形式模型可具有相近模拟效果。因此，文中提出的潮差估算模式在各家模型中均显示了类似的适用性，并且用不同模型得到了相近的大通站临界流量值。

前人基于不同来源的观测资料统计，给出了盐水入侵临界条件的各种提法，经对比，与其中的多数结论是一致的。如唐建华等[129]的统计表明，当大通站流量小于 20 000 m^3/s 时，就可能发生明显的北支倒灌南支现象；沈焕庭等[173]研究发现，大通站流量超过 16 000 m^3/s 时，来流减少 1 000 m^3/s 对吴淞站氯度影响甚微，而流量小于 11 000 m^3/s 后，来流略有减少即可显著增大吴淞站氯度。这些认识与图 6.2.5 中规律非常吻合。顾玉亮等[174]的统计表明，大通站流量小于 20 000 m^3/s 和青龙港站潮差大于 2.5 m 是北支显著倒灌的条件；沈焕庭等[173]认为该条件是大通站流量低于 25 000 m^3/s 且青龙港站潮差大于 3 m；李亚平等[175]认为青龙港站潮差 2.4～3.3 m、大通站流量 6 820～16 000 m^3/s 时，长江口发生连续 10～30 d 咸潮入侵。依据图 6.2.3 计算的连续 10 d 盐度超标的徐六泾站临界潮差为 2.06 m，经图 6.2.2 中关系换算成青龙港站潮差为 2.7 m，与前人提出的潮差条件基本相当。

三峡水库蓄水后,2003~2015年大通站流量低于11 000 m³/s、12 000 m³/s的天数分别为319 d、454 d,年均为24.5 d、34.9 d,以1~2月最为集中。赵升伟等[176]对2006年9月~2009年4月陈行取水口的各月不宜取水天数进行统计,认为水库补水时段内月最枯流量即使达到10 500 m³/s,其不宜取水天数接近10 d的现象仍会出现。三峡水库进入试验性蓄水期以来,2014年汛前枯水期仍有超过20 d大通站流量低于11 500 m³/s,并发生了近年来最严重的盐水入侵。因此,虽然表6.2.2显示2008年后低于12 000 m³/s的流量级出现频率已大幅度减小,但仍存在枯水年严重盐水入侵的可能性,建议通过优化三峡及上游梯级水库联合调度方式,使大通站最低流量维持在11 000 m³/s以上。

发生北支盐水倒灌入侵时,东风西沙、宝钢、陈行等位置不同,盐水团自上而下输移过程存在稀释、峰值、坦化等过程,因而针对南支上段提出的大通站临界流量是11 000~12 000 m³/s附近的一个范围。建议在工程实践中取11 000 m³/s的固定值,只是意味着流量大于该值后,发生严重盐水入侵的概率低,并不意味着绝对不会发生。根据张二凤和陈西庆[177]的研究,由于大通至徐六泾沿江抽引水量的增加,大通站流量是否能代表今后的长江入海流量需要进一步研究。

6.3 小　　结

(1) 在分析长江口南支上段日均氯度变化与日均径流量、日均潮差之间响应关系的基础上,建立了具有预测功能的经验估算模型,该模型的特点体现在:用农历日期近似预估日均潮差,用指数函数拟合北支倒灌盐水影响下的氯度与潮差之间的响应关系,用负指数函数拟合氯度与径流量的响应关系,具有较为明显的物理意义。由此建立的模型仅需大通流量和农历日期即可预估固定位置的日均氯度过程,便于根据盐度控制标准倒推出压咸的流量临界值。

(2) 采用直接统计法和多种不同经验模型分别得到了避免严重盐水入侵的大通站临界流量,几种方法得到的11月~次年4月大通站临界流量数值均在11 000~12 000 m³/s,在本书中取11 000 m³/s。经与前人成果比较,以及三峡水库蓄水以来实测资料检验,文中提出的大通站临界流量较为合理。

第 7 章 以改善下游水环境为目标的三峡水库出库流量过程需求

三峡水库自 2003 年开始试验性蓄水以来,下游河道出现的生态环境问题大多是平水期、枯水期河道流量过小或年内水量调节不满足需求造成的。例如:三峡水库蓄水后至 2017 年,莲花塘站水位不达第 5 章提出的环境水位天数占比 43.69%;2011 年洞庭湖区春、夏连续干旱造成近 33 万 hm^2 农田受旱和 32 万人饮水困难,严重影响了湖区的农业生产和经济发展;同样,长江口有近 80%的盐水入侵发生在枯水期 11 月～次年 4 月,这也是枯水期流量不足的后果。此外,三峡水库的调蓄作用使得下游河段流量趋于平稳,影响了监利河段四大家鱼 5 月、6 月产卵所需的天然洪峰流量过程,造成四大家鱼产卵数量急剧下降。

本章以改善下游水环境为目标提出三峡水库出库流量过程需求,即宜昌流量过程。所提出的宜昌流量过程同时考虑沿程支流入汇流量、洞庭湖三口分流流量及城陵矶洪道入流流量,达到第 5 章提出的生态流量及环境水位的阈值及第 6 章提出的长江河口南支上段水源地压咸流量阈值。

7.1 三峡水库优化调度代表年选取

根据长江中下游水系特点,针对长江中下游干支流径流特性进行分析,选取干支流遭遇代表年或支流同枯组合,在此基础上进行三峡出库流量过程需求方案设计。

7.1.1 数据来源

三峡水库下游宜昌—大通河段主要关注干流宜昌站、清江入汇高坝洲站、洞庭湖入汇口城陵矶站、汉江入汇仙桃站和鄱阳湖吞吐湖口站的径流特征。根据已有实测资料,干流宜昌站 1958～2013 年(未见 1963 年水文年鉴记载)、清江高坝洲站 1957～1987 年(未见 1963 年水文年鉴记载)和 2000～2013 年、城陵矶站 1955～1987 年(未见 1956 年、1968 年、1969 年和 1978 年水文年鉴记载)和 1991～2013 年、汉江仙桃站 1955～2013 年(未见 1956 年、1968 年、1969 年和 1970 年水文年鉴记载)、湖口站 1950～2016 年逐月径流资料作为分析依据。上述水文数据包含的水文系列年跨越三峡水库修建前、施工期和建成后运行阶段,三峡水库作为一座不完全年调节水库,自蓄水发电以来对长江干流宜昌站的径流量进行了年内重分配,因此统计分析前理应对宜昌站流量过程进行还原。但是若进行宜昌站流量过程还原必然引起下游河道流量水位变化,由此带来支流分汇流流量过程的响应,整个过程过于复杂。并且本次分析目的在于为三峡水库平水期、枯水期实际调度运行方案的制定提供依据,因此未考虑宜昌站径流量的还原过程,只针对水文站实际流量过程。由于不同水文站径流时间序列长度不同,后续将针对不同水文组合,拟选取其中共有统计年份的径流资料进行组合分析。

7.1.2 分析方法

目前研究径流丰枯遭遇的常用方法有统计法和以 Copula 函数为代表的相关函数法。统计法是基于频率分析方法,利用现有水文资料组成样本系列,一般根据皮尔逊 III 型频率曲线推求相应于各种频率(或重现期)的水文设计值。Copula 函数法是基于变量之间非线性、非对称的相关关系而建立的,具有很大的灵活性和适应性。结合本次的研究目标和实际资料情况,选取传统的统计法进行宜昌—大通河段干支流特性和平枯水遭遇特点分析。

水文学中对于河流平枯水年的定义可见于河海大学编辑的《水利大辞典》,为"枯水年,亦称少水年,年降水量或年河川径流量明显小于其正常值(多年平均值)的年份"。基于上述定义,通常采用五级丰枯划分法对径流量进行平枯水划分,以 P 为保证率,即 $P \leqslant 12.5\%$ 为特丰水、$12.5\% \leqslant P \leqslant 37.5\%$ 为偏丰水、$37.5\% \leqslant P \leqslant 62.5\%$ 为平水、$62.5\% \leqslant P \leqslant 87.5\%$ 为偏枯水、$P \geqslant 87.5\%$ 为特枯水。此外,在刘延恺主编的《北京水务知识词典》中提到"在水资源规划中,常以 $P=75\%$ 和 $P=95\%$ 年降水量的典型年代表枯水年和特枯水年"。在葛敏卿和唐伯英主编的《地理知识手册》中写道"枯水年河流年径流量的保证率 $P \geqslant 75\%$ 的年份,称为河流的枯水年"。本书参考上述对于典型平枯水的定义,兼顾已经发生实际来水过程,选取典型特枯水年、平水年和枯水年组合。

7.1.3 干支流径流特性分析

根据长江中下游径流特性可将全年划分为丰水期(5~9月)、平水期(3月、4月、10月、11月)和枯水期(12月~次年2月)。三峡水库下游宜昌—大通河段干支流各测站径流量年内分配见表 7.1.1,长江干流来水在年内分配很不均匀,年内径流量主要集中在丰水期,占年径流量的 67.7%,其中主汛期 7~9 月径流量占年径流量的 49.3%;枯水期径流量较少,占年径流量的 9.0%。与干流相同,清江、城陵矶、汉江和湖口四条主要

表 7.1.1 干支流径流量年内分配比例表 (单位:%)

干支流	1月	2月	3月	4月	5月	6月	7月	8月	9月	10月	11月	12月
干流	2.8	2.6	2.9	4.2	7.2	11.2	18.2	16.2	14.9	10.2	6.0	3.6
清江	1.9	2.0	4.4	9.7	13.5	15.4	18.7	9.3	10.0	7.7	5.0	2.4
城陵矶	2.5	2.9	5.1	7.9	12.2	13.1	16.4	13.2	10.4	8.1	5.1	3.1
汉江	5.0	4.4	5.3	5.9	7.9	7.6	14.3	13.8	13.2	10.7	6.6	5.3
湖口	3.4	4.2	8.2	11.8	14.5	15.8	10.7	8.8	6.7	6.9	5.4	3.7

支流来水在年内分配同样很不均匀，但由表 7.1.1 可以发现，清江和城陵矶两条支流与长江干流的年内水量分配一致性较高，即同样在 5~9 月表现为丰水期、12 月~次年 2 月表现为枯水期、3 月、4 月、10 月、11 月表现为平水期；而汉江和湖口两支流则表现出些许不同，汉江的丰水期有所滞后，集中于 7~10 月，鄱阳湖来水的汛期有所提前，5 月就已经进入湖汛。

径流量变化的总体特征常用均值和变差系数 C_v 来表示，研究区域干支流统计特征值见表 7.1.2。比较相同统计时期各支流径流量的均值发现，城陵矶径流量最大，湖口次之，汉江和清江较小，且四者存在较大差异。比较干支流各测站之间 C_v 值的大小可以看出，干流年均径流量变化程度均小于各支流，说明长江干流来水量大，年径流量变化较小，支流来水量小，年径流量变化较大；同一测站中，全年径流量的 C_v 值普遍小于各个时期的，说明以全年为统计时段来水量大，径流量变化较小；分时期统计则来水量小，径流量变化较大。

表 7.1.2　干支流径流量统计特征值

时间	干流 径流量均值 /($\times 10^8$ m^3)	C_v	清江 径流量均值 /($\times 10^8$ m^3)	C_v	城陵矶 径流量均值 /($\times 10^8$ m^3)	C_v	汉江 径流量均值 /($\times 10^8$ m^3)	C_v	湖口 径流量均值 /($\times 10^8$ m^3)	C_v
全年	4 211.69	0.12	111.01	0.37	2 877.51	0.23	371.87	0.35	1 517.68	0.28
丰水期	2 863.24	0.14	72.06	0.45	1 956.94	0.27	209.23	0.42	855.63	0.33
平水期	968.18	0.17	29.74	0.42	657.46	0.31	95.71	0.49	490.85	0.29
枯水期	363.48	0.10	7.04	0.49	221.93	0.31	58.48	0.35	171.20	0.46

7.1.4　调度代表年选取

本章研究三峡水库中长期预防性调度方案，对于调度代表年的选择分为两个时间尺度：①以年为时间尺度，选取长江中下游实际发生的典型特枯水年和平水年；②以三峡水库消落期和蓄水期为时间尺度，选取长江中下游各支流典型枯水代表年组合。研究区域中重点关注的四项生态环境指标中除长江口枯水期压咸需求外，均包含在宜昌至武汉河段，因此在下文选取典型特枯水和平水代表年时，即实际自然年来水过程，重点关注宜昌至武汉河段干流、清江、城陵矶和汉江三条支流来水情况；选取典型枯水代表年组合时，即非实际自然年来水过程是根据四条支流来水情况得到的组合年份（不考虑干流来水情况），则综合考虑清江、城陵矶、汉江和湖口四条支流来水情况。

1. 典型特枯水年和平水年选取

运用三峡水库下游清江、城陵矶和汉江三条支流实测逐月流量过程计算得到三条支流各自年径流量并分别对其进行排序。按照 7.1.2 小节中提及的五级丰枯划分法的思路对三条支流年径流量进行平枯水划分，此处将特丰水和偏丰水划分为丰水，特枯水和偏枯水划分为枯水。在此基础上分析得到以全年为时间尺度，三条支流同枯遭遇概率为 10%，分别发生在 1966 年、2001 年、2006 年和 2013 年，其中 2006 年为三条支流年径流总量最小年份，总径流量为 2 292.23 亿 m³。将干流实测逐月来水过程以支流的统计方法进行分析，发现 2006 年同样是干支流年径流总量最小年份。实测资料中三条支流共有统计年份的径流资料为 40 年，2006 年为真实发生过的最枯水年份，且长江干流来水仅为多年平均径流量的 64%左右，若方案设计能满足在 2006 年三条支流来水过程下各项生态环境指标的可靠性，则可认为设计方案具有更高的可靠度。因此，选取 2006 年干支流来水过程为三峡水库典型特枯水年方案设计的本底。

同样将三峡水库下游清江、城陵矶和汉江三条支流实测逐月流量过程计算得到三条支流各自年径流量并分别对其进行排序。按照五级丰枯划分法的思路分析得到以全年为时间尺度，并未出现三支流同为平水的组合。由表 7.1.2 可知，三条支流中清江的来水量远远小于另外两条支流，因此在典型平水年选取的时候重点考虑城陵矶和汉江两条支流为平水年的年份。统计结果发现，城陵矶和汉江仅有 2012 年同为平水年份，且将 2012 年长江干流宜昌站流量纳入考虑发现，2012 年宜昌站年径流量同属平水年份。因此选取 2012 年干支流来水过程为三峡水库典型平水年方案设计的本底。

三峡水库调度集中于调节水库消落期和蓄水期天然来水过程，所以计算典型特枯水年和平水年按照消落期兼顾压咸期（1月1日～6月10日）和蓄水期兼顾压咸期（9月10日～12月31日）。

2. 四支流同为 $P=75\%$ 的枯水代表年组合

同上，根据实测资料对三峡水库下游清江、城陵矶、汉江和鄱阳湖湖口四支流来水过程进行统计分析，但不同的是，本次代表年选取并非实际自然来水年，而是考虑四条支流同为 $P=75\%$ 枯水时的代表年组合，用于设计三峡水库典型枯水年调度方案。此外，因三峡水库调度集中于调节水库消落期和蓄水期天然来水过程，此处数据分析和年份选取不以年为时间尺度分析，重点关注水库消落期和蓄水期的来水过程。根据水库现有调度规程规定水库消落期为每年的 1月1日～6月10日，蓄水期为每年的 9月10日～10月31日，但每年的 12 月又面临长江口盐水入侵的风险，因此针对蓄水期的三峡出库流量过程，本书由 10月31日延伸至 12月31日。

通过对 1955 年以来有实测资料记载的四支流来流过程进行统计、分析，找到四条支流各自在水库消落期和蓄水期枯水概率 75%的年份，并将四支流当年各时期的实际来流情况作为设计三峡水库出库流量过程的依据。经分析可知，三峡水库消落期水库下游四条主要支流清江、城陵矶、汉江和鄱阳湖湖口枯水概率 75%年份分别为 1986 年、1991 年、2002 年和 2007 年，水量总计约 1 470.2 亿 m³。三峡水库蓄水期水库下游四条主要支流清江、城陵矶、汉江和鄱阳湖湖口枯水概率 75%年份分别为 2015 年、2005 年、1995 年和 2009 年，水量总计约 780.1 亿 m³。

为验证所选取的四支流典型枯水代表年是否可能真实发生，又统计分析了逐年三峡水库消落期、蓄水期时段四条支流水量总量，发现水库消落期四支流最枯水年份为 2011

年，水量总计约 1 050.4 亿 m³；水库蓄水期四支流最枯水年份为 2009 年，水量总计约 590.1 亿 m³。综上，三峡水库消落期和蓄水期，水库下游四支流偏枯水概率同为 75%时的水量总计均大于同时段典型特枯水年份的水量，因此选择四支流同枯水 75%水平进行方案设计和预测是具有实际意义的。

综上选取上述三峡水库消落期和蓄水期代表年四条支流来水过程为三峡水库典型枯水年方案设计的本底。即消落期，每年的 1 月 1 日～6 月 10 日，四条主要支流清江、城陵矶、汉江和鄱阳湖湖口枯水概率 75%年份分别为 1986 年、1991 年、2002 年和 2007 年；蓄水期+压咸期，每年的 9 月 10 日～12 月 31 日，四条主要支流清江、城陵矶、汉江和鄱阳湖湖口枯水概率 75%年份分别为 2015 年、2005 年、1995 年和 2009 年。

7.2　水库下游生态环境指标阈值

7.2.1　城陵矶环境水位指标

如 5.4.3 小节研究成果，三峡水库蓄水末期，即 10 月 25 日～31 日，莲花塘站环境水位约为 21.4 m（黄海高程），此为指标 C_1。

7.2.2　监利四大家鱼产卵流量过程指标

有关三峡水库调度对四大家鱼产卵的主要表现为产卵时间推迟约 1 个月、产卵量不足蓄水前的 20%和鱼类组成比例发生改变。通过研究监利河段适宜四大家鱼产卵的水温、流量过程条件提出：四大家鱼产卵的关键期在每年的 5～7 月，这 3 个月中应在监利河段水温达到 18℃后开始生态调度且至少给出三次涨水历时不短于 5 d、涨水幅度不小于 6 000 m³/s 的人造洪峰过程。考虑既适宜四大家鱼产卵条件又与长江中游干流来水过程相符合的时间集中在每年的 5 月、6 月，因此后续的研究以满足四大家鱼 5～7 月关键期逐月生态流量的基础上，在 5 月、6 月分别设计一次满足要求的流量上涨过程。此为指标 C_2。

7.2.3　长江河口压咸流量下限指标

根据第 6 章的研究成果，选择以 12 月～次年 2 月大通站流量达到 11 000 m³/s 为满足长江口压咸的下限流量。此为指标 C_3。

7.2.4　宜昌至汉口主要监测站全年生态流量下限指标

水库下游考察的主要监测站为监利站、螺山站和汉口站三个水文站，生态流量的确定见 5.3 节。监利站 1～12 月月均生态流量依次为 5 400 m³/s、5 190 m³/s、5 480 m³/s、6 280 m³/s、7 650 m³/s、10 850 m³/s、13 030 m³/s、12 290 m³/s、10 100 m³/s、8 480 m³/s、6 420 m³/s、5 630 m³/s；螺山站全年流量下限值为 7 200 m³/s；汉口站全年流量下限值为 7 500 m³/s。此为指标 C_4。

7.3 基于实测资料分析的典型平、枯水年城陵矶环境水位对宜昌流量需求

由于三峡水库蓄水作用在一定程度上带来水库下游两湖区域生态环境恶化，并且在 5.4 节论证选择了城陵矶（莲花塘）站环境水位作为改善三峡水库蓄水期末两湖湖区生态环境的指标。因此，首先从实测资料出发分析城陵矶处环境水位对上游宜昌流量需求。为反映三峡水库蓄水前、后各阶段，选取了 1992~2002 年、2003~2007 年及 2008~2013 年三个时期分别代表水库蓄水前、初期运行期和试验性蓄水运行期，对每年 10~11 月实测资料进行分析，各站水位均以吴淞高程为基准（具体可分析年份结合各站现有实测资料）。

7.3.1 城陵矶站水位与螺山站水位的关系

各时段统计结果如图 7.3.1 所示，在三峡水库蓄水前后，城陵矶站与螺山站水位均有良好的线性相关关系，三个时期的线性相关系数 R^2 均达到了 0.995 以上，从定性角度分析，说明三峡水库蓄水作用未改变城陵矶站与螺山站的水位线性相关性；但从定量角度分析发现，1992~2002 年，每年 10~11 月城陵矶站水位平均高于螺山站水位 1.01 m；2003~2007 年，每年 10~11 月城陵矶站水位平均高于螺山站水位 1.15 m；2008~2013 年，每年 10~11 月城陵矶站水位平均高于螺山站水位 1.16 m。说明三峡水库运行后，水库下游河道冲刷已逐渐延伸至螺山河段。

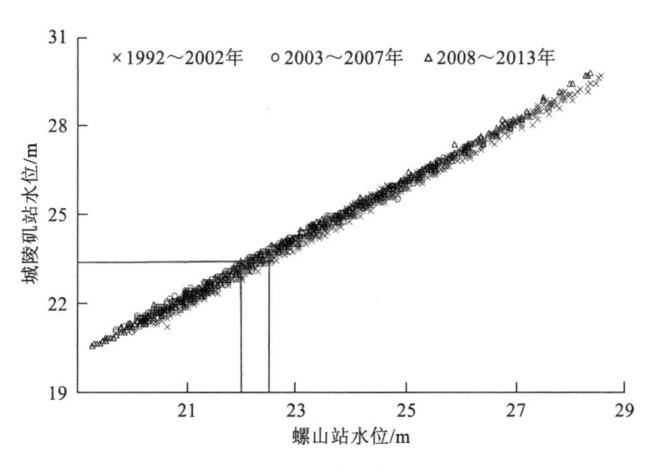

图 7.3.1 城陵矶站水位与螺山站水位关系

依据 5.4 节中提出的三峡水库蓄水期末城陵矶水位达到 21.4 m（黄海高程），即吴淞高程约 23.35 m，则根据图 7.3.1 可找到对应城陵矶站水位 23.35 m（吴淞高程）的螺山站水位区间为 22.0~22.5 m。取两者最小值，可认为螺山站水位达到 22.0 m 时，城陵矶站水位可达到 23.35 m。

7.3.2 满足城陵矶站环境水位的螺山站流量需求

在上述基础上,将三个时期螺山站水位流量关系绘制,如图 7.3.2 所示,螺山站水位在 22.0 m(吴淞高程)左右时,螺山站流量为 11 000~14 500 m³/s。不仅如此,三峡水库蓄水运行后,每年 10~11 月螺山站水位在 22.0 m 左右时,流量偏高于水库未运行前,这样印证了三峡水库蓄水运行后对水库下游河道的冲刷作用使得同水位下流量增加。这里为保证螺山站水位达标,取流量偏高保证率在 75%时的螺山站流量约为 13 600 m³/s,即每年 10~11 月螺山站流量达到 13 600 m³/s 时,螺山站水位可达到 22.0 m。

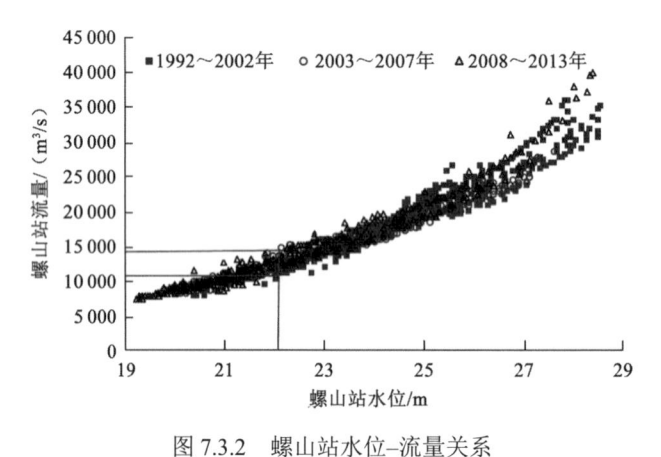

图 7.3.2 螺山站水位–流量关系

7.3.3 典型平、枯水年城陵矶站环境水位对宜昌站流量的需求分析

根据上述结果结合 7.1 节所选取的三峡水库优化调度代表年,对三峡水库蓄水期螺山站实测流量进行分析,从而得到相应年份为满足城陵矶站环境水位达标的宜昌站流量需求。

典型特枯水年(2006 年)和平水年(2012 年)10~11 月,螺山站水位流量过程如图 7.3.3 所示。对于典型特枯水年(2006 年),10~11 月中仅有几天能够达到满足城陵矶站环境水位的螺山站水位和流量的需求,若暂不考虑三峡出库流量增加带来的荆江河段三口分流量的增加,则特枯水年对宜昌站流量增加量需求在 0~6 000 m³/s,且出库流量的

(a) 典型特枯水年(2006 年)

(b) 典型平水年(2012 年)

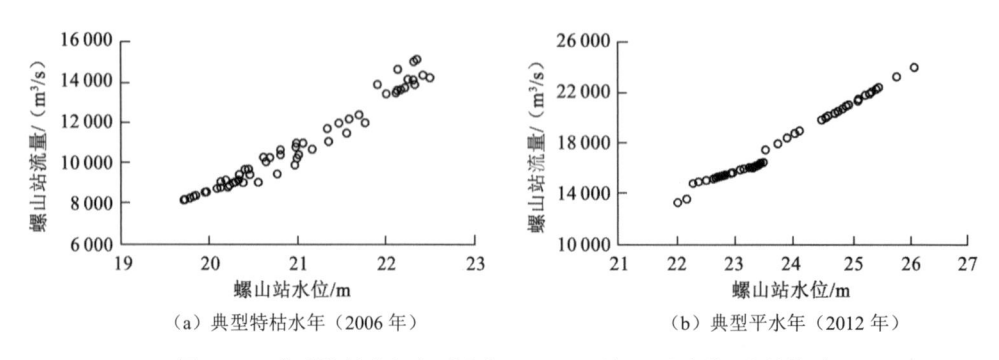

图 7.3.3 典型特枯水年和平水年 10~11 月螺山站水位–流量关系

增加几乎需要贯穿 10~11 月两个月。对于典型平水年,10~11 月都能满足城陵矶站环境水位的螺山站水位和流量需求。

7.4 基于数模计算的典型平、枯水年宜昌站流量过程需求

7.4.1 典型平、枯水年长江中下游生态环境指标不达标情况统计

根据实测资料,典型特枯水年（2006 年）10~11 月中仅有几天能够达到满足城陵矶站环境水位的螺山站水位和流量的需求;因四大家鱼产卵需求,监利站 5~6 月需要每月有一次涨水过程,涨水时间不少于 5 d,涨幅不小于 6 000 m³/s,实际仅 5 月有符合要求的涨水过程;因压咸需要,大通站流量在 12 月~次年 2 月需大于 11 000 m³/s,实际 1 月 1~18 日、2 月 8~14 日、12 月 26~31 日不达标;监利站流量 6~8 月不满足生态流量要求;螺山站全年 1 月 1~8 日、1 月 10~14 日、1 月 16~19 日、2 月 2~18 日和 12 月 26~31 日共 40 d 流量不满足生态流量需要;汉口站全年 12 月 26 日、12 月 29~31 日共 4 d 流量不满足生态流量要求。

7.4.2 支流同枯水组合条件下三峡水库出库流量过程需求

为满足下游生态环境指标,三峡水库出库流量过程需根据水库下游四条支流来水情况结合生态环境需求反推出,是研究中的未知目标值;支流来水过程假定为水库消落期和蓄水期四支流同枯水 $P=75\%$ 水平的非现实偏枯水情况,其中三口分流以 3.2.1 小节三口分流量与干流水位的相关关系计算得到（图 3.2.6,取 2016 年拟合公式计算）;下边界大通站水位过程由大通站水位流量关系（图 7.4.1）试算给定。经过多次试算、优化,得到满足水库下游生态环境指标的出库流量过程下限值。

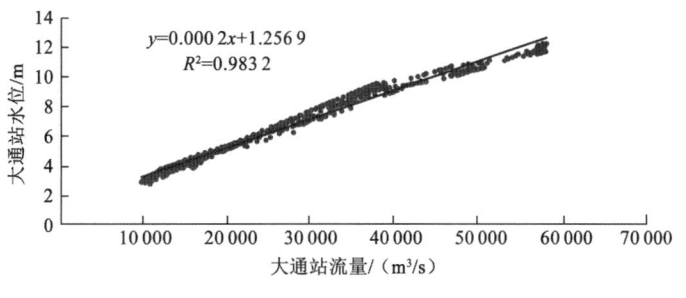

图 7.4.1 大通站水位–流量关系

三峡水库汛末蓄水导致下游洞庭湖湖区面积减小、湿地面积萎缩,上述研究提出莲花塘站水位 10~11 月维持在 21.4 m 左右。以典型特枯水年 2006 年为例,仅为保证 10 月末一周时间莲花塘站水位达到 21.4 m,三峡水库 10 月下旬的出库流量就需提升至

11 355 m³/s 左右。若在 10~11 月要长时期保持三峡水库偏高出库流量运行必然会带来水库蓄水量不足等问题，导致水库固有效益受损。因此，枯水年蓄水期设计三套出库流量方案。方案一，遵循三峡水库现状调度规程即 10 月 1~20 日出库流量为 8 000 m³/s、21~31 日出库流量 10 000 m³/s；方案二，提升 10 月 25~31 日莲花塘站水位达 21.4 m；方案三，提升 10~11 月两个月莲花塘站水位达 21.4 m。出库流量方案设计见表 7.4.1。运用 4.2 节一维河网水动力数学模型计算得到结果，见表 7.4.2 和表 7.4.3。将上述方案计算结果进行绘制，如图 7.4.2 所示，根据多年实测资料，螺山站、汉口站两站全年仅有枯水期存在流量不足的可能性，因此仅绘制了枯水期的计算结果。

表 7.4.1 四支流同为 P=75%枯水年三峡水库按旬设计出库流量过程　（单位：m³/s）

时间		消落期出库流量	时间		蓄水期出库流量		
					方案一	方案二	方案三
1 月	上旬	5 654	9 月	上旬	11 305	11 305	11 305
	中旬	5 553		中旬	10 158	10 158	10 158
	下旬	4 772		下旬	8 910	8 910	8 910
2 月	上旬	6 750	10 月	上旬	8 000	8 000	11 900
	中旬	6 841		中旬	8 000	8 000	8 300
	下旬	4 000		下旬	10 000	10 144	11 045
3 月	上旬	5 451	11 月	上旬	7 533	7 533	9 470
	中旬	6 068		中旬	5 922	5 922	6 000
	下旬	4 709		下旬	5 488	5 488	11 100
4 月	上旬	5 757	12 月	上旬	5 040	5 040	5 040
	中旬	7 070		中旬	6 318	6 318	6 318
	下旬	6 336		下旬	6 885	6 885	6 885
5 月	上旬	8 750					
	中旬	11 200					
	下旬	8 000					
6 月	上旬	13 650					

表 7.4.2 蓄水期三种方案下莲花塘站水位达标情况

考核指标	C_1		
	方案一	方案二	方案三
需求达标天数	61	61	61
实际达标天数	29	34	61
达标率/%	47.54	55.74	100.00
平均水位/m	21.32	21.29	21.76
最低水位/m	19.53	19.50	21.49

表 7.4.3 水库消落期和蓄水期水库下游生态环境指标达标情况（除 C_1 外）

考核指标	C_2 消落期	C_2 蓄水期	C_3 消落期	C_3 蓄水期	C_4 消落期	C_4 蓄水期
需求达标天数	2	—	59	31	—	—
实际达标天数	2	—	59	31	—	—
达标率/%	100	—	100	100	100	100

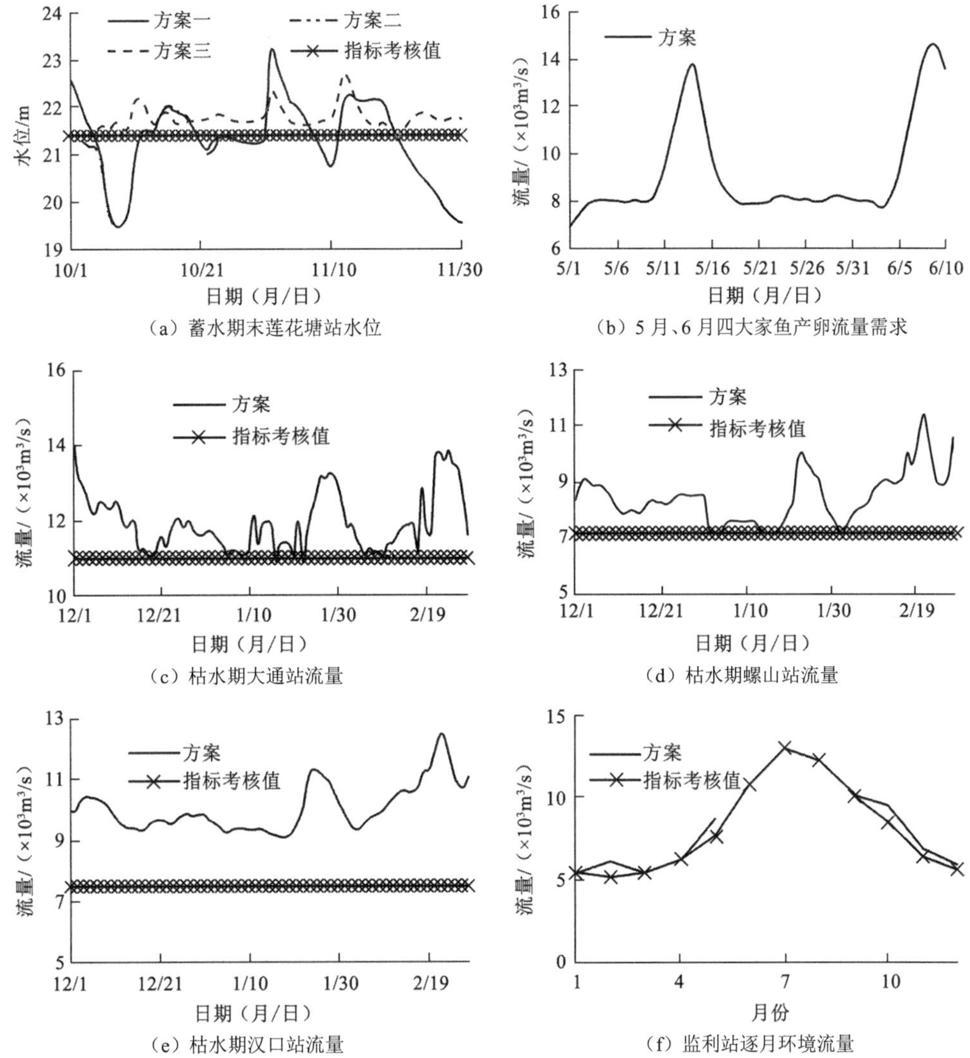

(a) 蓄水期末莲花塘站水位

(b) 5月、6月四大家鱼产卵流量需求

(c) 枯水期大通站流量

(d) 枯水期螺山站流量

(e) 枯水期汉口站流量

(f) 监利站逐月环境流量

图 7.4.2 四支流同为 $P=75\%$ 枯水年各设计方案出库流量过程下下游生态环境指标达标情况

综上，若长江中下游清江、城陵矶、汉江和湖口四条主要支流在三峡水库消落期和蓄水期分别为偏枯水 $P=75\%$ 水平，则可参考上述设计方案提出的逐旬三峡水库出库流量过程。其中，针对莲花塘站环境水位提出了三套方案供实际调度参考。

7.4.3 典型特枯水年三峡水库出库流量过程需求

1. 现状调度规程下评价指标达标率分析

1) 入库、出库流量过程及坝前水位

2006年三峡水库处于试验性蓄水阶段,坝前水位未达到175 m,需按现状调度规程模拟175 m方案坝前水位及出库流量过程。据实测资料,三峡水库自2010年末第一次蓄水达到175 m后,2012~2017年每年1月1日坝前水位均值为173.4 m,即假设2006年1月1日三峡水库坝前水位为173.4 m。为尽量与2006年三峡水库出库过程贴近且不与现状调度规程出现较大冲突,实际出库流量过程的模拟原则为:2006年1月、2月按三峡实际出库流量过程下泄,水库坝前水位偏高运行;3月1日~6月10日为水库消落期,出库流量以坝前水位过程要求控制,5月25日坝前水位达到155 m,6月10日坝前水位达到145 m并一直持续到8月31日;9月1日~10月31日为水库蓄水期,9月10日蓄水至150 m,9月11~20日按照调度规程下泄10 000 m³/s,9月21日~12月31日按照2006年实际出库流量。套绘2006年实际过程、2006年调度模拟规程、2006年现状调度模拟三种坝前水位过程,如图7.4.3所示。

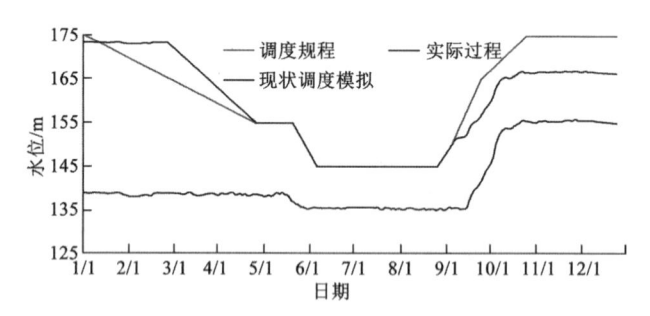

图 7.4.3 2006年现状调度模拟、实际过程和调度规程下坝前水位套绘

将2006年三峡水库实际入库流量、出库流量和根据上述调度原则调度后的出库流量(以下简称2006年现状调度模拟出库流量)按旬统计,见表7.4.4。2006年入库径流量与年出库径流量分别为2 985.198亿 m³和2 898.651亿 m³。

表 7.4.4 2006年三峡水库实际入库、实际出库与模拟出库流量过程表　　（单位：m³/s）

月份	旬	入库流量	实际出库流量	现状调度模拟出库流量	月份	旬	入库流量	实际出库流量	现状调度模拟出库流量
1月	上旬	5 010	4 953	4 953	3月	上旬	6 416	6 623	9 851
	中旬	5 009	5 036	5 036		中旬	7 300	7 477	10 487
	下旬	4 949	5 235	5 235		下旬	5 917	5 637	8 835
2月	上旬	4 401	4 389	4 389	4月	上旬	5 704	5 771	8 385
	中旬	5 224	4 904	4 904		中旬	7 095	7 225	9 562
	下旬	6 306	6 300	6 300		下旬	6 441	6 319	8 783

续表

月份	旬	入库流量	实际出库流量	现状调度模拟出库流量	月份	旬	入库流量	实际出库流量	现状调度模拟出库流量
5月	上旬	7 384	7 604	7 384	9月	上旬	13 850	13 710	10 910
	中旬	14 410	14 274	14 410		中旬	11 490	11 360	10 000
	下旬	9 432	10 839	11 955		下旬	12 230	8 752	8 752
6月	上旬	12 022	12 081	15 786	10月	上旬	13 040	7 788	7 788
	中旬	14 050	14 040	14 050		中旬	13 340	11 390	11 390
	下旬	14 080	14 180	14 080		下旬	12 273	11 082	11 082
7月	上旬	21 700	21 500	21 700	11月	上旬	8 157	8 133	8 133
	中旬	20 290	20 410	20 290		中旬	6 584	6 522	6 522
	下旬	15 355	15 464	15 355		下旬	6 534	6 379	6 379
8月	上旬	10 825	10 709	10 825	12月	上旬	6 155	6 162	6 162
	中旬	8 301	8 392	8 301		中旬	5 163	5 424	5 424
	下旬	9 654	9 719	9 654		下旬	4 475	4 702	4 702

2) 水库下游生态环境目标

运用 4.2 节建立的一维河网水动力数学模型，计算 2006 年现状调度模拟出库流量情况下三峡水库下游各项生态环境指标达标情况。分析结果发现，2006 年莲花塘站水位 10~11 月常不足 21.4 m，但由于 2006 年为长江流域干支流典型特枯水年，三峡水库无法实现保持长期增加水库出库流量以改善洞庭湖生态环境。因此，在典型特枯水年，关注三峡水库蓄水期末即 10 月 25~31 日莲花塘站水位达 21.4 m。

2006 年现状调度规程模拟的三峡水库下游生态环境指标达标率情况见表 7.4.5。由表 7.4.5 可知，10 月 25~31 日莲花塘站水位 4 d 没有达到 21.4 m；监利河段 5 月、6 月中仅有 5 月可以满足四大家鱼涨水过程需求；枯水期大通站流量有 31 d 不能满足河口压咸需求，不满足时段分别为 1 月 1~18 日、2 月 8~14 日及 12 月 26~31 日，每个时段流量不足量分别为 800 m³/s、400 m³/s 和 600 m³/s。枯水期螺山站和汉口站生态流量不达标天数分别为 40 d 和 4 d，与大通站流量不达标日期基本相同，不足量为 100~700 m³/s；监利站 8 月生态流量不达标，不足量约为 3 200 m³/s。

表 7.4.5 2006 年现状调度规程模拟下三峡水库下游生态环境指标达标率情况表

指标	C_1 消落期	C_1 蓄水期	C_2 消落期	C_2 蓄水期	C_3 消落期	C_3 蓄水期	C_4 消落期	C_4 蓄水期
需求达标天数	—	7	1	—	59	31	—	—
实际达标天数	—	4	1	—	34	25	—	—
达标率/%	—	57.14	100	—	57.63	80.65	92.96	97.05

2. 优化调度方案设计与评价

1）优化调度方案设计

基于上述结果分析,典型特枯水年 2006 年现状调度模拟过程下三峡水库下游生态环境指标达标率多处不足 100%,其中以 C_1 即蓄水末期莲花塘站水位指标达标率最低。

优化调度方案设计思路为:通过多次数学模型计算,若期望 10 月下旬三峡水库蓄水结束时莲花塘站水位达到 21.4 m,则增加该时段出库流量;5 月、6 月为四大家鱼营造合适的产卵环境,需要每月一次涨水过程,5 月已满足,6 月虽不在计算时间内,但 6 月上旬条件合适,可设计一次涨水过程;增加 9 月出库流量改善监利河段 9 月生态流量不足的情况;1 月上旬和 12 月下旬需要适当增加三峡水库出库流量,实现长江口压咸目标;此外螺山站和汉口站枯水期不满足生态流量的时段也需要增加出库流量。在满足以上三峡出库流量需求的条件下,其余时段三峡出库流量则根据三峡调度规程中有关坝前水位过程和特定时期水库出库流量要求制定。因此,以 2006 年现状调度模拟出库流量为试算值,按照下游应满足的生态环境指标,运用 4.2 节所建立的宜昌—大通一维河网水动力数学模型反算得到优化调度方案逐旬出库流量过程,见表 7.4.6。

表 7.4.6 典型特枯水年三峡水库出库流量优化调度方案 （单位：m^3/s）

时间		消落期出库流量			时间		蓄水期出库流量		
		2006 年现状调度模拟	优化调度方案	增加值			2006 年现状调度模拟	优化调度方案	增加值
1 月	上旬	4 953	6 453	1 500	9 月	上旬	10 910	11 412	502
	中旬	5 036	5 536	500		中旬	10 000	11 126	1 126
	下旬	5 235	6 000	765		下旬	8 752	10 591	1 839
2 月	上旬	4 389	5 089	700	10 月	上旬	7 788	6 488	1 300
	中旬	4 904	5 604	700		中旬	11 390	10 990	400
	下旬	6 300	6 300	0		下旬	11 082	11 355	273
3 月	上旬	9 851	7 927	−1 924	11 月	上旬	8 133	7 533	−600
	中旬	10 487	8 720	−1 767		中旬	6 522	5 922	−600
	下旬	8 835	7 239	−1 596		下旬	6 379	5 779	−600
4 月	上旬	8 385	7 357	−1 028	12 月	上旬	6 162	6 162	0
	中旬	9 562	8 670	−892		中旬	5 424	5 424	0
	下旬	8 783	7 936	−847		下旬	4 702	5 702	1 000
5 月	上旬	7 384	8 641	1 257					
	中旬	14 410	15 824	1 414					
	下旬	11 955	12 729	774					
6 月	上旬	15 786	14 705	−1 081					

2) 优化调度方案评价

2006 年三峡水库出库流量优化调度方案下，水库下游生态环境指标达标情况见表 7.4.7。将 2006 年模拟实际、方案三两种调度出库流量过程和相应计算得到的水库下游生态环境各指标达标情况套绘如图 7.4.4、图 7.4.5 所示。在优化调度方案下，水库下游生态环境各项指标达标率为 100%。

表 7.4.7 优化调度方案三峡水库下游生态环境指标达标率情况表

指标	C_1 消落期	C_1 蓄水期	C_2 消落期	C_2 蓄水期	C_3 消落期	C_3 蓄水期	C_4 消落期	C_4 蓄水期
需求达标天数	—	7	1	—	59	31	—	—
实际达标天数	—	7	1	—	59	31	—	—
达标率/%	—	100	100	—	100	100	100	100

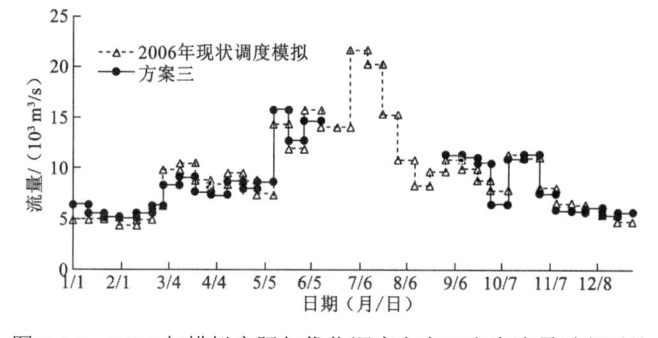

图 7.4.4 2006 年模拟实际与优化调度方案三出库流量过程对比

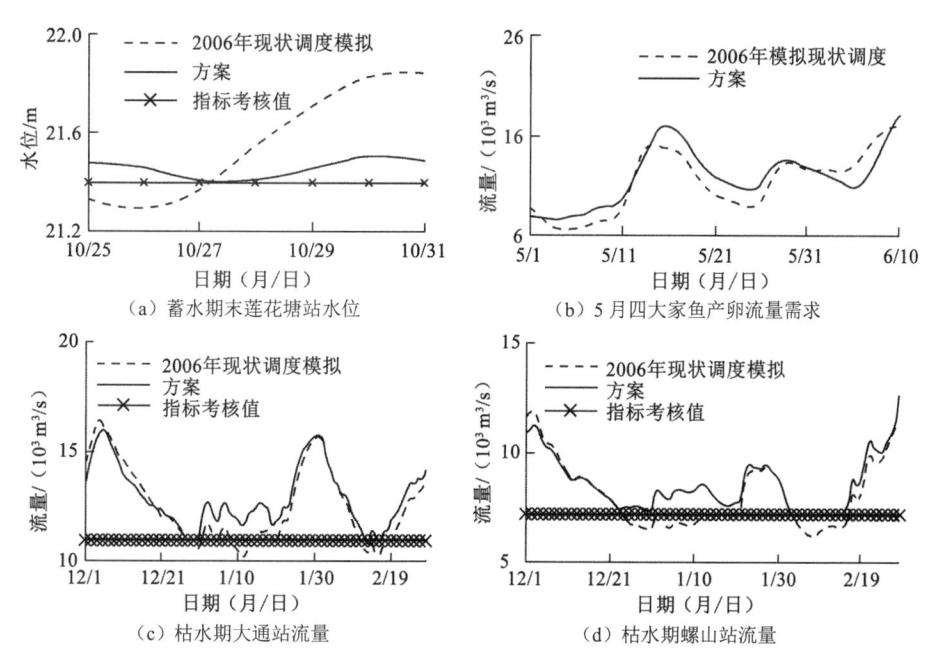

(a) 蓄水期末莲花塘站水位
(b) 5 月四大家鱼产卵流量需求
(c) 枯水期大通站流量
(d) 枯水期螺山站流量

图 7.4.5 典型特枯水年模拟实际与方案三出库流量过程下下游生态环境指标达标情况

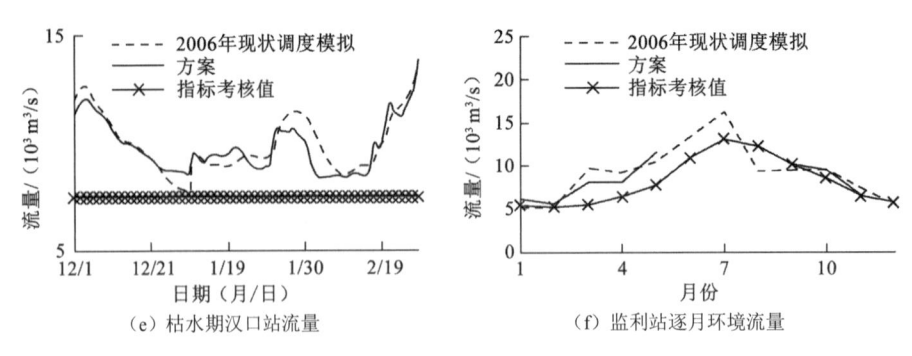

(e）枯水期汉口站流量　　　　　　　　（f）监利站逐月环境流量

图 7.4.5　典型特枯水年模拟实际与方案三出库流量过程下下游生态环境指标达标情况（续）

综上，长江流域干支流为特枯水年时，12 月～次年 2 月三峡出库流量应增大至 5 536～6 453 m³/s；为满足监利站生态流量需要，三峡水库在 9 月平均出库流量应在 11 043 m³/s 左右；蓄水末期即 10 月 25～31 日三峡出库流量应增加至 11 355 m³/s；5 月、6 月为满足监利河段四大家鱼产卵需求，三峡水库应每月设计一次持续 5～8 d 的人造洪峰过程，起涨出库流量 8 000～10 000 m³/s，日均涨幅 2 000～2 500 m³/s，出库流量总涨幅达 10 000～12 500 m³/s，其中 5 月已满足，6 月虽不在计算时间内，但由于 6 月上旬条件合适，也设计一次满足条件的人造洪峰，5 月 1～15 日三峡平均出库流量需增加至 11 598 m³/s，6 月上旬仅需在月初略减小下泄，上旬末期略增加下泄便可满足涨水要求。满足上述条件时，螺山站和汉口站全年生态流量可满足。

7.4.4　典型平水年三峡水库出库流量过程需求

1. 2012 年三峡实际出库过程评价指标达标率分析

将 2012 年全年三峡水库入库与出库流量的逐日资料以旬为统计时段整理得到表 7.4.8，2012 年三峡水库年入库与年出库径流量分别为 4 480.35 亿 m³ 和 4 491.11 亿 m³。2012 年三峡水库下游生态环境指标达标率情况见表 7.4.9。

表 7.4.8　三峡水库入库与出库流量过程表　　　　　　　（单位：m³/s）

时间		入库流量	出库流量	时间		入库流量	出库流量
1 月	上旬	5 541	6 113	4 月	上旬	5 422	5 862
	中旬	4 736	6 066		中旬	6 130	5 929
	下旬	5 228	6 010		下旬	6 740	7 350
2 月	上旬	4 586	5 971	5 月	上旬	9 202	11 796
	中旬	4 173	6 171		中旬	13 556	16 820
	下旬	4 242	6 027		下旬	15 818	17 382
3 月	上旬	4 715	5 999	6 月	上旬	16 310	20 760
	中旬	4 712	6 001		中旬	13 560	14 150
	下旬	5 190	6 005		下旬	15 700	15 270

续表

时间		入库流量	出库流量	时间		入库流量	出库流量
7月	上旬	43 180	36 670	10月	上旬	21 740	16 790
	中旬	37 990	35 490		中旬	15 710	16 300
	下旬	44 945	42 827		下旬	12 000	10 556
8月	上旬	28 660	31 180	11月	上旬	9 633	10 094
	中旬	20 380	28 080		中旬	7 345	7 873
	下旬	20 191	18 936		下旬	5 795	5 697
9月	上旬	30 620	23 690	12月	上旬	5 646	5 664
	中旬	27 460	21 170		中旬	5 991	5 637
	下旬	19 320	16 580		下旬	5 889	6 652

表 7.4.9 2012 年三峡水库下游生态环境指标达标率情况表

指标	C_1		C_2		C_3		C_4	
	消落期	蓄水期	消落期	蓄水期	消落期	蓄水期	消落期	蓄水期
需求达标天数	—	61	1	—	60	31	—	—
实际达标天数	—	61	0	—	57	31	—	—
达标率/%	—	100	0	—	95	100	100	100

2. 优化调度方案设计与评价

1)优化调度方案设计

基于上述结果,典型平水年三峡水库出库流量优化设计以 2012 年实际出库过程为基础,仅需对 C_2 和 C_3 两项生态环境指标短期不满足调整优化。即:在 1 月上旬略增加三峡出库流量,在 5 月中上旬设计一次适宜鱼类产卵的三峡出库涨水过程,10 月、11 月适量增加三峡水库出库流量,得到三峡优化调度设计出库流量过程,见表 7.4.10。

表 7.4.10 典型平水年三峡水库优化调度方案出库流量 （单位:m³/s）

时间		消落期出库流量/（m³/s）			时间		蓄水期出库流量/（m³/s）		
		实际出库	优化调度方案	增加值			实际出库	优化调度方案	增加值
1月	上旬	6 113	6 713	600	9月	上旬	23 690	26 320	2 630
	中旬	6 066	6 066	0		中旬	21 170	19 170	-2 000
	下旬	6 010	6 010	0		下旬	16 580	13 580	-3 000
2月	上旬	5 971	5 971	0	10月	上旬	16 790	15 290	-1 500
	中旬	6 171	6 171	0		中旬	16 300	14 911	-1 389
	下旬	6 027	6 027	0		下旬	10 556	12 273	1 717

续表

时间		消落期出库流量			时间		蓄水期出库流量		
		实际出库	优化调度方案	增加值			实际出库	优化调度方案	增加值
3月	上旬	5 999	5 999	0	11月	上旬	10 094	10 094	0
	中旬	6 001	6 001	0		中旬	7 873	7 945	72
	下旬	6 005	6 005	0		下旬	5 697	6 345	648
4月	上旬	5 862	6 062	200	12月	上旬	5 664	5 309	−355
	中旬	5 929	6 129	200		中旬	5 637	5 654	17
	下旬	7 350	7 350	0		下旬	6 652	5 552	−1 100
5月	上旬	11 796	12 400	604					
	中旬	16 820	16 820	0					
	下旬	17 382	17 382	0					
6月	上旬	20 760	20 760	0					

2) 优化调度方案评价

2012年三峡水库出库流量优化调度方案下，水库下游生态环境指标达标率情况见表 7.4.11。将 2012 年实际过程和优化设计方案两种出库流量过程、水库下游生态环境各指标及达标情况套绘如图 7.4.6、图 7.4.7 所示。

表 7.4.11　优化调度方案下三峡水库下游生态环境指标达标率情况表 2

指标	C_1		C_2		C_3		C_4	
	消落期	蓄水期	消落期	蓄水期	消落期	蓄水期	消落期	蓄水期
需求达标天数	—	61	1	—	60	31		
实际达标天数	—	61	1	—	60	31	—	—
达标率/%	—	100	100	—	100	100	100	100

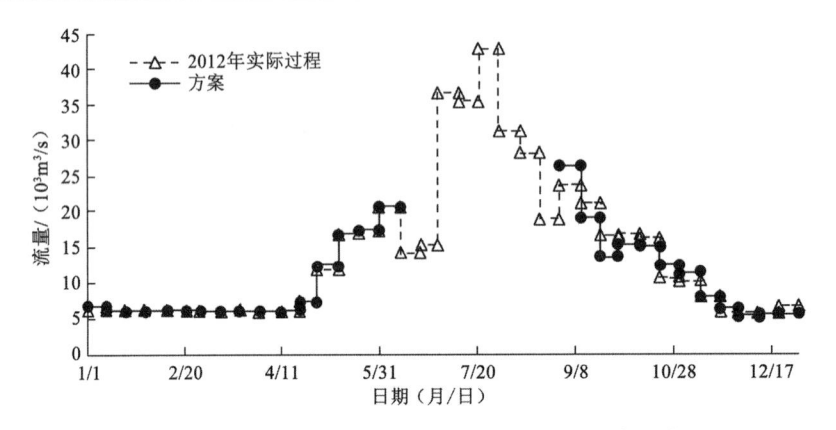

图 7.4.6　2012 年实际调度方案与优化调度方案出库流量过程对比

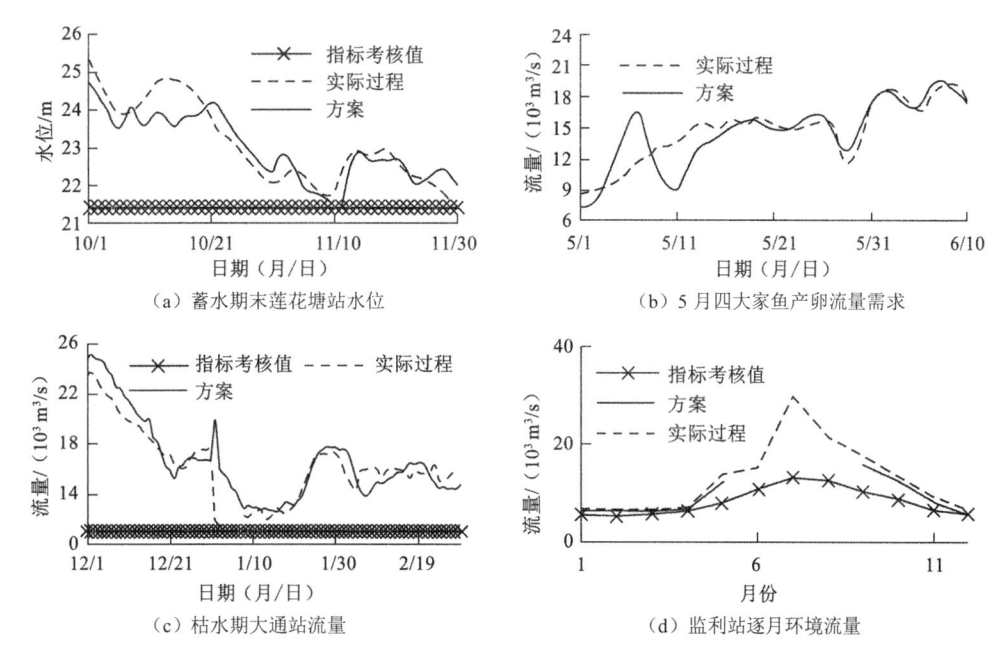

图 7.4.7 2012年实际与优化调度方案出库流量过程下下游生态环境指标达标情况对比

综合上述结果可知,在长江流域干支流来水为平水年时,实际调度过程下各项生态指标大多可满足。需优化的方案为:1月上旬增大出库流量至 6 713 m³/s;4月上中旬增大出库流量至 6 062~6 129 m³/s;9月上旬增加出库流量至 26 320 m³/s;10月下旬增大出库流量至 12 273 m³/s;11月增大出库流量至 8 182 m³/s;5月上旬设计一次涨水过程,三峡下泄从5月1日 8 000 m³/s 起涨,到5月6日出库流量增加至 20 500 m³/s,相应的监利站流量5月1日为 7 371 m³/s,5月7日涨至 16 576 m³/s,满足涨水要求。

7.5 以改善下游水环境为目标的三峡水库出库流量过程需求及效果评价

7.5.1 枯水年出库流量过程需求及效果评价

综合四支流同枯及典型特枯水年设计方案成果,每旬取同时期两方案三峡水库出库流量过程最大值作为枯水年三峡水库出库流量优化调度方案。

基于实测资料和数模计算成果可知,对于典型特枯水年,10~11月中仅有几天能够达到满足城陵矶站环境水位的螺山站水位和流量的需求,若不考虑三峡出库流量增加带来的荆江河段三口分流量的增加,则特枯水年对宜昌站流量增加量需求在 0~6 000 m³/s,且出库流量的增加几乎需要贯穿 10~11 月两个月。考虑枯水年水量偏少,四支流同枯出库流量选用方案二,即蓄水期末 10月25~31日莲花塘水位达 21.4 m。枯水年三峡水库出库流量见表 7.5.1,流量过程线如图 7.5.1 所示。

表 7.5.1　三峡水库枯水年综合优化调度方案出库流量　　　（单位：m³/s）

时间		消落期出库流量			时间		蓄水期出库流量		
		四支流同枯设计方案	典型特枯年设计方案	最大值			四支流同枯设计方案	典型特枯年设计方案	最大值
1月	上旬	5 654	6 453	6 453	9月	上旬	11 305	11 412	11 412
	中旬	6 000	5 536	6 000		中旬	10 158	11 126	11 126
	下旬	4 772	6 000	6 000		下旬	8 910	10 591	10 591
2月	上旬	6 750	5 089	6 750	10月	上旬	8 099	6 488	8 000
	中旬	6 841	5 604	6 841		中旬	8 099	10 990	10 990
	下旬	4 000	6 300	6 300		下旬	10 144	11 355	11 355
3月	上旬	5 451	7 927	7 927	11月	上旬	7 533	7 533	7 533
	中旬	6 068	8 720	8 720		中旬	5 922	5 922	5 922
	下旬	4 709	7 239	7 239		下旬	5 488	5 779	5 779
4月	上旬	5 757	7 357	7 357	12月	上旬	5 040	6 162	6 162
	中旬	7 070	8 670	8 670		中旬	6 318	5 424	6 318
	下旬	6 336	7 936	7 936		下旬	6 885	5 702	6 885
5月	上旬	8 750	8 641	8 750					
	中旬	11 200	15 824	15 824					
	下旬	8 000	12 729	12 729					
6月	上旬	13 650	14 705	14 705					

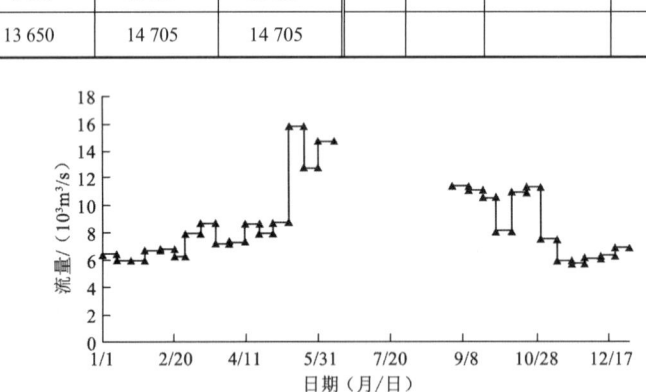

图 7.5.1　三峡水库枯水年综合优化调度方案出库流量过程

2006 年现状调度模拟、调度规程及方案设计坝前水位过程如图 7.5.2 所示。方案设计坝前起始水位 175 m，入库流量按 2006 年实际入库流量计算，前三个月由于大通压咸需要，水位降低较现状调度模拟快，由于 9 月初开始蓄水，年末坝前水位 160.6 m，全年优化调度方案出库水量较入库水量多 127.7 亿 m³。考虑溪洛渡水库防洪调节库容 46.5 亿 m³，向家坝水库防洪调节库容 9.03 亿 m³，三峡水库防洪调节库容 221.3 亿 m³，因此，遇枯水年特别是特枯水年，可实施溪洛渡水库、向家坝水库、三峡水库联合调度，以满足长江中下游生态环境需求。

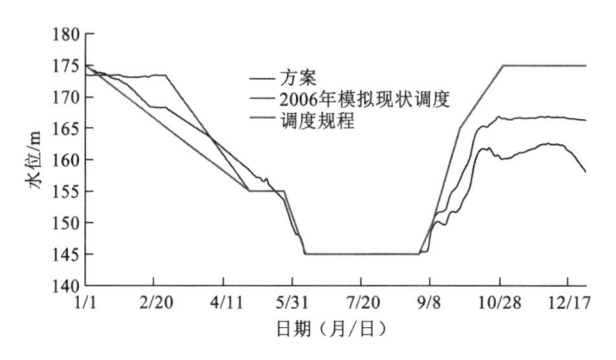

图 7.5.2　枯水年综合优化调度方案坝前水位过程

7.5.2　平水年出库流量过程需求及效果评价

典型平水年三峡水库出库流量过程需求见表 7.4.10。在此调度方案下坝前水位曲线、调度规程坝前水位及 2012 年实际坝前水位曲线如图 7.5.3 所示,消落期优化调度方案坝前水位与实际坝前水位过程相差不大,蓄水期水位增加速率较调度规程快,10 月末涨至 175 m,随后枯水期水库下游生态环境需求加大下泄水位在年末降至 174 m,无须上游水库补水。

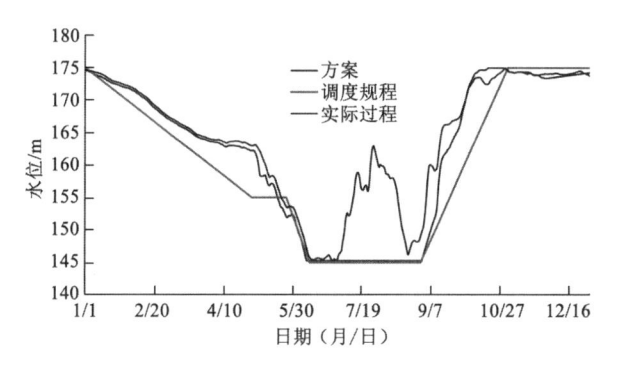

图 7.5.3　平水年优化调度方案坝前水位过程

7.6　以改善下游水环境为目标的三峡水库出库流量调度规程设想

7.6.1　现状调度规程

（1）在 9 月蓄水期间,一般情况下控制水库出库流量不小于 8 000~10 000 m³/s。当水库来水流量大于 8 000 m³/s 但小于 10 000 m³/s 时,按来水流量下泄,水库暂停蓄水;当来水流量小于 8 000 m³/s 时,若水库已蓄水,可根据来水情况适当补水至 8 000 m³/s 下泄。

（2）10 月蓄水期间,一般情况下水库出库流量按不小于 8 000 m³/s 控制,当水库来水流量小于以上流量时,可按来水流量下泄。11 月和 12 月,水库最小出库流量按葛洲坝下游庙嘴水位不低于 39.0 m 和三峡电站不小于保证出力对应的流量控制。

（3）一般来水年份（蓄满年份），1～2 月水库出库流量按 6 000 m³/s 左右控制，其他月份的最小出库流量应满足葛洲坝下游庙嘴水位不低于 39.0 m。如遇枯水年份，实施水资源应急调度时，可不受以上流量限制，水位也可降至 155 m 以下进行补偿调度。

（4）当长江中下游发生较重干旱，或出现供水困难时，国家防汛抗旱总指挥部或长江防汛抗旱总指挥部可根据当时水库蓄水情况实施补水调度，缓解旱情。

（5）在四大家鱼集中产卵期内，可有针对性地实施有利于鱼类繁殖的蓄泄调度。即 5 月上旬到 6 月底，在防洪形势和水雨情条件许可的情况下，通过调蓄，为四大家鱼的繁殖创造适宜的水流条件，实施生态调度。

（6）在协调综合利用效益发挥的前提下，结合水库消落过程，当上游来水具备有利于水库走沙条件时，可适时安排库尾减淤调度试验。

（7）长江防汛抗旱总指挥部发布实时水情、咸情、工情、供水情况、预测预报和预警等信息，密切监视咸潮灾害发展趋势，在控制沿江引调水工程流量的基础上，进一步做好三峡等主要水库的水量应急调度，必要时联合调度长江流域水库群，增加出库流量，保障大通流量不小于 10 000 m³/s。

7.6.2 枯水年（包括特枯水年）调度规程设想

根据上述研究成果，若遇枯水年或特枯水年，为满足三峡下游生态环境指标阈值，现状调度规程可调整如下。出库流量依习惯按上述研究成果取整到百位，下同。

（1）9 月蓄水期间，控制水库出库流量不小于 11 100 m³/s。

（2）10 月蓄水期间，控制水库出库流量不小于 10 200 m³/s。

（3）11 月蓄水期间，控制水库出库流量不小于 6 500 m³/s。

（4）12 月～次年 2 月水库出库流量分别按不小于 6 500 m³/s、6 100 m³/s、6 700 m³/s 控制，保障大通流量不小于 11 000 m³/s。

（5）5 月、6 月为满足监利河段四大家鱼产卵需求，三峡水库应每月设计一次持续 5～8 d 的人造洪峰过程，起涨出库流量为 8 000～10 000 m³/s，日均涨幅为 2 000～2 500 m³/s，出库流量总涨幅达 10 000～12 500 m³/s。

（6）遇枯水年特别是特枯水年，为满足三峡下游生态环境指标阈值，可实施溪洛渡水库、向家坝水库、三峡水库联合调度，以满足长江中下游生态环境需求。

7.6.3 平水年调度规程设想

若遇平水年，为满足三峡下游生态环境指标阈值，现状调度规程可调整如下。

（1）11 月蓄水期间，控制水库出库流量不小于 8 200 m³/s。

（2）12 月～次年 2 月水库出库流量分别按不小于 6 000 m³/s、6 300 m³/s、6 100 m³/s 控制，保障大通流量不小于 11 000 m³/s。

（3）5 月、6 月为满足监利河段四大家鱼产卵需求，三峡水库应每月设计一次持续

5~8 d 的人造洪峰过程，起涨出库流量为 8 000 m³/s，日均涨幅为 2 000 m³/s，出库流量总涨幅达 10 000 m³/s。

（4）为满足三峡下游生态环境指标阈值，平水年无须上游水库补水。

由于溪洛渡水库和向家坝水库投入运行时间较短，系统的实测资料较少，无法直接与长江流域典型特枯水年 2006 年和平水年 2012 年相衔接进行同时段分析三库联调方案，给水库群联合调度的可行性分析带来了一定程度的时间错位。因此，本书所提出的改善下游水环境的三峡出库流量过程，尚待进一步检验，使其可行性不断完善。

7.7 小　　结

以长江流域典型平、枯水代表年份中下游存在的生态环境问题为出发点，有针对性地按旬设计三峡水库不同出库流量过程方案，应用数学模型模拟不同设计方案下水库下游生态环境指标达标情况。主要结果如下。

（1）基于实测水文资料选取代表年。选取 2006 年干支流来水过程为三峡水库典型特枯水年方案设计的本底。选取 2012 年干支流来水过程为三峡水库平水年方案设计的本底。按三峡水库消落期和蓄水期，选取清江、洞庭湖入长江洪道（城陵矶）、汉江、鄱阳湖入江洪道（湖口）四支流同偏枯（$P=75\%$）过程为三峡水库典型枯水年方案设计的背景值。即：消落期，每年的 1 月 1 日~6 月 10 日，四条主要支流清江、城陵矶、汉江和鄱阳湖湖口枯水概率 75%年份分别为 1986 年、1991 年、2002 年和 2007 年；蓄水期+压咸期，每年的 9 月 10 日~12 月 1 日，四条主要支流清江、城陵矶、汉江和鄱阳湖湖口枯水概率 75%年份分别为 2015 年、2005 年、1995 年和 2009 年。

（2）若遇枯水年或特枯水年，为满足三峡下游生态环境指标阈值，在现状调度规程的基础上，9 月蓄水期间，控制水库出库流量不小于 11 100 m³/s；10 月蓄水期间，控制水库出库流量不小于 10 200 m³/s；11 月蓄水期间，控制水库出库流量不小于 6 500 m³/s；12 月~次年 2 月水库出库流量分别按不小于 6 500 m³/s、6 100 m³/s、6 700 m³/s 控制，保障大通流量不小于 11 000 m³/s；5 月、6 月为满足监利河段四大家鱼产卵需求，三峡水库应每月设计一次持续 5~8 d 的人造洪峰过程，起涨出库流量为 8 000~10 000 m³/s，日均涨幅为 2 000~2 500 m³/s，出库流量总涨幅达 10 000~12 500 m³/s。遇枯水年特别是特枯水年，可实施溪洛渡水库、向家坝水库、三峡水库联合调度，以满足长江中下游生态环境需求。

（3）若遇平水年，为满足三峡下游生态环境指标阈值，在现状调度规程的基础上，11 月蓄水期间，控制水库出库流量不小于 8 200 m³/s；12 月~次年 2 月水库出库流量分别按不小于 6 000 m³/s、6 300 m³/s、6 100 m³/s 控制，保障大通流量不小于 11 000 m³/s；5 月、6 月为满足监利河段四大家鱼产卵需求，三峡水库应每月设计一次持续 5~8 d 的人造洪峰过程，起涨出库流量为 8 000 m³/s，日均涨幅为 2 000 m³/s，出库流量总涨幅达 10 000 m³/s。平水年无须上游水库补水。

第8章　长江中游突发污染事件应急调度三峡出库流量需求

8.1　长江中游典型水源地突发性污染事故风险分析

8.1.1　江河饮用水水源地突发性污染事故风险源类型和辨识

1. 风险源类型

江河饮用水水源地发生突发性污染事故的类型主要有 8 种：①岸边工厂发生事故排污或违规偷排；②污废水处理厂事故导致的超标排放；③近岸危险品仓库、堆栈突发爆炸燃烧事故排污；④装卸码头作业失误事故排污；⑤水陆交通运输工具碰撞倾翻事故排污；⑥近岸化学品或油品运输管线泄漏排污；⑦恐怖袭击与人为投毒；⑧潮汛和水灾引起的大面积非点源污染。除按照上述 8 种类型分类外，还有可以按照是否与人的活动有关，将事故风险源分为第 I 类风险源和第 II 类风险源。

第 I 类风险源：由于人为过失与破坏等人为因素而造成的突发性水污染属于第 I 类风险源，是江河饮用水水源地突发性污染事故的主要风险源。其特点是：人为性、过失性、可预见性和意图性。第 I 类风险源进一步可分为人为过失风险源和人为破坏风险源。人为过失风险源主要包括：违章操作事故排污、作业失误事故排污、船舶运输事故排污、道路运输事故排污、工业布局风险事故排污。人为破坏风险源主要包括：恐怖主义袭击、人为投毒事故。

第 II 类风险源：由于自然因素、准自然因素与机械失效等非人为因素而造成的突发性水质污染事故，属于第 II 类风险源。这类风险源通常的特点是：自发性、随机性、不可预见性、不可抗拒性。第 II 类风险源可进一步分为气象灾害风险源和机械失效与故障风险源。气象灾害风险源主要包括：暴雨洪涝灾害、干旱灾害、地质灾害、生物灾害。机械失效与故障风险源主要包括：机械设备磨损失效、腐蚀失效、管线泄漏事故。

2. 风险源辨识

风险源辨识的方法主要有专家分析法、现场调查法、收集资料法、幕景分析法等。现场调查法是一种常用方法，通常包括三方面内容：①流域自然环境调查。收集饮用水水源地所在江河流域水环境状况、水文气象条件、水源保护区范围和取水口设置等资料，找出对水环境有潜在危害的污染物的来源、位置、种类和污染物的量。②潜在风险源调查。对水源保护区所在区域的所有潜在风险源进行调查，对象包括固定工业污染源、废水处理厂、危险品仓库、装卸码头、废物填埋厂等，移动污染源包括运输船舶、货运车辆和流域源水灾与潮讯等。③历史突发性污染事故调查。调查由陆上固定源所引起的突发性水污染事故,包括工厂企业的事故性排放、仓库爆炸事故及码头装卸事故等,对主要的事故单位,事故时间、地点、泄漏物质品种、数量,造成的影响等作统计。对历年在流域发生的船舶溢油泄漏事故进行统计,记录事故发生的地点、时间、泄漏物质、泄漏量,事发时的水文气象条件及事故后果影响等。

研究针对柳林水厂和白沙洲水厂附近江段及附近支流上的污染源,按照上述分类,结合现有和污染源分布情况与历史发生过的污染事件的调查,对风险大小和主要风险源做出定性分析。

8.1.2 研究河段突发性污染的案例及分析

1. 相关河段突发性污染案例

从已有的资料看,长江干流发生突发性污染事件的风险主要来自通航船舶、江边码头及沿岸企业生产性事故、污水涵闸的不当排放。在长江的一级、二级、三级支流上,水华也比较常见。通过对湖北省2008~2016年一些有代表性的、影响较大的突发性水污染事件进行调查、统计和分析,从事件发生的时间、原因、主要污染物、造成的后果及措施等方面对这些水污染事件归纳,见表8.1.1。从列举的这5件突发性事件来看,水华、污染物泄漏、城市污水(或雨污混合)、涵闸不当排放都可能导致突发性污染事件。除水华的发生需要一系列的自然条件耦合外,表8.1.1所列出的其余事故记录基本都属于人为因素造成。

研究重点关注的荆州柳林水厂水源地和武汉白沙洲水厂水源地,分别有一次由于污染而被迫停止(减少)正常供水的事故。柳林水厂水源地是由于拆除油管时的误操作,大量柴油泄漏到长江干流。从产业布局方面分析,油库距离取水口间距不够,是城市规划方面的不足,如果有条件,可以考虑油库的搬迁。从安全生产方面看,油库安全生产若出现重大事故,除追究责任、整改外,还应该加强监管、预警和制定应急预案。白沙洲水厂水源被污染是由于遭到上游附近的陈家山闸集中排放积存污水,污水挟带底泥排入长江干流。从城市规划看,上游排污口距离水源地的间距不足,是一个重要原因。另外,从城市水系统的运行管理看,涵闸的调度与水源地的保护分属不同部门,导致信息不通,结果打开涵闸后污水大量集中排放,事件发生时恰好遇上枯水期,水流较缓,水环境容量不足,进一步导致污染物浓度超标。这两起事件,都是人为因素导致的,可从城市规划布局、安全生产、城市水系统协调管理调度等方面查找原因。

2. 研究河段移动污染源研究

研究河段所在区域大小支流、通江湖泊较多,缺少有效数据对公路运输的移动污染源进行全面研究。因此,移动污染源主要以长江干流上的水路运输量为依据,进行间接的分析。长江是我国内河航运的主要通道之一,荆州和武汉的主要断面日通航量也可以从一个侧面反映各自可能遭遇的移动污染源带来的突发性污染的可能性。一般地,交通流量

表 8.1.1 湖北长江和汉江流域发生的部分突发性水污染事件

序号	水污染事件名称	发生时间	过程概况	事件原因	污染物种类	后果	采取的措施	信息来源
1	荆州沮漳河水华事件	2011年2月21日	沮漳河荆州段全流域发生轻度水华。该河段全流域水体呈棕黄色，水有异味，沉淀后有少量绿色沉淀物	水华	总氮、藻类	影响沿线居民生活饮水安全	从荆门漳河引水进行生态补水	湖北省环境保护厅
2	武汉白沙洲水厂水源地污染事件	2012年2月29日	白沙洲水厂上游约3 km的陈家山闸大量排放污水，影响取水厂水质量，水厂加大投氯量，自来水出现异味	城市污水排入水源地	有机物	白沙洲水厂原水有异味	紧急停水	楚天都市报
3	柳林洲水厂取水口受柴油污染事件	2013年11月10日	当日13时40分左右，一油船在长江荆州段柳林洲油库加油后，在拆除装卸油管过程中发生柴油泄漏应急，形成4 m宽油污带，造成位于下游1 km处的柳林水厂取水点受到污染，致使水厂停止取水	泄漏柴油	柴油	沙市区、荆州经济开发区近40万市民用水受到影响	荆州市环境保护局启动应急预案，并组织人员赴现场处理	湖北省环境保护厅
4	汉江武汉段水质异常事件	2014年4月22~28日	4月23日下午16时34分，汉江武汉段白鹤嘴水厂因取水点氨氮超标停产；19时30分，上游东西湖沿线水厂全面停产；次日16时10分，汉江沿线水厂才全面恢复生产。直到28日零时，武汉相关部门才决定终止应急响应，恢复常态运行	上游的汉川闸和汉川泵站闸排放渍水	氨氮	武汉白鹤嘴水厂等部分水厂因氨氮浓度异常先后停止供水	武汉、孝感、天门、潜江、仙桃等沿江环保部门连续开展监测工作并上报监测数据，全面排查污染源	湖北省环境保护厅；湖北日报2014年6月5日6版
5	汉江部分江段发生轻度水华事件	2016年2月25~28日	25日起，汉江沙洋取水口附近江面呈微黄色，疑似发生藻类水华现象；该状况影响范围沿着汉江下游扩展，先后到达沙江潜江段、仙桃段，湖北省环境保护部门通过调查取样监测后，判断为轻度硅藻水华	水华	小环藻	取水口停止取水	对沿线水源地发出预警，加强监测；加大丹江口水库出库流量和兴隆引江济汉补水流量。湖北省环境保护厅启动应急预案，持续应急监测，直至水质恢复	长江商报

越大，发生碰撞、搁浅、翻船、漏油等海损事故的可能性也越大，污染风险也随之增加。但是交通量只是决定事故发生概率的因素之一，船舶本身的安全性能、航道的通航条件、对安全生产的重视和落实等因素也在很大程度上决定事故发生的概率。目前没有一个研究成果能综合这些复杂的因素，总结一个权威的量化分析方法。因此，研究 2014~2017 年长江干流荆州、武汉段主要断面日交通流量的统计情况（表 8.1.2），做出定性分析。

表 8.1.2 2014~2017 年长江干流荆州、武汉段主要断面日交通流量统计 （单位：艘/d）

年份	月份	荆州大桥交通量	武汉大桥交通量	年份	月份	荆州大桥交通量	武汉大桥交通量
2014	1	173	340	2016	1	206	397
	2	126	349		2	127	191
	3	168	353		3	165	341
	4	171	390		4	227	381
	5	164	381		5	186	402
	6	161	360		6	180	402
	7	152	331		7	163	241
	8	137	395		8	180	332
	9	147	412		9	199	385
	10	175	384		10	250	329
	11	200	375		11	221	351
	12	175	376		12	147	353
	均值	162	371		均值	188	342
2015	1	165	375	2017	1	200	311
	2	145	183		2	191	337
	3	135	336		3	244	393
	4	186	415		4	119	372
	5	146	341		5	154	371
	6	165	330		6	143	329
	7	150	264		7	104	319
	8	165	363		8	198	313
	9	196	348		9	145	295
	10	140	353		10	130	312
	11	171	358		11	150	309
	12	211	379		12	69	296
	均值	165	337		均值	154	330

资料来源：长江海事局

由表 8.1.2 中年际变化和年内情况看，2014~2017 年长江干流荆州、武汉段交通量变化不大,没有明显的增减趋势和规律。武汉的日均交通量达到 345 次,荆州的日均交通量达到 167 次。武汉段的移动污染源风险明显高于荆州河段。

综上所述,研究河段及相关支流突发性的污染事件有自然因素造成的(如在支流上多次发生的水华),还有一些是人为因素造成的,尤其是在荆州和武汉长江干流江段发生的两次严重污染事件,主要原因都属于人为因素。从这两次污染事件中的污染源的位置看,荆州和武汉两个水源地遭受的突发性污染,都距离城市集中供水水源地很近。如果采取应急措施,也基本在当地解决。对于三峡水库和上游的多个梯级水库,由于距离太远,无法通过水库的应急调度解决下游地方性的、局部的突发性水污染问题。另外,武汉江段的交通量平均值是荆州河段的 2 倍多,移动污染源的潜在风险明显高于荆州河段。

8.2 可降解污染物应急调度方案

根据上述对长江中游典型水源地突发性和非突发性事件及其主要污染物分析,在应急调度方案研究中,选取排放量最大的 COD 因子作为沿岸企业生产性事故、污水涵闸的不当排放的可降解污染物代表因子;选取船舶溢油事故中油粒子为不可降解污染物代表因子。

8.2.1 宜昌江段枯水期应急调度水量需求

1. 研究内容

假设宜昌—枝江江段于 2013 年 1 月 24 日 2:00(宜昌站流量 5 880 m³/s)发生突发性水污染事件,三峡水库 1 h 后进行应急调度,以 COD 为计算指标,综合考虑污染物可能影响范围及水文、水环境特性,利用第 4 章建立的平面二维水动力–水质数学模型,预测事故发生对宜昌江段水质的影响范围和影响程度,计算并研究不同调度方案下对于不同事故排放种类的影响与规律。

2. 模型计算工况

1)污染物排放类型

根据上述风险源识别结论,考虑宜昌市区邻近长江分布各类化工厂和制药厂,企业排污口事故性排放风险最大,同时航运发达也存在交通事故导致水污染的可能性。针对潜在风险源,设置江心瞬排、岸边瞬排两种事故排放类型,事故地点为宜昌城区。

2)水库调度方案

突发性水污染事故发生后,考虑 5 种应急调度方案和 2 种事故排放类型,设计模拟工况见表 8.2.1。5 种应急调度方案为:①方案 1,事故发生后紧急调度 1 h,三峡下泄水流流量 1 h 内从 5 880 m³/s 增大至 15 900 m³/s;②方案 2,事故发生后紧急调度 2 h,三峡下泄水流流量 1 h 内从 5 880 m³/s 增大至 15 900 m³/s,并持续 2 h;③方案 3,事故发生后紧急调度 3 h，三峡出库流量 1 h 内从 5 880 m³/s 增大至 15 900 m³/s，并持续 3 h；④方案 4，事故发生后紧急调度 1 h，三峡出库流量 1 h 内从 5 880 m³/s 增大至 22 750 m³/s（三峡电站满负荷发电时的出库流量）；⑤方案 5，事故发生后紧急调度 1 h，三峡出库流量 1 h 内从 5 880 m³/s 增大至 26 500 m³/s。

表 8.2.1 模拟工况情况表

工况编号	排放类型	排放时间/min	COD 总负荷量/t	出库流量/（m³/s）	调度方案
1	江心瞬排	30	180	5 880	无应急调度
2				15 900	方案 1：事故发生后持续 1 h
3				15 900	方案 2：事故发生后持续 2 h
4				15 900	方案 3：事故发生后持续 3 h
5				22 750	方案 4：事故发生后持续 1 h
6				26 500	方案 5：事故发生后持续 1 h
7	岸边瞬排	3	18	5 880	无应急调度
8				15 900	方案 1：事故发生后持续 1 h
9				15 900	方案 2：事故发生后持续 2 h
10				15 900	方案 3：事故发生后持续 3 h
11				22 750	方案 4：事故发生后持续 1 h
12				26 500	方案 5：事故发生后持续 1 h

3. 调度效果评价

1）各方案对流速的影响

根据 MIKE21 水动力模型计算出不同工况的水流流速场，提取宜昌市区不同工况的流速随时间的变化，宜昌断面位置如图 8.2.1 所示，流速变化过程如图 8.2.2 所示，流速对比见表 8.2.2。

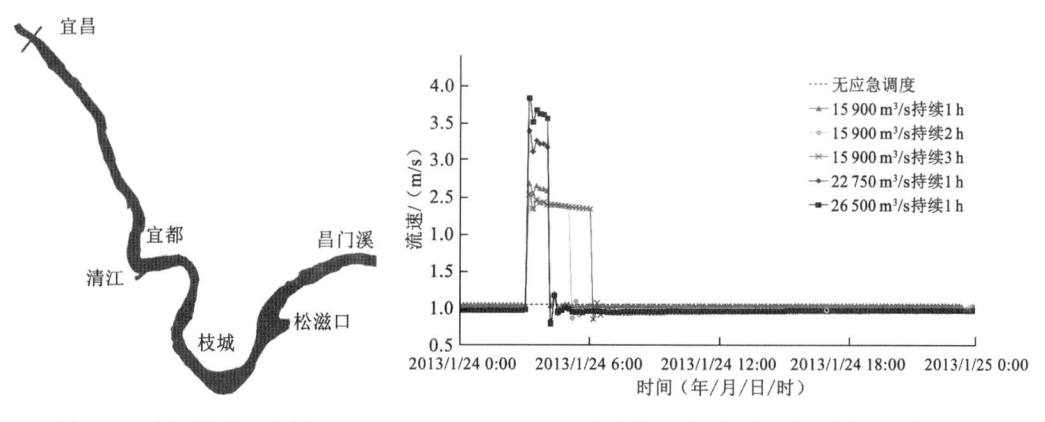

图 8.2.1 断面位置示意图　　图 8.2.2 宜昌断面不同工况流速变化过程线

表 8.2.2　不同调度方案宜昌段流速增幅统计表

项目	方案 1	方案 2	方案 3	方案 4	方案 5
现状流速/(m/s)	1.04	1.04	1.04	1.04	1.04
调度流速/(m/s)	2.69	2.55	2.55	3.42	3.86
增加幅度/倍	2.58	2.44	2.44	3.28	3.71

由结果可见，由于距离较近，三峡水库应急调度对宜昌江段的流速影响较为明显。三峡出库流量越大，宜昌江段流速的增加越大，增加幅度最大有 3.71 倍，由 1.04 m/s 变为 3.86 m/s；最小增幅为 2.44 倍，由 1.04 m/s 增加为 2.69 m/s。

2）各方案对污染团的影响

（1）对污染团运动规律的影响。

由于宜昌城区距三峡库区较近，水库应急调度效果最为明显，针对两类排放类型共 12 种工况，研究分析不同类型的污染团在不同调度方案下的运动规律，对比不同应急调度方案对污染团输移影响效果。不同工况污染物影响时间与范围见表 8.2.3。

表 8.2.3　不同工况污染物影响时间和范围统计表

工况编号	工况	排放类型	影响时间 COD＞15 mg/L	影响时间 COD＞20 mg/L	污染团推移距离 COD＞15 mg/L	污染团推移距离 COD＞20 mg/L
1	无应急调度	江心瞬排	11 h 6 min	8 h	约 31 km	约 21 km
2	15 900 m³/s 持续 1 h	江心瞬排	9 h 44 min	5 h 51 min	约 32 km	约 23 km
3	15 900 m³/s 持续 2 h	江心瞬排	10 h 16 min	5 h 27 min	约 38 km	约 25 km
4	15 900 m³/s 持续 3 h	江心瞬排	9 h	4 h 55 min	约 36 km	约 27 km
5	22 750 m³/s 持续 1 h	江心瞬排	9 h 45 min	5 h 23 min	约 34 km	约 24 km
6	26 500 m³/s 持续 1 h	江心瞬排	9 h 2 min	4 h 52 min	约 34 km	约 25 km
7	无应急调度	岸边瞬排	15 h 6 min	10 h 26 min	约 38 km	约 29 km
8	15 900 m³/s 持续 1 h	岸边瞬排	11 h 48 min	7 h 49 min	约 35 km	约 27 km
9	15 900 m³/s 持续 2 h	岸边瞬排	9 h 20 min	5 h 44 min	约 35 km	约 28 km
10	15 900 m³/s 持续 3 h	岸边瞬排	9 h	5 h 23 min	约 35 km	约 29 km
11	22 750 m³/s 持续 1 h	岸边瞬排	9 h 13 min	5 h 33 min	约 34 km	约 25 km
12	26 500 m³/s 持续 1 h	岸边瞬排	8 h 50 min	4 h 1 min	约 34 km	约 23 km

以江心瞬排的工况为例，时间同持续 1 h 的情况下，不同下泄流量的结果如图 8.2.3 所示。

相同流量即 15 900 m³/s，不同持续时间的结果如图 8.2.4 所示。

(a) 工况 1　　　　　　　　　　(b) 工况 2

(c) 工况 5　　　　　　　　　　(d) 工况 6

图 8.2.3　不同流量工况下事故 1 h 污染物结果示意图

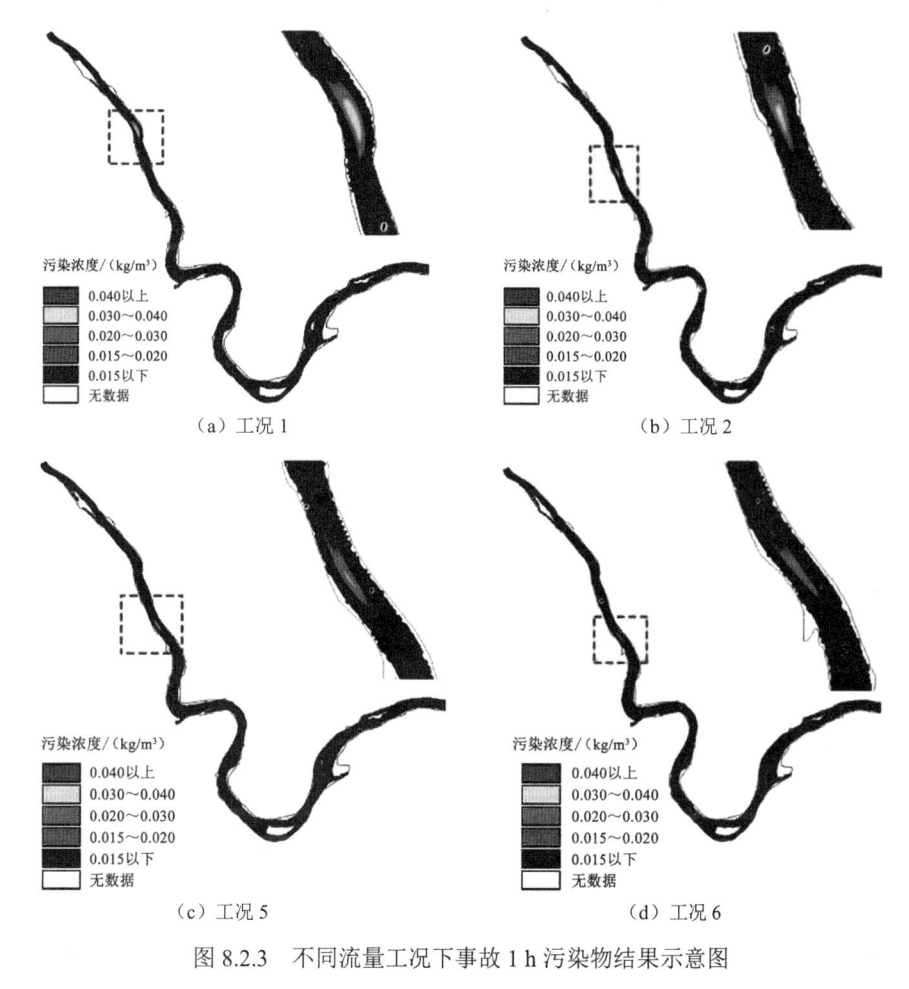

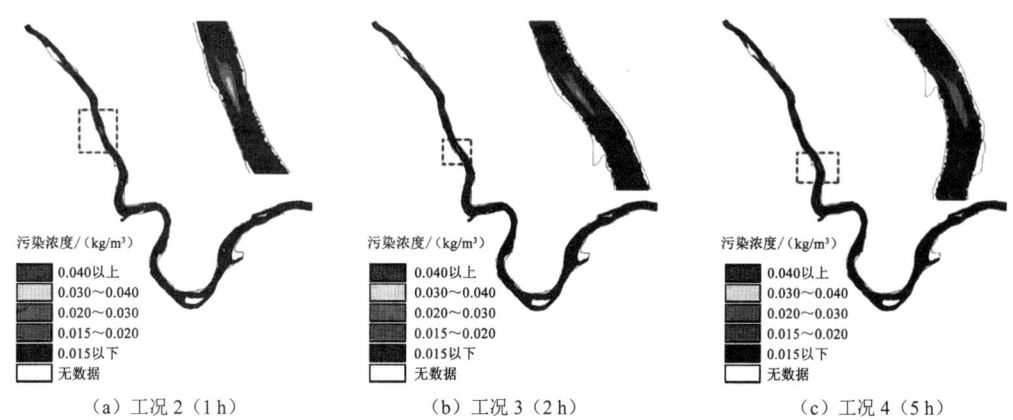

(a) 工况 2（1 h）　　　(b) 工况 3（2 h）　　　(c) 工况 4（5 h）

图 8.2.4　相同流量工况下事故不同持续时间污染物结果示意图

两种不同排放方式中，调度方案有 15 900 m³/s、22 750 m³/s、26 500 m³/s 三个流量级，其中 15 900 m³/s 流量级中持续时间有 1 h、2 h 及 3 h，22 750 m³/s、26 500 m³/s 流量级持续时间均为 1 h，因此从改变流量大小和改变调度持续时间两个角度，分别对三种排放方式中污染团的迁移影响效果对比分析,可以得出以下结论。

对于江心瞬排,对比工况1、工况2、工况5、工况6可知,通过增加三峡库区出库流量,可减少污染团滞留时间,且流量越大,推移距离越远。对比工况2、工况3、工况4,通过增加调度时间,整体上可减少污染团滞留时间,推移距离也相应增加。但延长时间的调度方案中,推移距离增加更加明显,水库水量损失也较大。说明对于江心瞬排,增加出库流量,效果较好。

同样,对于岸边瞬排,增加出库流量,效果也较好。其中,与江心瞬排方式的江心污染物成呈团状向下推移,岸边污染物沿河岸形成污染带向下推移,且扩散程度更大;两种方式均呈现时间越长,污染团的范围越大,而岸边排放污染团范围扩大更明显;地形对岸边污染物的扩散与推移影响比重加大,导致某一部分污染物滞留在某一区域,随之污染带变长,滞留污染物的降解主要与流量及自我的衰减作用有关。

(2)污染团对重点区域的影响。

宜昌市区江段无重要水源地,但因城区人口密度大,此江段水体污染同样会对两岸居民健康有不良影响,产生严重的社会影响,因此将城区人口最为密集区域约2 km,距离上游事故点约1.3 km作为重点区域(范围见图8.2.5～图8.2.9红线区域,彩图见附图及封底二维码)。按照湖北省水功能区划,此段需满足III类水标准(COD<20 mg/L)。

根据污染团运动规律影响的研究,选取更具有代表性的岸边瞬排情况作为研究对象。工况7即无应急调度情况,污染团运动在重点区域内的示意图如图8.2.5所示。根据计算结果可知,在事故发生后约21 min,污染团的IV类水(COD>20 mg/L)进入重点区域;在事故发生后约23 min,V类水(COD>30 mg/L)进入重点区域;在事故发生后约24 min,劣V类水(COD>40 mg/L)进入重点区域;在事故发生后约2 h 9 min,污染团的劣V类水离开重点区域;在事故发生后约2 h 21 min,V类水离开重点区域;在事故发生后约2 h 37 min,IV类水离开重点区域发生。由此可知,在重点区域里存在IV类水的持续时间约2 h 16 min,存在V类水的持续时间约1 h 58 min,存在劣V类水的持续时间约1 h 45 min。

(a)IV类水进入范围(事故发生后约21 min)　　(b)V类水进入范围(事故发生后约23 min)

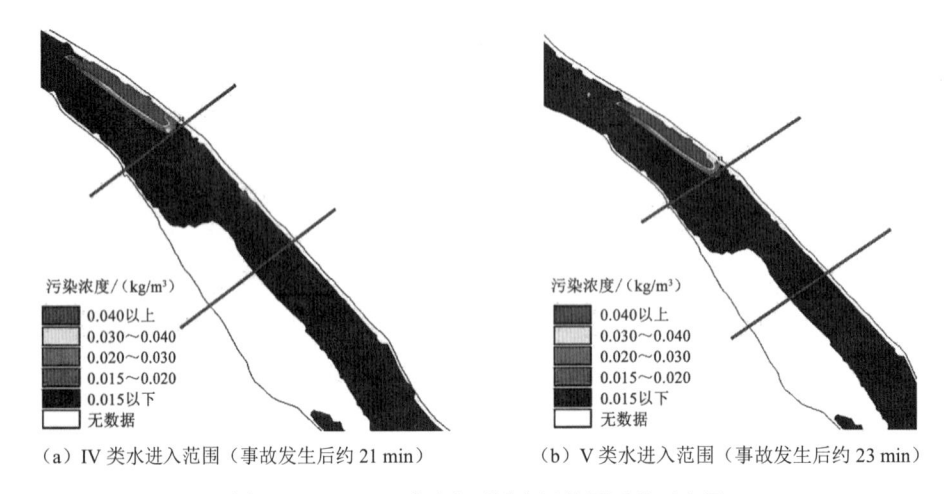

图8.2.5 工况7时重点区域内污染团迁移示意图

(c) 劣Ⅴ类水进入范围（事故发生后约 24 min）　　(d) 劣Ⅴ类水离开范围（事故发生后约 2 h 9 min）

(e) Ⅴ类水离开范围（事故发生后约 2 h 21 min）　　(f) Ⅳ类水离开范围（事故发生后约 2 h 37 min）

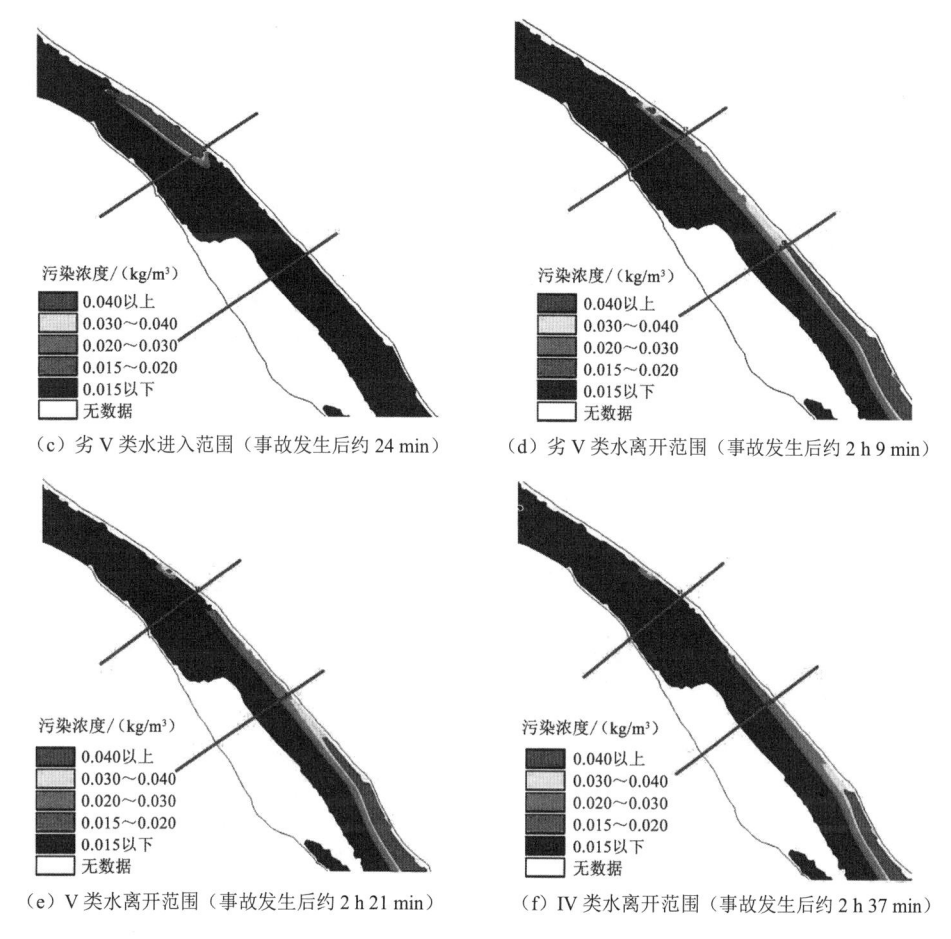

图 8.2.5　工况 7 时重点区域内污染团迁移示意图（续）

工况 8 即 15 900 m³/s 持续 1 h 的情况，污染团运动在重点区域内的示意图如图 8.2.6 所示。根据计算结果可知，在事故发生后约 21 min，污染团的Ⅳ类水（COD＞20 mg/L）进入重点区域；在事故发生后约 23 min，Ⅴ类水（COD＞30 mg/L）进入重点区域；在事故发生后约 24 min，劣Ⅴ类水（COD＞40 mg/L）进入重点区域；在事故发生后约 1 h 30 min，污染团的劣Ⅴ类水离开重点区域；在事故发生后约 1 h 32 min，Ⅴ类水离开重点区域；在事故发生后约 1 h 34 min，Ⅳ类水离开重点区域。由此可知，在重点区域里存在Ⅳ类水的持续时间约 1 h 13 min，存在Ⅴ类水的持续时间约 1 h 9 min，存在劣Ⅴ类水的持续时间约 1 h 6 min。

工况 11 即 22 750 m³/s 持续 1 h 的情况，污染团运动在重点区域内的示意图如图 8.2.7 所示。根据计算结果可知，在事故发生后约 21 min，污染团的Ⅳ类水（COD＞20 mg/L）进入重点区域；在事故发生后约 23 min，Ⅴ类水（COD＞30 mg/L）进入重点区域；在事故发生后约 24 min，劣Ⅴ类水（COD＞40 mg/L）进入重点区域；在事故发生后约 1 h 30 min，污染团的劣Ⅴ类水离开重点区域；在事故发生后约 1 h 32 min，Ⅴ类水离开重点区域；在事故发生后约 1 h 34 min，Ⅳ类水离开重点区域。由此可知，在重点区域里存在Ⅳ类水的持续时间约 1 h 5 min，存在 Ⅴ 类水的持续时间约 1 h 1 min，存在劣 Ⅴ 类水的持续时间约 59 min。

(a) Ⅳ 类水进入范围（事故发生后约 21 min）

(b) Ⅴ 类水进入范围（事故发生后约 23 min）

(c) 劣 Ⅴ 类水进入范围（事故发生后约 24 min）

(d) 劣 Ⅴ 类水离开范围（事故发生后约 1 h 30 min）

(e) Ⅴ 类水离开范围（事故发生后约 1 h 32 min）

(f) Ⅳ 类水离开范围（事故发生后约 1 h 34 min）

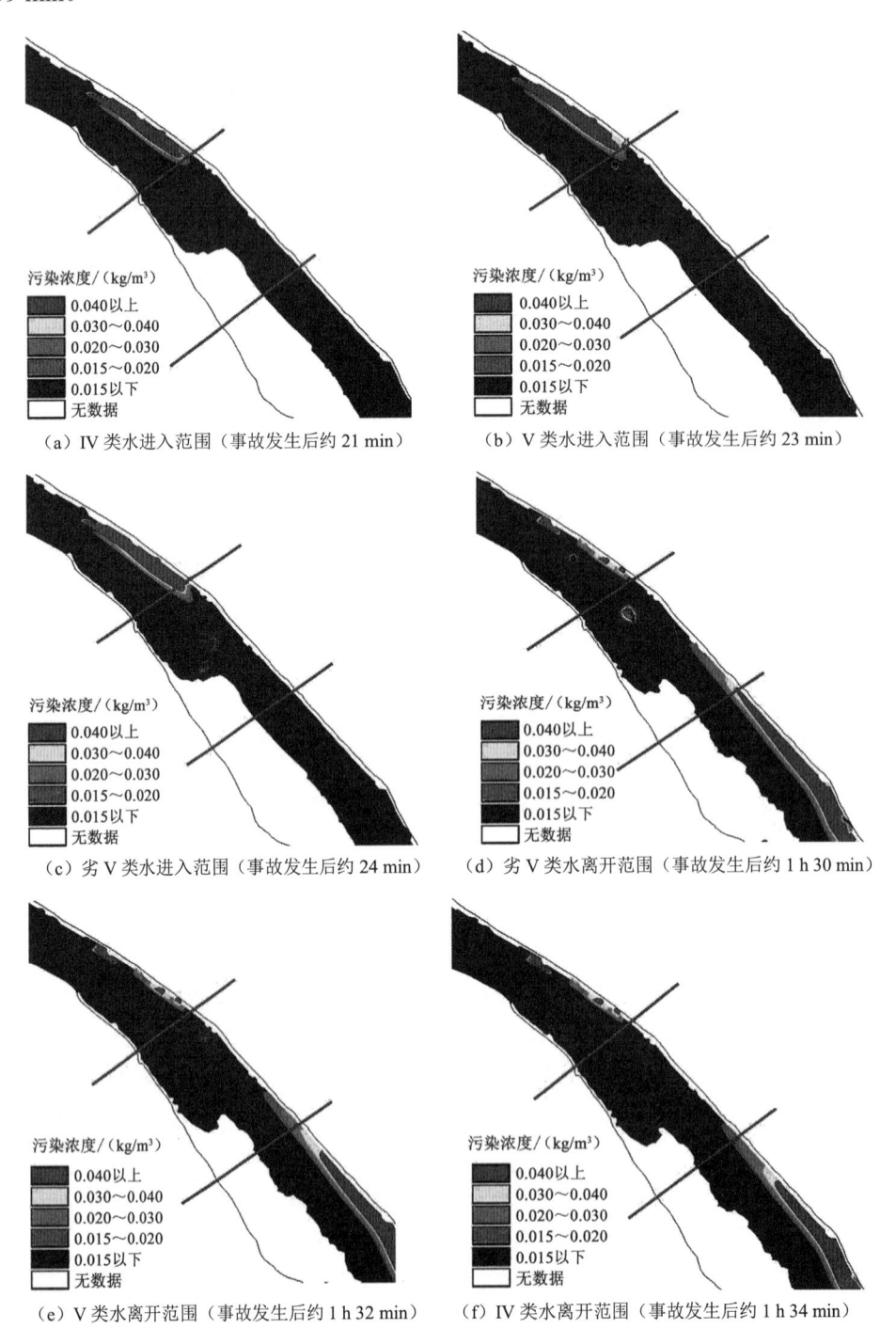

图 8.2.6　工况 8 时重点区域内污染团迁移示意图

(a) Ⅳ类水进入范围（事故发生后约 21 min）

(b) Ⅴ类水进入范围（事故发生后约 23 min）

(c) 劣Ⅴ类水进入范围（事故发生后约 24 min）

(d) 劣Ⅴ类水离开范围（事故发生后约 1 h 23 min）

(e) Ⅴ类水离开范围（事故发生后约 1 h 24 min）

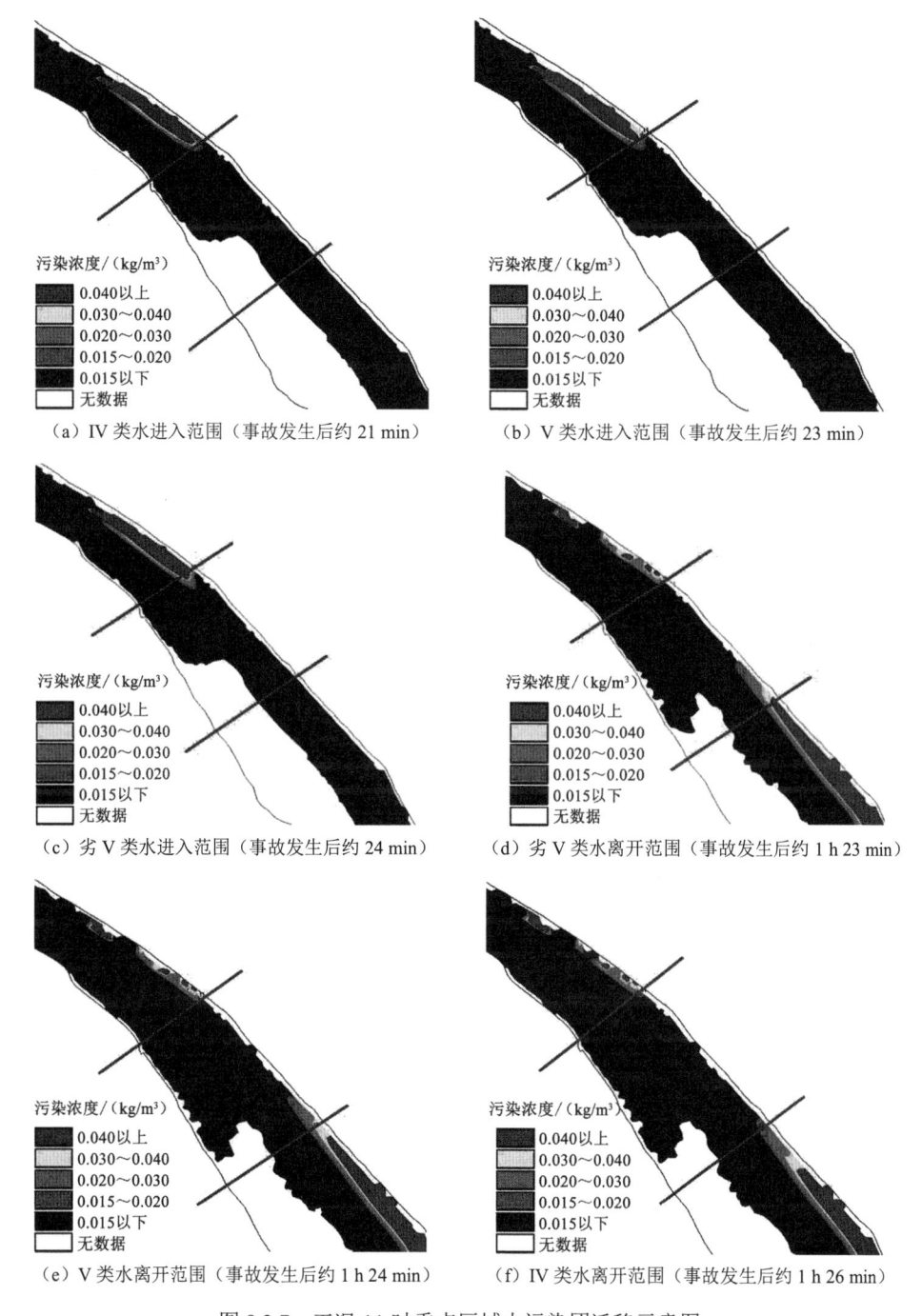

(f) Ⅳ类水离开范围（事故发生后约 1 h 26 min）

图 8.2.7　工况 11 时重点区域内污染团迁移示意图

工况 12 即 26 500 m³/s 持续 1 h 的情况，污染团运动在重点区域内的示意图如图 8.2.8 所示。根据计算结果可知，在事故发生后约 21 min，污染团的 Ⅳ 类水（COD＞20 mg/L）进入重点区域；在事故发生后约 23 min，Ⅴ 类水（COD＞30 mg/L）进入重点区域；在事故发生后约 24 min，劣Ⅴ类水（COD＞40 mg/L）进入重点区域；在事故发生后约 1 h 23 min，污染团的劣 V 类及 V 类水离开重点区域;在事故发生后约 1 h 24 min,IV 类水离开重点区域。由此可知,在重点区域里存在 IV 类水的持续时间约 1 h 3 min,存在 V 类水的持续时间约 1 h,存在劣 V 类水的持续时间约 59 min。与此同时污染团随水流加速向下游推移过程中,在此区域左岸沿岸残留了部分污染物,最终距事故发生后约 2 h 10 min 聚集于岸边的污染团降解使该区域水质完全恢复至 III 类水标准。

(a) IV 类水进入范围(事故发生后约 21 min)

(b) V 类水进入范围(事故发生后约 23 min)

(c) 劣 V 类水进入范围(事故发生后约 24 min)

(d) 劣 V 类水离开范围(事故发生后约 1 h 23 min)

(e) V 类水离开范围(事故发生后约 1 h 23 min)

(f) IV 类水离开范围(事故发生后约 1 h 24 min)

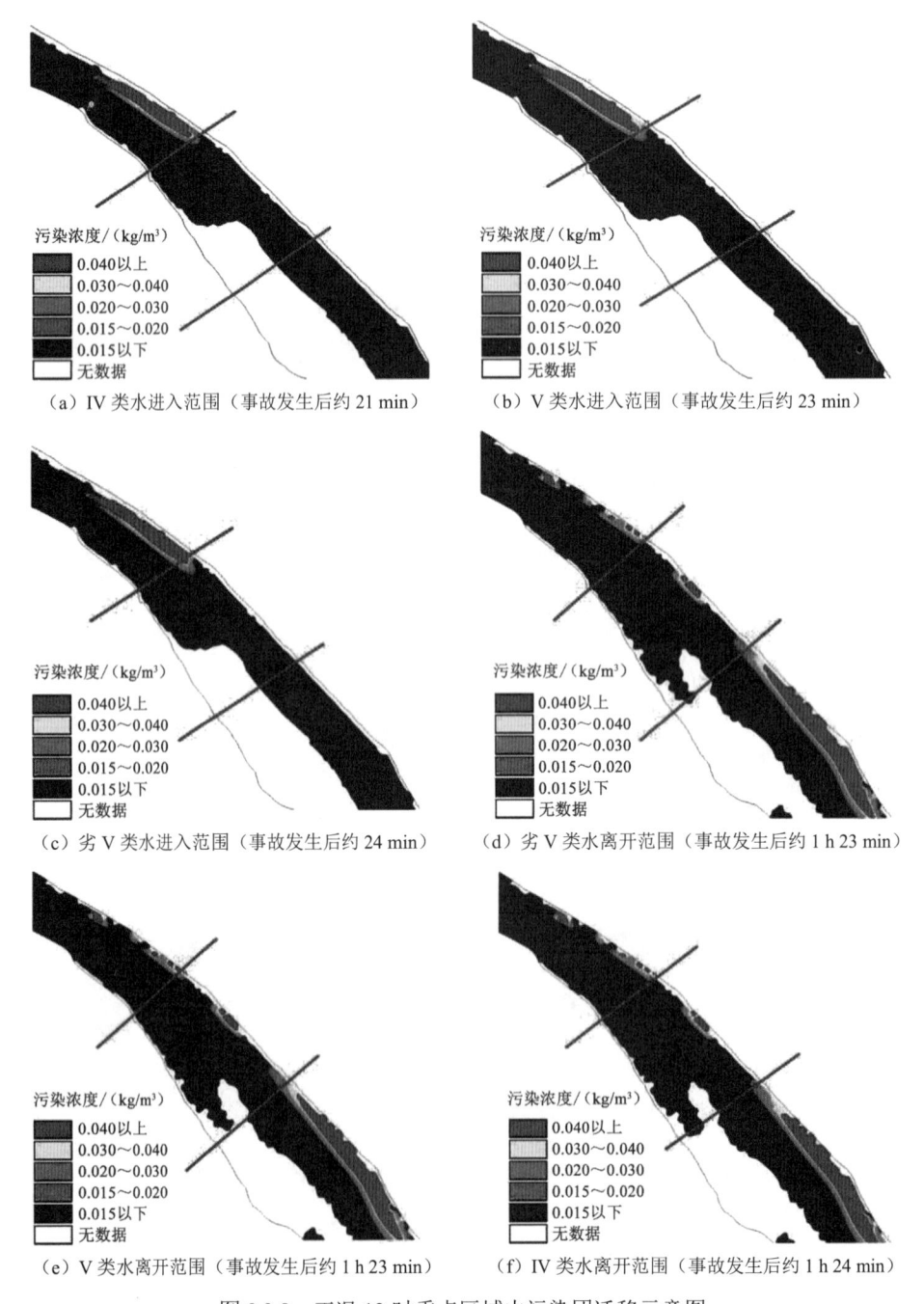

图 8.2.8 工况 12 时重点区域内污染团迁移示意图

根据计算结果得出重点区域水质变化表，见表 8.2.4。由上述图表可知，对于 IV 类水的持续时间，相比于无应急调度，工况 8（工况 9、工况 10 均与工况 8 相同）时间减少了 46.3%，工况 11 时间减少了 52.2%，工况 12 时间减少了 53.6%；对于 V 类水的持续时间，相比于无应急调度，工况 8 时间减少了 41.3%，工况 11 时间减少了 48.3%，工况 12 时间减少了 49.2%；对于劣 V 类水的持续时间，相比于无应急调度，工况 8 时间均减少了 37.1%，工况 11 与工况 12 时间均减少了 43.8%。可以看出，在宜昌江段发生突发性水污染事件后采取应急调度手段，可以缩短重点区域恢复至 III 类水的时间，其中增大调度出库流量对于缩短时间有明显作用，而增加调度时间效果不明显，因此工况 12 即 26 500 m³/s 维持 1 h 的调度方案缩短时间效果最佳，减少了 53.6%。

表 8.2.4 重点区域水质变化表

编号	工况	IV 类水持续时间	V 类水持续时间	劣 V 类水持续时间
7	5 880 m³/s	2 h 16 min	1 h 58 min	1 h 45 min
8	15 900 m³/s 维持 1 h	1 h 13 min	1 h 9 min	1 h 6 min
9	15 900 m³/s 维持 2 h	1 h 13 min	1 h 9 min	1 h 6 min
10	15 900 m³/s 维持 3 h	1 h 13 min	1 h 9 min	1 h 6 min
11	22 750 m³/s 维持 1 h	1 h 5 min	1 h 1 min	59 min
12	26 500 m³/s 维持 1 h	1 h 3 min	1 h	59 min

选取重点区域下边界左岸一点为关心点，监测其 COD 浓度变化，位置如图 8.2.9 所示，对在不同工况下该点的 COD 变化进行分析。

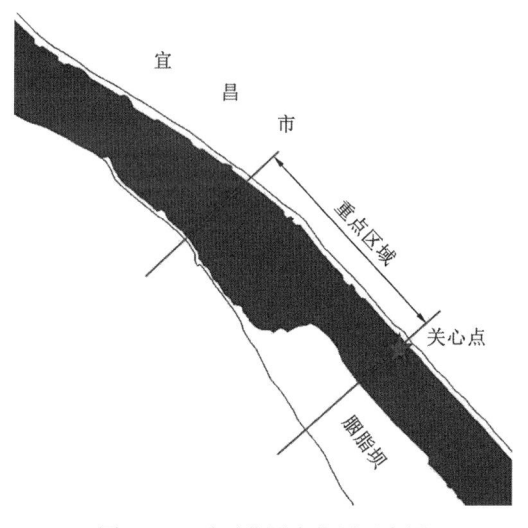

图 8.2.9 重要监测点位置示意图

工况 7 关心点的 COD 变化过程如图 8.2.10 所示，事故发生后 COD 最大峰值为 148 mg/L，出现在事故发后 1 h 15 min；COD 恢复至 20 mg/L 以下，出现在事故发生后约 2 h 30 min；COD 恢复至背景浓度时，距事故发生约 3 h 45 min。

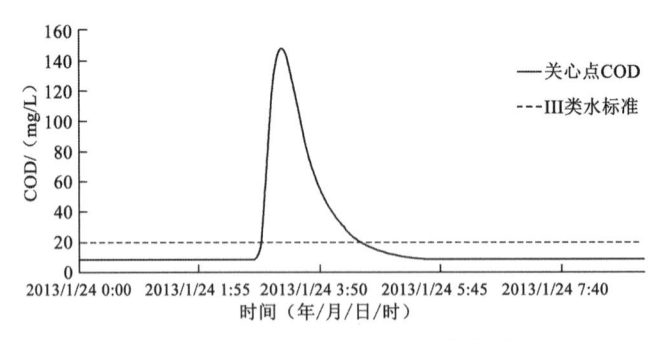

图 8.2.10　工况 7 关心点的 COD 变化过程图

工况 8 关心点的 COD 变化过程如图 8.2.11 所示，事故发生后 COD 最大峰值为 148 mg/L，出现在事故发后 1 h 12 min；COD 恢复至 20 mg/L 以下时，距事故发生约 1 h 34 min；COD 恢复至背景浓度时，距事故发生约 2 h 34 min。工况 9、工况 10 结果相同。

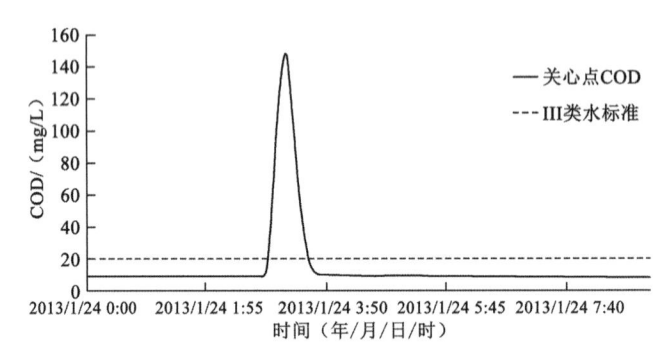

图 8.2.11　工况 8 关心点的 COD 变化过程图

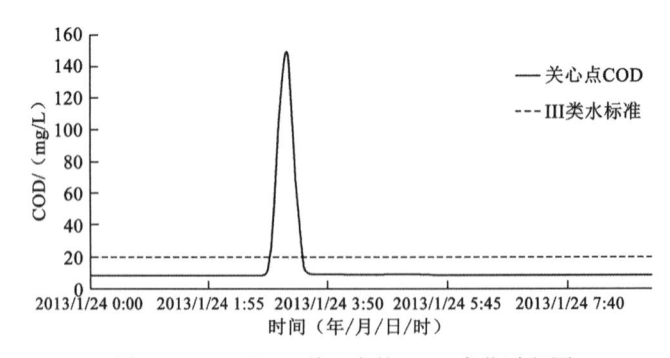

工况 11 关心点的 COD 变化过程如图 8.2.12 所示，事故发生后 COD 最大峰值为 148 mg/L，出现在事故发后 1 h 11 min；COD 恢复至 20 mg/L 以下时，距事故发生约 1 h 26 min；COD 恢复至背景浓度时，距事故发生约 2 h 30 min。

图 8.2.12　工况 11 关心点的 COD 变化过程图

工况 12 关心点的 COD 变化过程如图 8.2.13 所示，事故发生后 COD 最大峰值为 148 mg/L，出现在事故发后 1 h 11 min；COD 恢复至 20 mg/L 以下时，距事故发生约 1 h 24 min；COD 恢复至背景浓度时，距事故发生约 2 h 30 min。

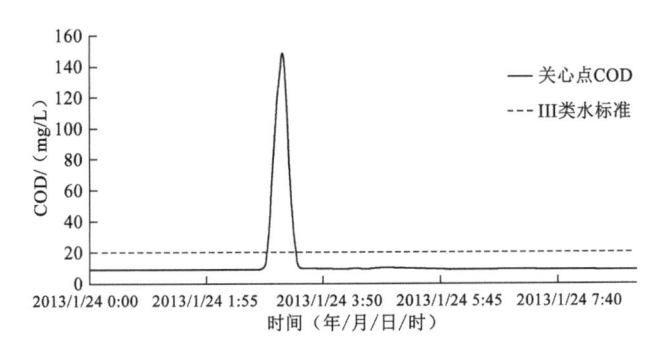

图 8.2.13 工况 12 关心点的 COD 变化过程图

将 4 种工况的 COD 变化情况进行对比，关心点 COD 变化过程对比如图 8.2.14 所示。根据上述计算可知，污染事故发生后，4 个工况中 COD 出现的峰值均为 148 mg/L，采取应急调度对于减小峰值作用不明显，但增大调度流量会较小程度地提前峰值出现时间，相较于工况 7，工况 8 提前 3 min，工况 11、工况 12 提前 4 min。对于缩短恢复至 20 mg/L 的时间，作用较明显，相较工况 7，工况 8 提前 56 min，工况 11 提前 1 h 4 min，工况 12 提前 1 h 6 min。对于恢复背景浓度时间，相较于工况 7，采取应急调度会缩短约 1 h 10 min，但增大调度流量对缩短时间影响甚微。

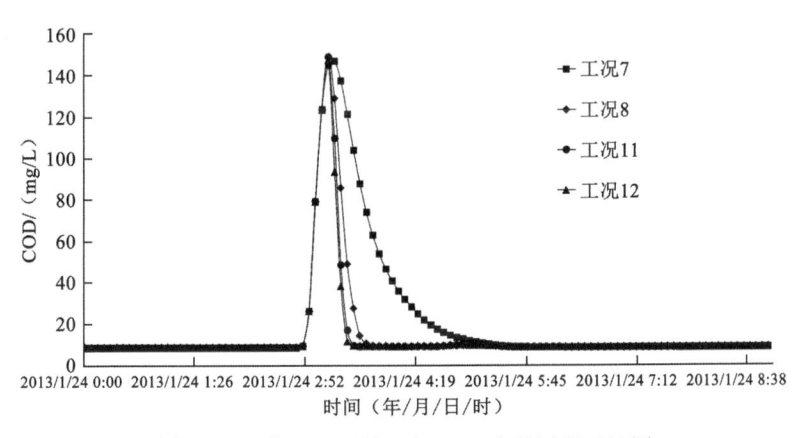

图 8.2.14 各工况下关心点 COD 变化过程对比图

4. 结果分析

研究宜昌江段应急调度及减污效果，结果如下。

调度方案包括三峡出库流量为 15 900 m^3/s、22 750 m^3/s、26 500 m^3/s 三个流量级，其中 15 900 m^3/s 流量级中持续时间有 1 h、2 h 及 3 h，22 750 m^3/s、26 500 m^3/s 流量级持续时间均为 1 h。

通过对两种排放方式下的各个方案的计算结果对比，可定性得出各调度方案对污染团运动的影响规律，即对于江心瞬排及岸边瞬排，增加出库流量，条件合理的情况下尽可能持续时间短，效果更好。

通过对选取的重点区域受污染团影响分析可知，增大调度出库流量对于缩短重点区域恢复至 III 类水的时间有明显作用,而增加持续时间效果有限。因此,从尽快恢复水质的效果来说工况 12 即 26 500 m³/s 维持 1 h 的调度方案缩短时间效果最佳,相比于无应急调度,减少了 53.6%,15 900 m³/s 维持 1 h 方案(与维持 2 h、3 h 结果相同)时间减少了 46.3%,22 750 m³/s 维持 1 h 方案时间减少了 52.2%。

针对选取的关心点的浓度变化,采取应急调度措施后对 COD 峰值影响较小,但会提前峰值出现的时间,22 750 m³/s 与 26 500 m³/s 维持 1 h 的方案会提前 4 min,15 900 m³/s 维持 1 h 的方案会提前 3 min;对于 COD 恢复至 III 类水标准的时间,相较于无应急调度,26 500 m³/s 维持 1 h 的方案效果最明显,缩短了 1 h 6 min,而 15 900 m³/s 及 22 750 m³/s 维持 1 h 的方案分别缩短 56 min 与 1 h 4 min;对于恢复至背景浓度的时间,相较于无应急调度,各方案缩短时间区别较小,均约为 1 h 10 min。

8.2.2 荆州河段枯水期应急调度水量需求

1. 研究内容

假设荆州河段发生于 2013 年 2 月 1 日 11:00(荆州站流量为 6 390 m³/s)发生突发性水污染事件,三峡水库半个小时后进行应急调度。以 COD 为计算指标,运用第 4 章建立的数学模型,按不同水库应急调度方式,模拟污染物的迁移扩散特性,研究不同的应急调度方案下,荆州段水源地(柳林水厂)受影响的程度。

2. 模型计算工况

1)水库调度方案

突发性水污染事故发生后,根据 8.2.1 小节中不同方案对污染团运动规律影响得出的结论选取最有效的调度方案,即出库流量大并且选取尽可能减小污染团推移距离的调度时间。考虑荆州距上游水库距离较远,因此结合实际情况分别考虑两种应急调度方案:①三峡下泄流量 0.5 h 内增大至 15 900 m³/s,并持续 3 h;②三峡下泄流量 0.5 h 内增大至 26 500 m³/s,并持续 3 h。

2)污染物排放类型

荆州重点企业外排废水中经常超标的污染物是氨氮、COD 和总磷。就超标次数来看,COD 次数较多,从累积时间上来看,以总磷为最多,从超标程度上来看,总磷最为严重。因此,综合超标时间和超标程度选用 COD 作为污染物指标。

综合实际情况考虑,企业排污口事故性排放风险较大,将事故点设于三八滩上游约 5 km 左岸,距离柳林水厂约 12 km,为岸边瞬排类型,排污浓度为 50 kg/m³,持续 2 h。计算工况见表 8.2.5。

表 8.2.5 计算工况表

工况编号	方案编号	排放类型	COD/(kg/m³)	排放时间/h	调度流量/(m³/s)	持续时间/h
1	—	岸边瞬排	50	2	无应急调度	—

续表

工况编号	方案编号	排放类型	COD/(kg/m³)	排放时间/h	调度流量/(m³/s)	持续时间/h
2	一	岸边瞬排	50	2	15 900	3
3	二	岸边瞬排	50	2	26 500	3

3. 计算结果

1) 各方案对流量的影响

工况 2（方案一 15 900 m³/s）、工况 3（方案二 26 500 m³/s）根据一维计算结果，宜昌至太平口流量变化过程如图 8.2.15、图 8.2.16 所示。两工况宜昌流量增大后，波峰滞后时间约为 8 h、7 h。

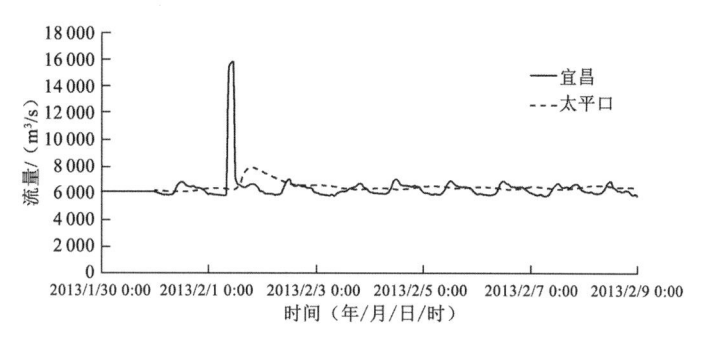

图 8.2.15 工况 2 流量过程

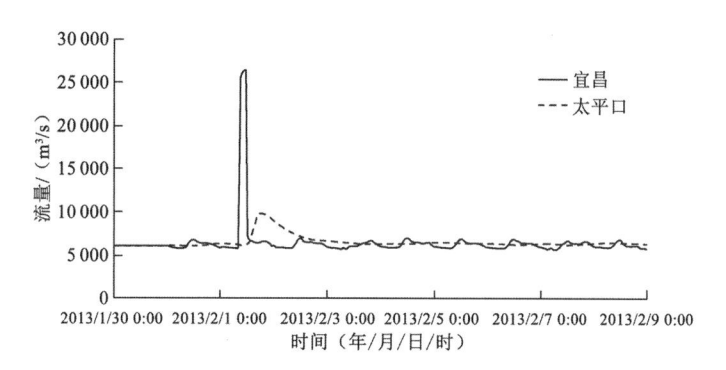

图 8.2.16 工况 3 流量过程

2) 对污染团的影响

发生突发性污染事件后，工况 1（无应急调度）、工况 2（方案一 15 900 m³/s 持续 3 h）及工况 3（方案二 26 500 m³/s 持续 3 h）污染团迁移过程如图 8.2.17～图 8.2.19 所示。总体上看，采取应急调度方案会加快污染团的迁移速度，使污染团尽快离开柳林水厂。

(a) 事故发生后 0.5 h　　　　　(b) 事故发生后 3 h　　　　　(c) 事故发生后 10 h

图 8.2.17　工况 1 污染团迁移过程图

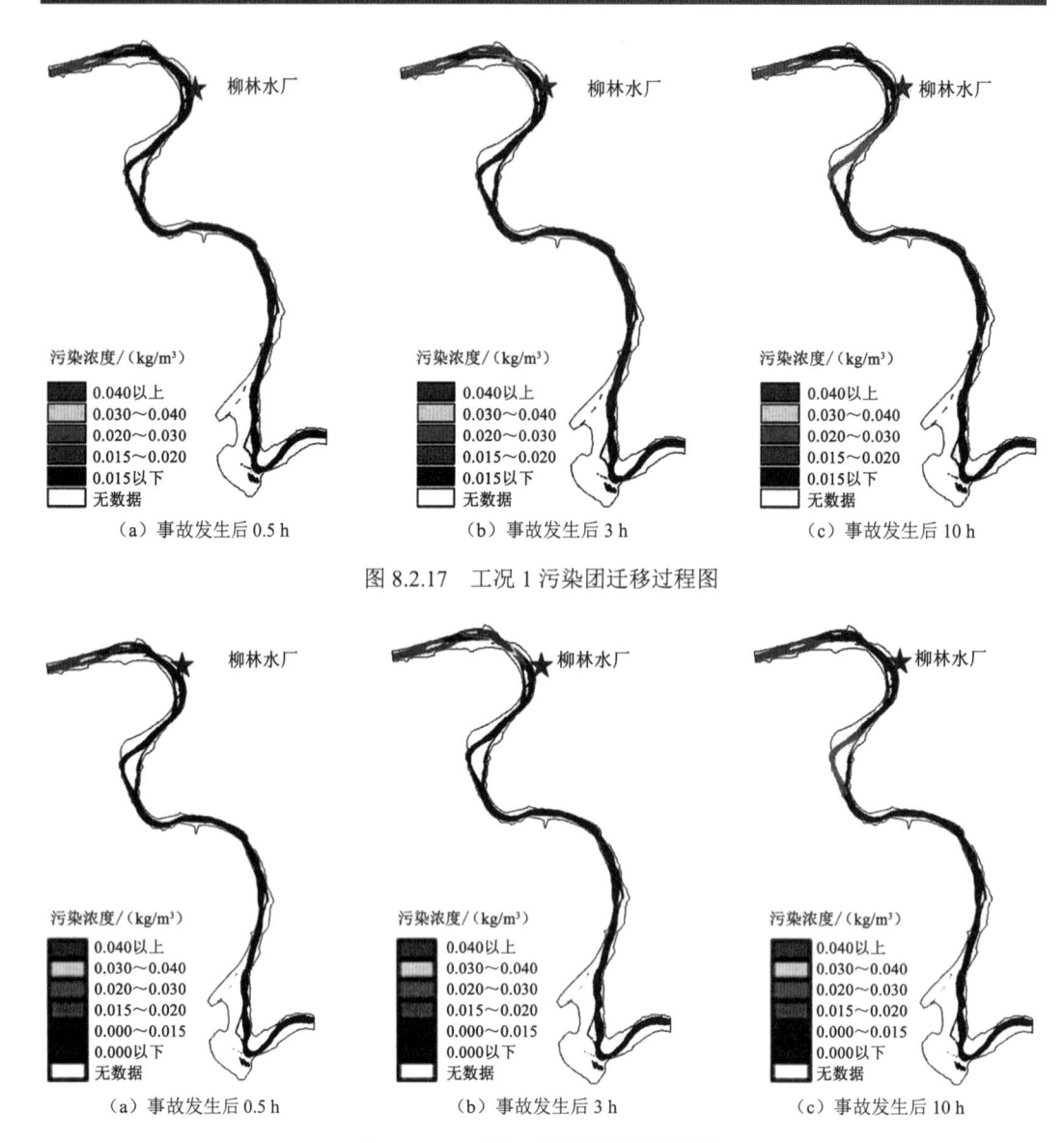

(a) 事故发生后 0.5 h　　　　　(b) 事故发生后 3 h　　　　　(c) 事故发生后 10 h

图 8.2.18　工况 2 污染团迁移过程图

针对污染团的运动对重点区域的影响进行研究分析。

根据地表水水源卫生防护规定,在河流取水点上游 1 000 m 至下游 100 m 的水域内,为重点保护区域,因此取柳林水厂取水口上游 1 000 m,下游 100 m 范围为重点区域进行分析。

工况 1(无应急调度)的情况下,污染团运动在重点区域内的示意图如图 8.2.20 所示。根据计算结果可知,事故发生后约 3 h 时重点区域为 Ⅳ 类水(COD>20 mg/L),Ⅳ 类水的持续时间约 6 h;约 3.5 h 后重点区域为 Ⅴ 类水(COD>30 mg/L),持续时间约 3.5 h;约 4 h 后重点区域为劣 Ⅴ 类水(COD>40 mg/L),持续时间约 2.5 h。

(a) 事故发生后 0.5 h　　(b) 事故发生后 3 h　　(c) 事故发生后 10 h

图 8.2.19　工况 3 污染团迁移过程

(a) Ⅳ 类水进入范围
（事故发生后约 3 h）

(b) Ⅴ 类水进入范围
（事故发生后约 3.5 h）

(c) 劣 Ⅴ 类水进入范围
（事故发生后约 4 h）

(d) 劣 Ⅴ 类水离开范围
（事故发生后约 6.5 h）

(e) Ⅴ 类水离开范围
（事故发生后约 7 h）

(f) Ⅳ 类水离开范围
（事故发生后约 9 h）

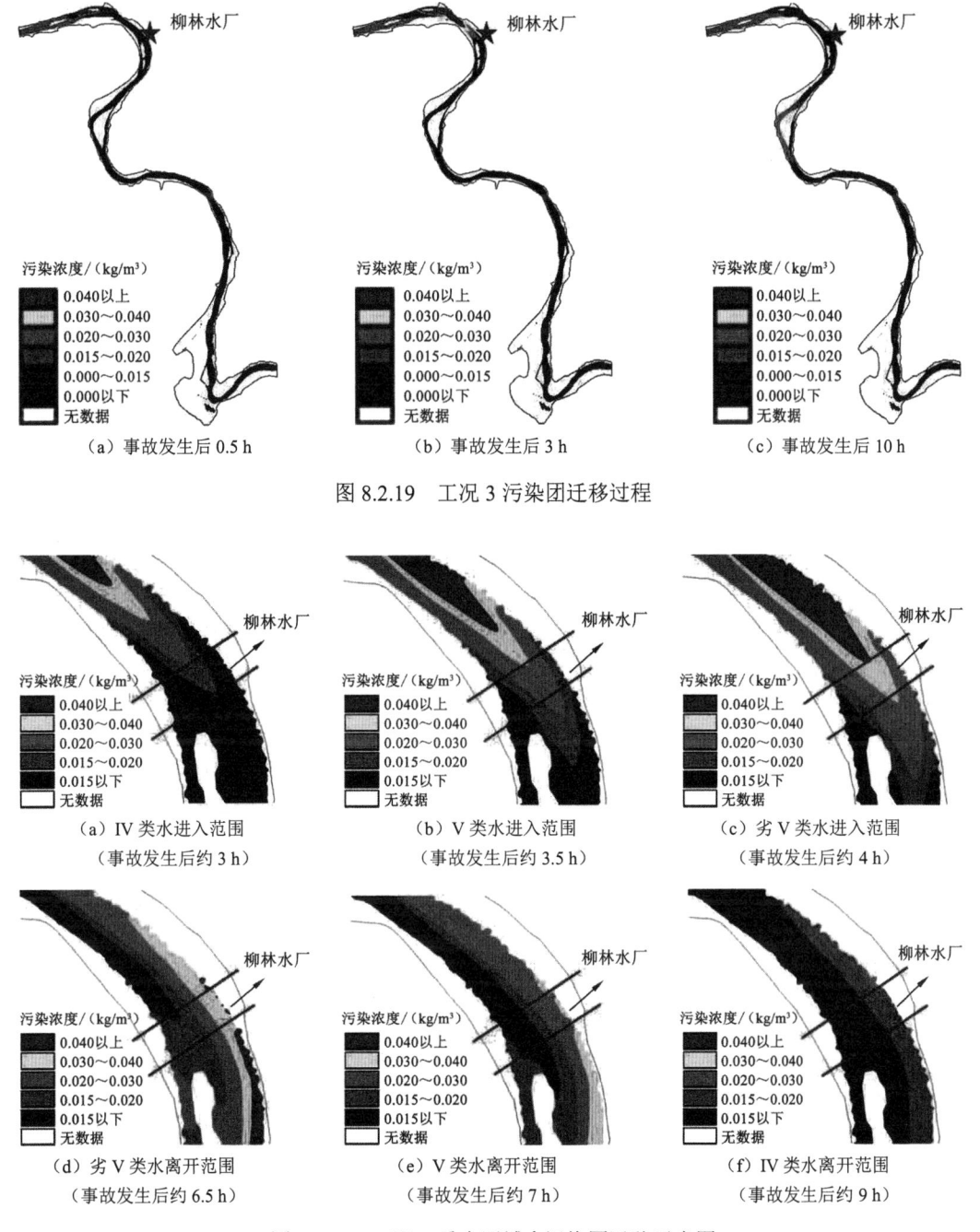

图 8.2.20　工况 1 重点区域内污染团迁移示意图

工况 2（方案一 15 900 m³/s）的情况下，污染团运动在重点区域内的示意图如图 8.3.21 所示。事故发生后约 3 h 时重点区域为 Ⅳ 类水（COD>20 mg/L），Ⅳ 类水的持续时间约 4 h；约 3.5 h 后重点区域为 Ⅴ 类水（COD>30 mg/L），持续时间约 3 h；约 4 h 后重点区域为劣 Ⅴ 类水（COD>40 mg/L），持续时间约 2 h。

(a) IV 类水进入范围
（事故发生后约 3 h）

(b) V 类水进入范围
（事故发生后约 3.5 h）

(c) 劣 V 类水进入范围
（事故发生后约 4 h）

(d) 劣 V 类水离开范围
（事故发生后约 6 h）

(e) V 类水离开范围
（事故发生后约 6.5 h）

(f) IV 类水离开范围
（事故发生后约 7 h）

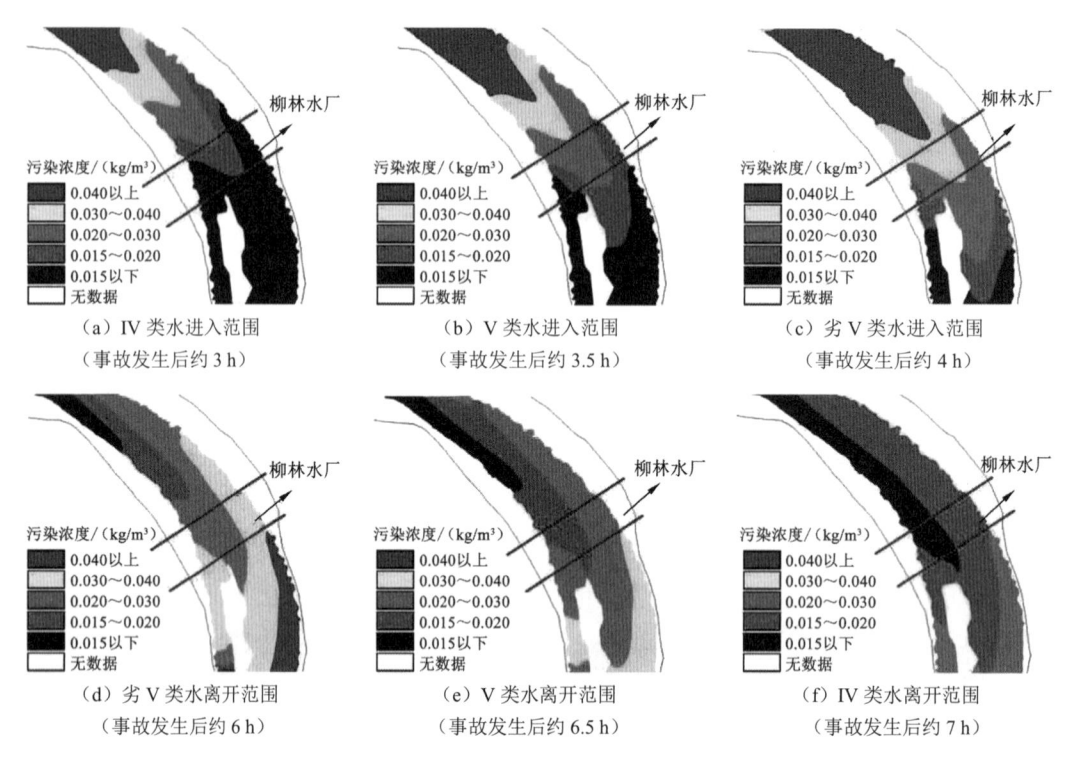

图 8.2.21　工况 2 重点区域内污染团迁移示意图

工况 3（方案二 26 500 m³/s）的情况下，污染团运动在重点区域内的示意图如图 8.3.22 所示。事故发生后约 3 h 时重点区域为 IV 类水（COD＞20 mg/L），IV 类水的持续时间约 4 h；约 3.5 h 后重点区域为 V 类水（COD＞30 mg/L），持续时间约 3 h；约 4 h 后重点区域为劣 V 类水（COD＞40 mg/L），持续时间约 2 h。

(a) IV 类水进入范围
（事故发生后约 3 h）

(b) V 类水进入范围
（事故发生后约 3.5 h）

(c) 劣 V 类水进入范围
（事故发生后约 4 h）

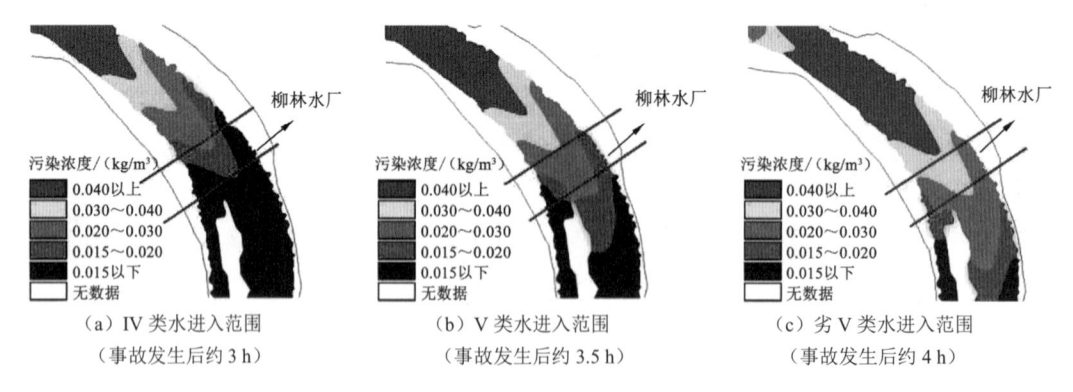

图 8.2.22　工况 3 重点区域内污染团迁移示意图

(d) 劣 V 类水离开范围
（事故发生后约 6 h）

(e) V 类水离开范围
（事故发生后约 6.5 h）

(f) IV 类水离开范围
（事故发生后约 7 h）

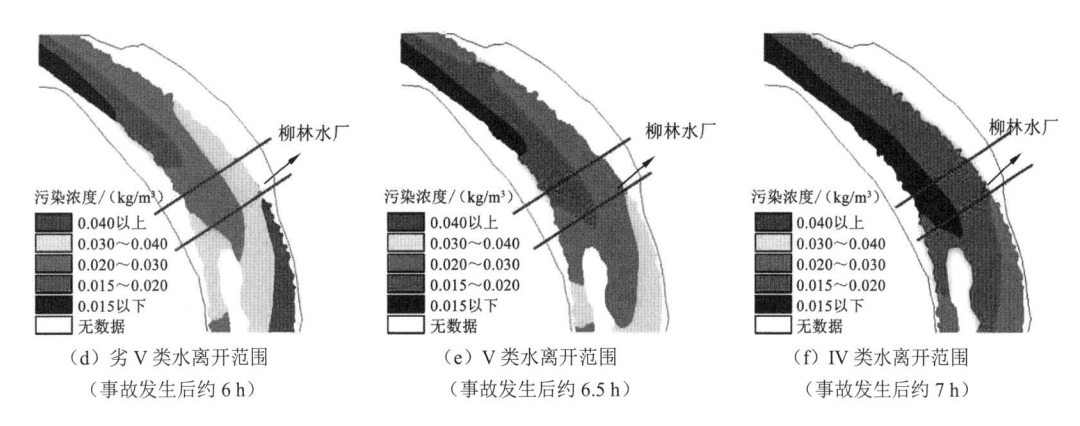

图 8.2.22　工况 3 重点区域内污染团迁移示意图（续）

根据计算结果得出重点区域水质变化表，见表 8.2.6。由表 8.2.6 可知，发生突发性水污染事件后采取应急调度手段，可以减少水质恶化持续的时间。对于 IV 类水持续时间作用最为明显，相比于无应急调度，方案一、方案二时间均减少了 33.3%；对于 V 类水持续时间，相比于无应急调度，方案一、方案二时间均减少了 14.3%；对于劣 V 类水持续时间，相比于无应急调度，方案一、方案二时间均减少了 20%。两种应急调度方案的影响对比，对于重点区域的整体水质影响区别不大，其主要区别体现在具体的浓度变化上。

表 8.2.6　重点区域水质变化表

编号	工况	IV 类水持续时间/h	V 类水持续时间/h	劣 V 类水持续时间/h
1	无应急调度	6	3.5	2.5
2	方案一	4	3	2
3	方案二	4	3	2

对不同工况下柳林水厂取水口的 COD 变化进行以下分析。

工况 1，即无应急调度，柳林水厂取水口的 COD 变化过程图如图 8.2.23 所示，事故发生后 COD 最大峰值为 53 mg/L，出现在事故发后 6 h；COD 恢复至 20 mg/L 以下时，距事故发生约 9 h；COD 恢复至河道背景浓度时，距事故发生约 11.3 h。

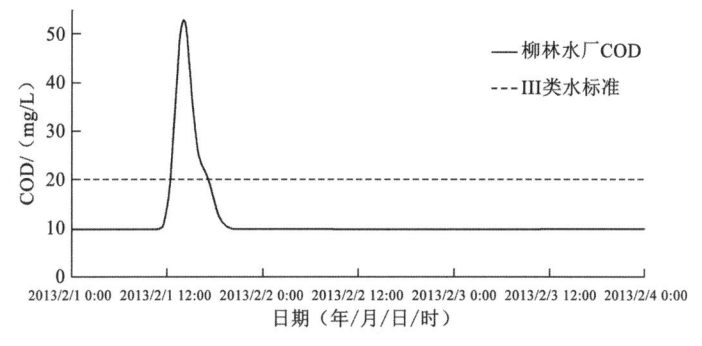

图 8.2.23　工况 1 COD 变化过程图

工况 2，即方案一采取 15 900 m³/s 持续 3 h 实施调度，柳林水厂 COD 变化过程如图 8.2.24 所示，事故发生后 COD 最大峰值为 48 mg/L，出现在事故发生后 5 h（即流量改变后 4.5 h）；COD 恢复至 20 mg/L 以下时，距事故发生约 7 h（即流量改变后 6.5 h）；COD 恢复至河道背景浓度时，距事故发生约 11.3 h（即流量改变后 10.5 h）。

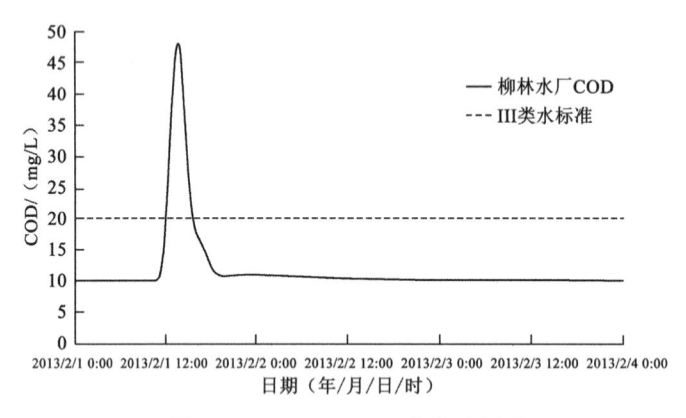

图 8.2.24　工况 2 COD 变化过程图

工况 3，即方案二采取 26 500 m³/s 持续 3 h 实施调度，柳林水厂 COD 变化过程图如图 8.2.25 所示，COD 最大峰值为 48 mg/L，出现在事故发生后 5 h（即流量改变后 4.5 h）；COD 恢复至 20 mg/L 以下时，距事故发生约 7 h（即流量改变后 6.5 h）；COD 恢复至河道背景浓度时，距事故发生约 10.5 h（即流量改变后 11.3 h）。

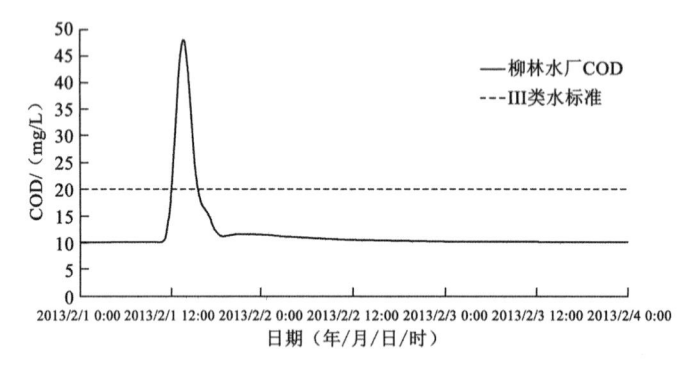

图 8.2.25　工况 3 COD 变化过程图

将 3 种工况的 COD 变化情况进行对比，柳林水厂 COD 变化过程对比如图 8.2.26 所示。根据计算可知，污染事故发生后，若不采取应急调度措施，COD 峰值为 53 mg/L，出现在事故发生后约 5.5 h，柳林水厂 COD 恢复至 20 mg/L（Ⅲ类水标准）以下的时间为 9 h，恢复至背景浓度的时间约为 11.3 h。方案一、二后 COD 峰值均为 48 mg/L，相较于未采取措施峰值略有减小，出现在事故发生后 5 h（即流量改变后 4.5 h），相较于未采取措施时间提前 30 min；方案一、二中柳林水厂 COD 恢复至 20 mg/L（Ⅲ类水标准）以下的时间均约 7 h（即流量改变后 6.5 h），比未采取措施快约 2 h。

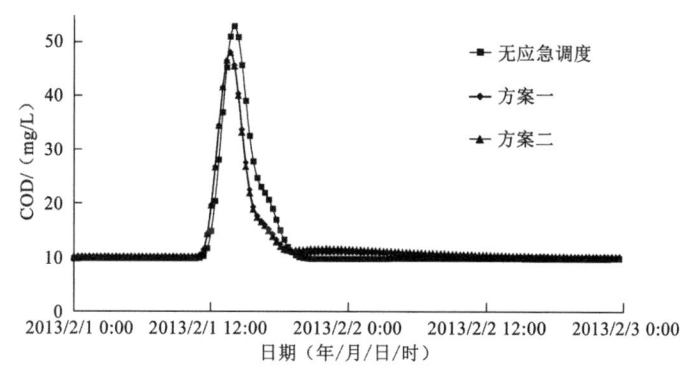

图 8.2.26 柳林水厂 COD 变化过程对比图

4. 结果分析

研究荆州江段应急调度及减污效果，结果如下。

应急调度方案包括：①三峡出库流量 0.5 h 内增大至 15 900 m³/s，并持续 3 h；②三峡出库流量 0.5 h 内增大至 26 500 m³/s，并持续 3 h。实施应急调度后会加快恢复至 III 类水，其中对于减小 IV 类水持续时间作用最为明显，如时间均减少了 2 h。

实施应急调度对削减柳林水厂取水口 COD 峰值效果有限，峰值减小了 9%，且峰值出现的时间提前约 30 min。相较于未采取措施，应急调度方案可缩短 COD 恢复至 III 类水标准的时间 2 h。

实施应急调度后的影响到达事故点的时间较长，对缓解污染效果有限，其影响程度取决于流量变化到达重点保护区域的时间。

8.2.3 长江中游突发事件应急调度效果

1. 宜昌江段

1) 应急调度对三峡水库蓄水量及水位的影响

将所需额外水量对三峡水库库容和水位的影响作为应急调度可行性评估因子。三峡水库现有调度原则：1~5 月三峡水库处于消落期，水库水位在综合考虑航运、发电、水资源、水生态需求的条件下逐步消落。通常情况下，1~2 月水库出库流量控制在 6 000 m³/s 左右，其他月份以葛洲坝下游庙嘴水位不低于 39.0 m 为基准进行流量下泄。在 4 月末库水位高于 155 m 即枯水期消落低水位。5 月 25 日不高于 155 m。如遇枯水年，实施水资源应急调度时，可不受以上水位、流量限制，库水位也可降至 155 m 以下进行补偿调度。

若枯水期坝前水位为 155 m，根据水位-库容关系（图 8.2.27），库容约为 228 亿 m³。

根据表 8.2.7 可得，出库流量为 15 900 m³/s

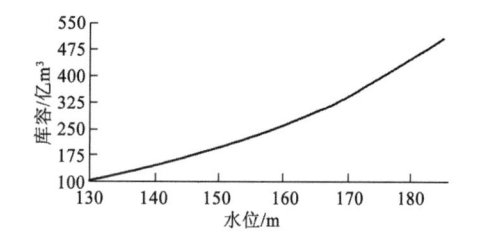

图 8.2.27 水位-库容关系图

持续 3 h 的工况所用水量最多,损失水量为 1.717 2 亿 m³,占库容的 0.75%,坝前水位下降幅度最大为 0.29 m,符合水库 1 h 内水位下降不超过 1 m 的规定。其中超过三峡机组最大负荷运行流量(22 750 m³/s)的方案为 26 500 m³/s 持续 1 h 方案,若在满负荷运行情况下应急调度方案采取 26 500 m³/s 持续 1 h,则弃水为 1 350 万 m³,相对兴利库容 165 亿 m³ 所占比例很小,水位下降 0.13 m。在短时间对发电效益影响不大。

表 8.2.7 应急调度工况对三峡水库库容影响

编号	调度流量/(m³/s)	调度时间	损失水量/亿 m³	占现有库容比例/%	坝前水位/m 调度前	坝前水位/m 调度后
8	15 900	事故发生后持续 1 h	0.572 4	0.25	155	154.92
9	15 900	事故发生后持续 2 h	1.144 8	0.50	155	154.82
10	15 900	事故发生后持续 3 h	1.717 2	0.75	155	154.71
11	22 750	事故发生后持续 1 h	0.819 0	0.36	155	154.89
12	26 500	事故发生后持续 1 h	0.954 0	0.42	155	154.87

综上所述,由于应急调度时间较短,各项方案所需水量占库容比例最大为 0.75%,最小仅为 0.25%,在水位变幅规程要求之内。超过三峡机组最大负荷运行流量的方案中弃水所占比例较小,较短时间内对发电效益影响不大。

2)应急调度对宜昌江段重点区域水质改善效果分析

将各方案对改善宜昌江段重点区域水质情况进行对比分析。选取具有代表性的岸边瞬排为研究对象,主要从重点区域(距事故点 1.3 km,长约 2 km)水质超标持续时间、关心点(区域下边界左岸)出现 COD 峰值及水质超标持续时间等方面进行分析,结果见表 8.2.8。

表 8.2.8 宜昌江段市区重点段水质改善效果表

编号	工况	重点区域水质超标持续时间	关心点 COD 峰值/(mg/L)	关心点水质超标持续时间
7	无应急调度	2 h 16 min	148	1 h 35 min
8	15 900 m³/s 维持 1 h	1 h 13 min	148	38 min
9	15 900 m³/s 维持 2 h	1 h 13 min	148	38 min
10	15 900 m³/s 维持 3 h	1 h 13 min	148	38 min
11	22 750 m³/s 维持 1 h	1 h 5 min	148	30 min
12	26 500 m³/s 维持 1 h	1 h 3 min	148	28 min

根据结果可知,对于重点区域水质超标持续时间,相比于工况 7(无应急调度),工况 8(与工况 9、工况 10 相同)时间减少了 46.3%,工况 11 时间减少了 52.2%,工况 12 时间减少了 53.6%;对于重点区域内关心点 COD 峰值 6 个工况均相同;对于关心点水质超

标时间，相较工况 7（无应急调度），工况 8（与工况 9、工况 10 相同）减少了 60%，工况 11 减少了 68.4%，工况 12 减少了 70.5%。

可以看出，在宜昌江段发生突发性水污染事件后采取应急调度手段，能够有效地减缓突发性水污染，其中增加水库出库流量对于加快恢复至 III 类水有一定作用，而在应急调度方案已发挥作用的前提下增加调度持续时间效果不明显。考虑增加水库出库流量会导致额外的水量损失，因此设定一个指标 A 同时考虑对水污染事件的减缓效果及水量损失，其中 A=污染物通量/损失水量，表示损失单位体积库容的污染物通过断面的质量大小，A 越大表明该方案对水质改善的效率越高。选取市区重点区域下边界即关心点所在断面进行计算，得出结果见表 8.2.9。

表 8.2.9 各方案对重点断面污染物影响效率计算表

编号	工况	污染物通量/万 kg	水库库容损失/万 m^3	A/（kg/m^3）
7	无应急调度	173.26	—	—
8	15 900 m^3/s 维持 1 h	126.48	5 724	0.022
9	15 900 m^3/s 维持 2 h	236.42	11 448	0.021
10	15 900 m^3/s 维持 3 h	270.30	17 172	0.016
11	22 750 m^3/s 维持 1 h	221.67	8 190	0.027
12	26 500 m^3/s 维持 1 h	234.22	9 540	0.025

根据计算结果可知，A 的结果由大到小排列顺序为工况 11、工况 12、工况 8、工况 9、工况 10。对于 A 指标来说越大表明该方案在尽量少的损失水量的情况下得到更好的污染物改善效果，所以根据计算结果来看，工况 11 即 22 750 m^3/s 维持 1 h 的方案在考虑水库库容损失下效率最高。而工况 10 中虽然通过该断面的污染物质量通量最大，但损失水量相较于其他工况更大，因此效率最低。

2. 荆州河段

1）应急调度对三峡水库蓄水量及水位的影响

同 8.2.3 小节中宜昌江段方法相同，得出荆州河段采用的应急调度方案对水量及水位的影响，结果见表 8.2.10。

表 8.2.10 应急调度工况对三峡水库水量影响

调度流量/（m^3/s）	调度时间	损失水量/亿 m^3	占现有库容比例/%	坝前水位/m 调度前	坝前水位/m 调度后
15 900	事故发生后持续 3 h	1.717 2	1.24	155	154.71
26 500	事故发生后持续 3 h	2.862 0	2.07	155	154.58

根据表 8.2.10 中数据可得，出库流量为 26 500 m^3/s 持续 3h 的工况下损失水量最多为 2.862 亿 m^3，占库容比例的 2.07%，其次出库流量为 15 900 m^3/s 持续 3 h 的工况，损失水

量为 1.717 2 亿 m³ 占库容比例的 1.24%。其中，在出库流量为 26 500 m³/s 持续 3 h 及出库流量 15 900 m³/s 持续 3 h 的工况中，坝前水位下降幅度为 0.29 m 和 0.42 m，满足 1 h 内水位下降不超过 1 m 的规程。

其中超过三峡机组最大负荷运行流量（22 750 m³/s）的方案为 26 500 m³/s 持续 3 h，若在满负荷运行情况下应急调度方案采取 26 500 m³/s 持续 3 h，则弃水为 4 050 万 m³ 相对兴利库容 165 亿 m³ 所占比例很小，水位变幅约为 0.42 m，在短时间对发电效益影响不大。

综上所述，由于应急调度时间较短，各项方案所需水量所占库容比例最大为 1.26%，在水位变幅规程要求之内。超过三峡机组最大负荷运行流量的方案中弃水所占比例较小，较短时间内对发电效益影响不大。

2）应急调度对柳林水厂附近水质改善效果分析

将各方案对改善荆州河段柳林水厂重点区域水质情况进行对比分析，研究各方案的改善效果。主要从重点区域（柳林水厂取水口上游 1 000 m，下游 100 m）水质超标持续时间、关心点（柳林水厂取水口）出现的 COD 峰值及水质超标时间进行分析，结果见表 8.2.11。

表 8.2.11　荆州河段柳林水厂重点段水质改善效果表

编号	工况	重点区域水质超标持续时间	关心点 COD 峰值/（mg/L）	关心点水质超标时间
1	无应急调度	6 h	53	4 h 52 min
2	15 900 m3/s 维持 3 h	3.5 h	48	3 h 36 min
3	26 500 m3/s 维持 3 h	2.5 h	48	3 h 34 min

根据结果可知，对于重点区域水质超标持续时间，相比于工况 1（无应急调度），工况 2、工况 3 的持续时间均减少了 58.3%；对于重点区域内关心点 COD 峰值，无应急调度时为 53 mg/L，工况 2 工况 3 均为 48 mg/L，减小了 9.4%；对于关心点水质超标时间，相较工况 1（无应急调度），工况 2 减少了 26.0%，工况 3 减少了 26.7%。

可以看出，在荆州河段发生突发性水污染事件后采取应急调度手段，对减缓突发性水污染有一定效果，但与宜昌江段不同的是，由于距离三峡水库距离较远，增加水库出库流量对于加快恢复至 III 类水，以及关心点（柳林水厂取水口）的 COD 峰值削减作用已不明显，两种方案对比下对于水质改善作用相差甚小。同 8.2.3 小节中宜昌江段考虑水库水量损失，对 A 进行计算（A=污染物通量/水量损失），计算结果见表 8.2.12。

表 8.2.12　各方案对重点断面污染物影响效率计算表

编号	工况	污染物通量/万 kg	水库库容损失/万 m³	A/（kg/m³）
1	无应急调度	467.96	—	—
2	15 900 m³/s 维持 3 h	552.28	17 172	0.032
3	26 500 m³/s 维持 3 h	600.17	28 620	0.021

根据结果可知,就 A 值来看,工况 2 即 15 900 m³/s 维持 3 h 方案效率更高,即在尽量少损失水量情况下得到更好的水质改善效果,而由表 8.2.11 结果可知工况 2、工况 3 对于减少水质超标持续时间等作用相差小,但由于工况 3 损失水量较大,效率较低。

3. 结果分析

通过对宜昌江段与荆州河段各方案的可行性及效果分析可知。

(1) 对于宜昌江段及荆州河段发生突发性水污染事件所采用的应急调度方案,对其所需水量及水位变化的影响进行计算分析。各方案所需格外的水量占库容比例较小且水位变幅小满足现状调度规程要求,持续时间较短对发电效益影响甚小。

(2) 对宜昌江段各应急调度方案的水质改善效果的分析可得出,应急调度能够有效地减缓突发性水污染,其中对加快水质恢复至 III 类水效果明显,时间最大可减少 53.6%;其中,增大出库流量作用明显,综合分析各方案所需格外的水量导致库容损失与水质改善效果认为,出库流量 22 750 m³/s 持续 1 h 的效果最佳。

(3) 对荆州河段各应急调度方案的水质改善效果的分析可得出,应急调度对减缓突发性水污染有一定效果,其中对加快水质恢复至 III 类水作用较明显,时间减少 41.7%,增大调度出库流量较宜昌江段减缓效果减弱。综合分析各方案所需水量导致库容损失与水质改善效果认为,出库流量 15 900 m³/s 持续 3 h 的效果最佳。

(4) 综合宜昌江段与荆州河段分析结果来看,采用应急调度方案均能够一定程度上改善水质。距离三峡水库越近的江段调度减缓效果越明显。综合各方面情况,应酌情选择调度方案。

8.3 不可降解污染物应急调度方案

8.3.1 计算条件

不可降解污染物选取油污进行应急调度计算。设定事故发生地点为荆州河段,由可降解污染物应急调度计算结果可知,最佳调度方案为三峡出库流量 15 900 m³/s 持续 3 h,因此基于此结果,计算该最佳方案调度条件下溢油的扩散情况,与无调度情况(三峡出库流量 6 260 m³/s)做比较。外溢物取施工船舶的燃料油(0#柴油)为代表物质,外溢量(源强)为 60 t,瞬间溢完;分析荆州河段多年气象条件,不利风向为 NW;取年平均风速为 2.8 m/s。根据溢油种类及河段水文气象条件,确定模型输入参数,见表 8.3.1,计算气象条件及水动力条件见表 8.3.2。

表 8.3.1 溢油模型输入参数

参数名称	取值	说明
源强	60 t	1 个溢油点,瞬间溢完
乳化系数	2.1×10^{-6} s	
比重	850 kg/m³	

续表

参数名称	取值	说明
水的运动黏性系数	1.31×10^{-6} m²/s	
油的运动黏度	5.0 mm²/s	
风漂移系数 c_w	0.035	对流过程
油的最大含水率 y_w^{max}	0.85	乳化过程
油的最大含水率 (K_1)	5×10^{-7}	乳化过程
释出系数 (K_2)	1.2×10^{-5}	乳化过程
传质系数 K_{Si}	2.36×10^{-6}	溶解过程
蒸发系数 k	0.029	蒸发过程
油辐射率 l_{oil}	0.82	热量迁移过程
水辐射率 l_{water}	0.95	热量迁移过程
大气辐射率 l_{air}	0.82	热量迁移过程
漫射系数（Albedo）α	0.1	热量迁移过程
水平（横向和纵向）扩散系数 D_L 和 D_T	$D_L=0.7$, $D_T=0.7$	

注：以上模型参数取值采用相关文献推荐值

表 8.3.2 计算气象条件及水动力条件

河段	范围	气象条件		应急调度		无调度	
		不利风向	风速/(m/s)	流量/(m³/s)	水位/m	流量/(m³/s)	水位/m
1	太平口—冯家台	NW	2.8	15 900	34.90	6 260	30.06

8.3.2 计算结果

选择事故地点为太平口水道三八滩左缘低滩切滩工程长江大桥下，距左岸岸边约 0.6 km。此处为事故易发水道，施工活动密集，施工区域处于左汊航线上，附近区域有荆州长江大桥及锚地，停留及航行船舶较多，航道较窄，容易与其他船舶碰撞，且附近水域取水口分布较多等。如左岸有郢都水厂、南湖水厂和柳林水厂，右岸有江南自来水厂。计算结果如图 8.3.1～图 8.3.8 所示，图中油膜厚度单位为 mm，下同。油膜到达取水口及其影响时间见表 8.3.3。

表 8.3.3 油膜到达取水口时间及其影响时间表

地点	风向	应急调度		无调度	
		油膜到达时间	油膜影响时间	油膜到达时间	油膜影响时间
郢都水厂	不利风向 NW	—	—	—	—
南湖水厂	不利风向 NW	10 min	40 min	30 min	50 min
江南自来水厂	不利风向 NW	1 h 40 min	30 min	2 h 40 min	1 h 20 min
柳林水厂	不利风向 NW	2 h 50 min	2 h 10 min	4 h 40 min	持续影响

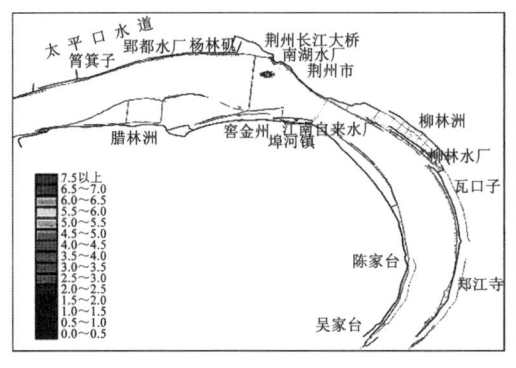

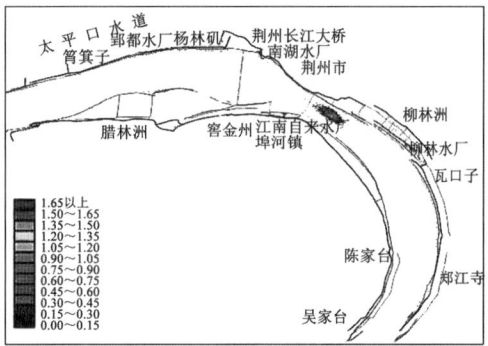

图 8.3.1 应急调度 NW 风向 0.5 h 油膜位置

图 8.3.2 应急调度 NW 风向 2 h 油膜位置

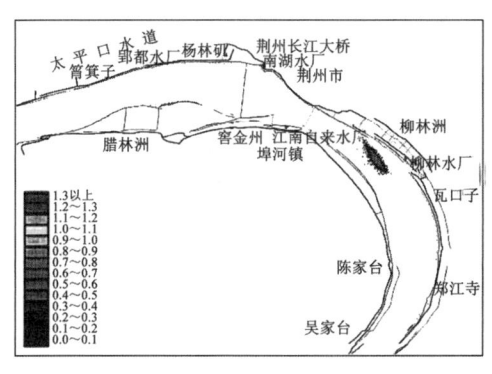

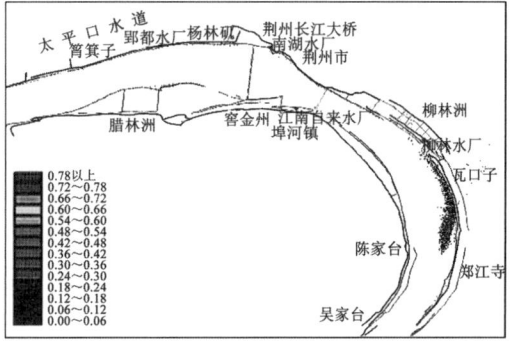

图 8.3.3 应急调度 NW 风向 3 h 油膜位置

图 8.3.4 应急调度 NW 风向 5 h 油膜位置

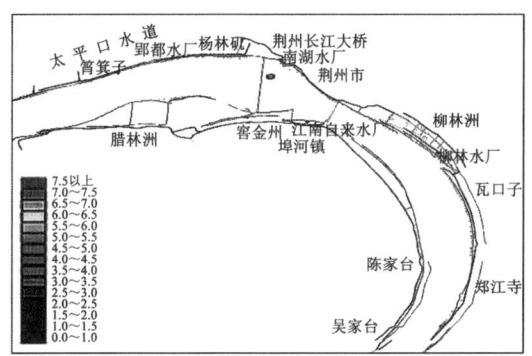

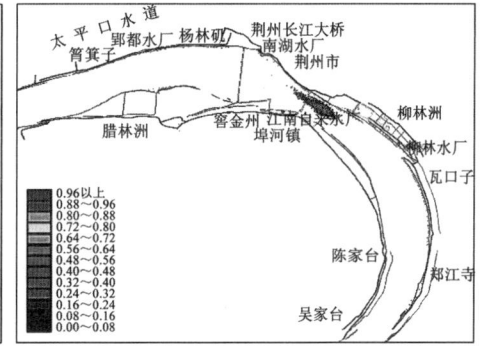

图 8.3.5 无调度 NW 风向 0.5 h 油膜位置

图 8.3.6 无调度 NW 风向 3 h 油膜位置

应急调度方案：三峡水库出库流量 15 900 m³/s 持续 3 h。风向为 NW 风情况下，油膜自溢油点向下漂移。由于事故发生点距离南湖水厂很近，事故发生后马上对南湖水厂取水口造成影响；50 min 后，油膜远离南湖水厂继续向下漂移，油膜最大厚度约为 3.79 mm。1 h 20 min 后，对江南自来水厂造成影响；1 h 50 min 后，远离江南自来水厂，且离右岸距离较远，对江南自来水厂的影响较小，油膜最大厚度约为 1.89 mm。2 h 50 min 后，油膜到达柳林水厂取水口，5 h 后油膜远离柳林水厂，油膜最大厚度约为 0.8 mm。

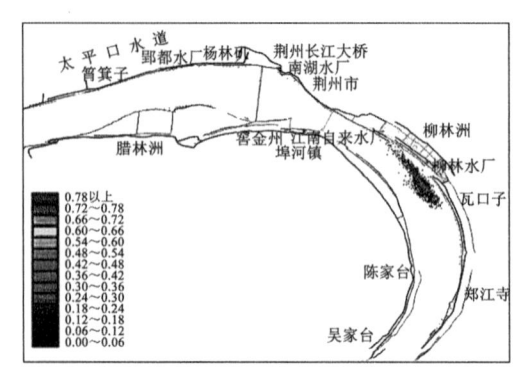

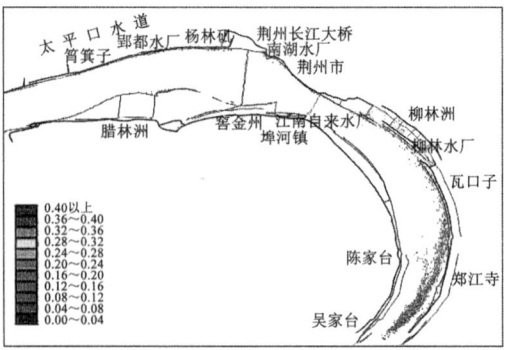

图 8.3.7　无调度 NW 风向 6 h 油膜位置　　　图 8.3.8　无调度 NW 风向 10 h 油膜位置

无应急调度方案：三峡水库出库流量 6 260 m³/s。在风向为 NW 风情况下，油膜自溢油点向下漂移，油膜随水流向下游漂移。30 min 后油膜下游边缘到达南湖水厂取水口处，1 h 20 min 后远离南湖水厂，油膜最大厚度约 7.65 mm；1 h 50 min 后油膜到达江南自来水厂取水口，3 h 后远离江南自来水厂，且离右岸距离较远，对江南自来水厂的影响较小，油膜最大厚度为 1.09 mm；4 h 40 min 后油膜到达柳林水厂取水口，此取水口受到持续性的影响，油膜最大厚度为 0.58 mm。该工况下郢都水厂不会受到油膜污染影响，其他三个取水口将从油膜扩散到该处开始受到持续性影响。

8.4　应急调度方案在长江中游河段的流量响应关系

以典型特枯水年 2006 年为背景，研究宜昌、荆州及汉口等重要水源地在三峡水库不同运行期开展应急调度后对应的流量响应时间，做出定性分析为应急调度方案的确定提供参考。结合 2006 年实际来流及三峡水库现有运行调度原则作为基本计算条件，将全年分为枯水期供水期（1~3月）、汛前消落期（4~5月）、汛期（6~9月）、汛末蓄水期（10~12月）。假设四个时期的调度时间为枯水期供水期 1 月 15 日 10:00~13:00，汛前消落期 5 月 1 日 0:00~3:00，汛期 6 月 21 日 8:00~11:00，汛末蓄水期 12 月 1 日 8:00~11:00。采用出库流量 26 500 m³/s 持续 3 h 工况作为方案案例，对下游宜昌、荆州及汉口三个重要断面的流量响应时间进行分析。

各时期流量过程如图 8.4.1~图 8.4.4 所示，以出现的流量峰值作为特征点，统计从宜昌流量改变后到达该断面时间，以及由调度引起的流量增幅，结果见表 8.4.1。

整体而言，三峡下游距离越远，流量波峰增幅越小，四个时期中宜昌断面波峰增幅明显，下游汉口断面流量受距离及下游各支流入汇和分流等因素影响，波峰增幅较小。宜昌断面与荆州断面不同时期流量增幅由大至小依次为枯水供水期、汛前消落期、汛末蓄水期及汛期；汉口断面不同时波峰增幅由大至小依次为汛前消落期、枯水供水期、汛末蓄水期及汛期。根据不同断面情况可知，波峰增幅最大一般出现在汛前消落期，此时应急调度对流量的调控效果最为明显；在汛期对流量的调控效果甚微，汛期时宜昌出库流量为

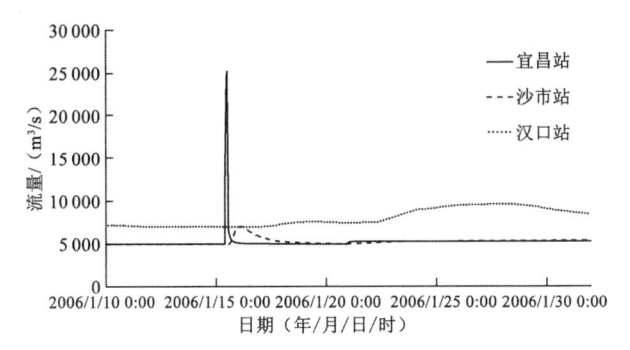

图 8.4.1　枯水期供水消落期应急调度流量过程示意图

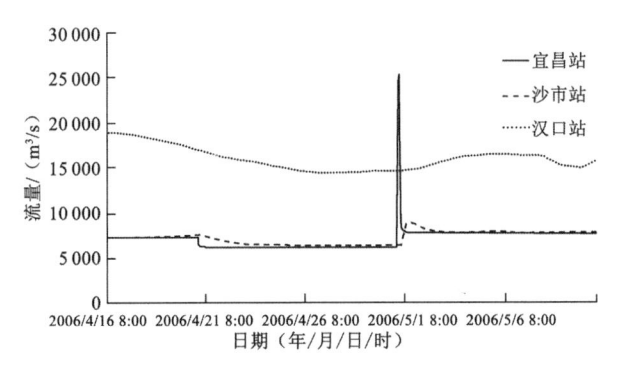

图 8.4.2　汛前消落期应急调度流量过程示意图

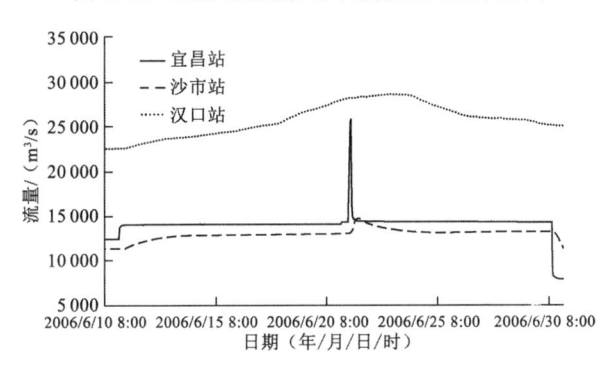

图 8.4.3　汛期应急调度流量过程示意图

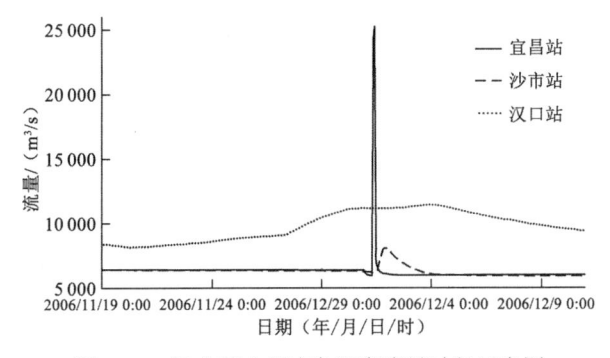

图 8.4.4　汛末蓄水期应急调度流量过程示意图

表 8.4.1　各断面流量响应（峰值）时间统计表

时期	宜昌站 时间/h	宜昌站 波峰增幅/%	荆州站 时间/h	荆州站 波峰增幅/%	汉口站 时间/h	汉口站 波峰增幅/%
枯水供水期	2	406.41	15	41.71	93	8.62
汛前消落期	2	307.94	14	40.98	119	12.37
汛期	2	84.83	9	13.36	48	0.54
汛末蓄水期	2	298.74	14	28.77	64	2.05

10 000~20 000 m^3/s，因此汛期若发生突发性水污染事件，多数情况可不实施应急调度靠实际来流即可快速减缓污染。

从流量响应时间上来说，枯水供水期到达荆州时间约为 15 h，到达汉口时间约为 93 h（大约 4 d）；汛前消落期到达荆州时间约为 14 h，到达汉口的时间约为 119 h（大约 5 d）；汛期到达荆州时间约为 9 h，到达汉口时间约为 48 h（大约 2 d）；汛末蓄水期到达荆州时间约为 14 h，到达汉口时间约为 64 h（大约 3 d）。整体可得，波峰到达时间主要受到宜昌来流及支流入汇的影响，宜昌来流及支流入汇的流量越大，波峰向下游传播的时间越短。汛期期间波峰到达时间最快，汛前消落期波峰到达时间最慢。

综上所述，对比相同时期不同距离的计算结果可知，增加三峡水库出库流量到达武汉河段的时间长，通常在 2~5 d，且流量增幅小，应急调度对减缓武汉河段附近发生的突发性水污染事件效果甚微。对比不同时期的计算结果可知，汛前消落期即 4~5 月进行应急调度波峰增幅效果最为明显，而波峰向下游传播时间最长；汛期即 6~9 月进行应急调度波峰增幅最小，而波峰向下游传播时间最短；枯水供水期结果较汛前消落期结果相近，波峰增幅略小于汛前消落期，传播时间略短于汛前消落期；汛末蓄水期结果较汛期结果相近，波峰增幅略大于汛期，传播时间略长于汛期。

8.5　小　　结

通过对宜昌江段与荆州河段各方案的可行性及效果分析可知。

（1）对于宜昌江段及荆州河段发生突发性水污染事件所采用的应急调度方案，对其所需水量及水位变化的影响进行计算分析。各方案所需额外的水量占库容比例较小，且水位变幅小满足规程，较短时间对发电效益影响甚小。

（2）对于宜昌江段各应急调度方案的水质改善效果的分析可得出，应急调度能够有效地减缓突发性水污染，其中对加快水质恢复至 III 类水的效果明显，时间最大减少 53.6%，其中增大调度出库流量作用明显，而增大流量会增加水量损失，综合水库水量损失与改善效果的情况下，出库流量 22 750 m^3/s（三峡电站满负荷发电流量）维持 1 h 为效率最高的方案。

（3）对于荆州河段各应急调度方案的水质改善效果的分析中可得出，应急调度对减缓突发性水污染有一定效果，其中对加快水质恢复至 III 类水作用较明显，时间最大减少 41.7%。综合水库水量损失与改善效果的情况下，下泄流量 15 900 m³/s 维持 3 h 的方案效率更高。

（4）基于 2006 年三峡水库实际调度过程及宜昌流量过程，实行应急调度增大三峡出库流量。对于不同地点而言，距离较远的武汉河段增加三峡水库出库流量，波峰到达的时间在 2~5 d 左右且波峰增幅小，因此应急调度对减缓武汉河段附近发生的突发性水污染事件效果甚微。对于不同时期而言，汛前消落期进行应急调度波峰增幅效果最为明显，波峰向下游传播时间最长；汛期进行应急调度波峰增幅最小，而波峰向下游传播时间最短。

综上，距离三峡水库越近的江段应急调度减缓污染效果越明显，宜昌江段增补的水量到达事故点时间较短并且到达的流量增幅较大，减缓效果较荆州河段明显，而武汉河段距离三峡水库最远其减缓效果甚微。增大水库出库流量能在一定程度上减缓突发性水污染，但会导致额外水量的损失，综合减缓效果和损失水量可得出宜昌江段推荐方案为"三峡出库流量 22 750 m³/s 维持 1 h"，荆州河段推荐方案为"三峡出库流量 15 900 m³/s 维持 3 h"，武汉河段不推荐使用加大三峡下泄流量的应急调度措施减缓污染。

参 考 文 献

[1] 生态环境部. 2018 年中国生态环境状况公报[R]. (2019-05-29)[2019-09-01].
[2] 水利部长江水利委员会. 长江流域及西南诸河水资源公报(2017)[R].(2019-09-10)[2019-09-29].
[3] 彭琴, 牟新利, 张丽莹, 等. 二维水质模型及应用研究进展[J]. 化学工程与装备, 2010(3): 123-124.
[4] 钮新强, 谭培伦. 三峡工程生态调度的若干探讨[J]. 中国水利, 2006(14): 8-10.
[5] 余文公. 三峡水库生态径流调度措施与方案研究[D]. 南京: 河海大学, 2007.
[6] 郭文献, 夏自强, 王远坤, 等. 三峡水库生态调度目标研究[J].水科学进展, 2009, 20(4): 554-559.
[7] 赵越, 周建中, 许可, 等. 保护四大家鱼产卵的三峡水库生态调度研究[J]. 四川大学学报(工程科学版), 2012, 44(4): 45-50.
[8] 徐薇, 刘宏高, 唐会元, 等. 三峡水库生态调度对沙市江段鱼卵和仔鱼的影响[J]. 水生态学杂志, 2014, 35(2): 1-8.
[9] 卢有麟, 周建中, 王浩, 等. 三峡梯级枢纽多目标生态优化调度模型及其求解方法[J]. 水科学进展, 2011, 22(6): 780-788.
[10] 潘明祥. 三峡水库生态调度目标研究[D]. 上海: 东华大学, 2011.
[11] 丁雷. 生态需水对三峡水库调度的影响研究[D]. 武汉: 华中科技大学, 2015.
[12] 梁鹏腾. 三峡水库生态调度及多目标风险分析研究[D]. 北京: 华北电力大学(北京), 2017.
[13] 董哲仁. 河流健康的内涵[J]. 中国水利, 2005(4): 15-18.
[14] SIMPON J, NORRIS R, BARMUTA L, et al. AusRivAS-National River health program[Z]. User manual website Version,1999.
[15] NORRIS R H, THOMS M C. What is river health[J]. Freshwater biology, 1999, 41(2): 197-209.
[16] 文伏波, 韩其为, 许炯心, 等. 河流健康的定义与内涵[J]. 水科学进展, 2007, 18(1): 140-150.
[17] 孙雪岚, 胡春宏. 河流健康的内涵及表征[J]. 水电能源科学, 2007, 25(6): 25-28.
[18] GLEICK P H. Water in crisis; paths to sustainable water use [J]. Ecological applications, 1996, 8(3): 571-579.
[19] 孙雪岚, 胡春宏. 河流健康评价指标体系初探[J]. 泥沙研究, 2008(4): 21-27.
[20] 刘凌, 董增川, 崔广柏, 等. 内陆河流生态环境需水量定量研究[J]. 湖泊科学, 2002(1): 25-31.
[21] 阳书敏, 邵东国, 沈新平. 南方季节性缺水河流生态环境需水量计算方法[J]. 水利学报, 2005(11): 72-77.
[22] 卿晓霞, 郭庆辉, 周健, 等. 小型季节性河流生态补水需水量及调度方案研究[J]. 长江流域资源与环境, 2015, 24(5): 876-881.
[23] ROWLSTON W S, PALMER C G. Processes in the development of resource protection provisions on South African Water Law[C]//Proceeding International Conference Environmental Flows for River Systems, 2002.
[24] JUNK W, BAYLEY P B, SPARKS R E. The flood pulse concept in river-floodplain systems[C]// International Large River Symposium. 1989.
[25] WESCHE T A, RECHARD P A. A summary of instream flow methods for fisheries and related research needs[R]. Water Resources Research Institute, University of Wyoming, Wyoming, 1980.
[26] SOUCHON Y, KEITH P. Freshwater fish habitat: science, management, and conservation in France[J]. Aquatic ecosystem health and management, 2001, 4(4): 401-412.

[27] LOAR J M, SALE M J, CADA G F. Instream flow needs to protect fishery resources[A]. Proceedings of ASCE Conference, California: 1986.
[28] DUNBAR M J, GUSTARD A, ACREMAN M C, et al. Review of Overseas Approaches to Setting River Flow Objectives[C]// R&D Technical Report W6161. Environment Agency and Institute of Hydrology, Wallingford, 1997.
[29] KING J M, LOUW M D. Instream flow assessments for regulated rivers in South Africa using the building block methodology[J]. Aquatic ecosystem health and management, 1998, 1: 109-124.
[30] 水利部水利水电规划设计总院. 中国水资源利用[M]. 北京: 水利电力出版社, 1989.
[31] 王丹予, 张为中. 松花江哈尔滨江段最小环境流量的探讨[J]. 东北水利水电, 1990(7): 20-26.
[32] 唐蕴, 王浩, 陈敏建, 等. 黄河下游河道最小生态流量研究[J]. 水土保持学报, 2004, 18(3): 171-174.
[33] 郑建平, 陈敏建, 徐志侠, 等. 海河流域河道最小生态流量研究[J]. 水利水电科技进展, 2005, 25(5): 12-15.
[34] 李宁. 环境流量: 河流的生命[J]. 世界环境, 2006(6): 94-94.
[35] 陈进, 黄薇. 长江的生态流量问题[J]. 科技导报, 2008, 26(17): 31-35.
[36] 马赟杰, 黄薇, 霍军军. 我国环境流量适应性管理框架构建初探[J]. 长江科学院院报, 2011, 28(12): 88-92.
[37] 李昌文, 康玲, 张松, 等. 一种计算多属性生态流量的改进 FDC 法[J]. 长江科学院院报, 2015, 32(11):1-6.
[38] 张晟, 李崇明, 吕平毓, 等. 三峡水库成库后水体中COD_{Mn}、$BOD5$ 空间变化[J]. 湖泊科学, 2007(1): 70-76.
[39] 姜瑞, 曾红云, 王强. 氨氮废水处理技术研究进展[J]. 环境科学与管理, 2013, 38(6): 131-134.
[40] 俞盈. 广州城市水体氮污染研究[D]. 广州: 中国科学院广州地球化学研究所, 2007.
[41] 闫振广, 孟伟, 刘征涛, 等. 我国淡水生物氨氮基准研究[J]. 环境科学, 2011(6): 30-36.
[42] SCHIGF J, SCHONFELD J. Theoretical consideration on the motion of salt and fresh water [C]. Proceedings Minnesota International Hydraulic Convention, Minnesota, 1953.
[43] 朱留正. 长江口盐度入侵问题[Z]. 华东水利学院海工所, 1980.
[44] 宋元平, 胡方西, 谷国传, 等. 长江口口外海滨盐度扩散的分层数学模型[J]. 华东师范大学学报(自然科学版), 1990, 4: 74-84.
[45] 匡翠萍. 长江口盐水入侵三维数值模拟[J]. 河海大学学报, 1997, 25(4): 54-60.
[46] WU H, ZHU J R. Advection scheme with 3rd high-order spatial interpolation at the middle temporal level and its application to saltwater intrusion in the Changjiang Estuary[J]. Ocean modelling, 2010, 33: 33-51.
[47] 章继华, 何永进. 我国水生生物多样性及其研究进展[J].南方水产, 2005, 7(3): 69-72.
[48] 赵卫琍. 浑河(抚顺段)水生生物多样性及资源管理[J]. 环境科学与管理, 2006, 2(1): 11-13.
[49] 蔡燕红. 杭州湾浮游植物生物多样性研究[D]. 青岛: 中国海洋大学, 2006.
[50] 蔡永久, 龚志军, 秦伯强. 太湖大型底栖动物群落结构及多样性[J]. 生物多样性, 2010, 18(1): 50-59.
[51] 张家卫. 大伙房水库水生生物多样性及其鱼产力研究[D]. 大连: 大连海洋大学, 2016.
[52] COVICH A P, PALMER M A, CROWL T A. The role of benthic invertebrate species in freshwater ecosystems: Zoobenthic species influence energy flows and nutrient cycling[J]. BioScience, 1999, 49: 119-127.
[53] 钱崇澍. 近年来中国新生物的发现[J]. 清华大学学报(自然科学版), 1927(1): 60-65.
[54] 史若兰. 舟山群岛浮游生物之调查[J]. 科学, 1950, 32(3): 45-51.
[55] 李思忠. 河北省渤海沿岸的鱼类採集工作[J]. 科学通报, 1951(9): 982-983.
[56] 郑重. 厦门海洋生物的研究[J]. 科学通报, 1951, 2(6): 666-667.

[57] HUANG Y Y, TENG D X, ZHAO Z X. Monitoring Jiyunhe estuary pollution by use of macroinvertebrate community and diversity index[J]. Sinozoologia, 1982, 2: 133-146.

[58] SHEN Y F, FENG W S, GU M R. Monitoring of River Pollution[M]. Beijing: China Architecture & Building Press, 1995.

[59] 文航, 蔡佳亮, 苏玉, 等. 利用水生生物指标识别滇池流域入湖河流水质污染因子及其空间分布特征[J]. 环境科学学报, 2011, 31(1): 69-80.

[60] LIGON F E, DIETRICH W E, TRUSH W J. Downstream ecological effects of dams[J]. Bioscience, 1995, 45: 183-192.

[61] BUNN S E, ARITHINGTON A H. Basic principles and ecological consequences of altered flow regimes for aquatic biodiversity[J]. Environmental management, 2002, 30(4): 492-507.

[62] 王国平, 张玉霞. 白云花水库建设对科尔沁湿地生态环境的影响[J]. 内蒙古大学学报(自然版), 2001, 32(4): 449-452.

[63] 陈文祥, 刘家寿, 彭建华. 水库生态环境问题初步分析与探讨[J]. 水生态学杂志, 2006, 26(1): 55-56.

[64] 胡宝柱, 高磊磊, 王娜. 水库建设对生态环境的影响分析[J]. 浙江水利水电学院学报, 2008, 20(2): 41-43.

[65] 马颖. 长江生态系统对大型水利工程的水文水力学响应研究[D]. 南京: 河海大学, 2007.

[66] 魏红义. 水工程建设对区域水环境的影响[D]. 杨凌: 西北农林科技大学, 2008.

[67] 原居林, 朱俊杰, 张爱菊. 钦寸水库大坝建设对鱼类资源的影响预测及其保护对策[J]. 水生态学杂志, 2009, 13(5): 123-127.

[68] 张俊华, 高承恩, 陈南祥. 水库建设对生态环境影响的评价[J]. 安徽农业科学, 2011, 39(5): 2876-2878.

[69] 王波. 三峡工程对库区生态环境影响的综合评价[D]. 北京: 北京林业大学, 2009.

[70] 班璇, 姜刘志, 曾小辉, 等. 三峡水库蓄水后长江中游水沙时空变化的定量评估[J]. 水科学进展, 2014, 25(5): 650-657.

[71] 段唯鑫, 郭生练, 王俊. 长江上游大型水库群对宜昌站水文情势影响分析[J]. 长江流域资源与环境, 2016, 25(1): 120-130.

[72] 王艳芳. 三峡工程对下游河流生态水文影响评估研究[D]. 郑州: 华北水利水电大学, 2016.

[73] STOKE J J. Numerical solution of flood prediction and river regulation problems: derivation of basic theory and formulation of numerical methods of attack, report I[M]. New York: New York University Institute of mathematical Science, 1953.

[74] KAMPHUIS J W. Mathematical tidal study of St. Lawrence River[J]. Hydraulic Div.,ASCE, 1970, 96(HY3): 643-664

[75] LIGGETT J A, CUNGE J A. Numerical methods of solution of the unsteady flow equations[C]// MAHMOOD K, YEVJEVICH V. Unsteady Flow in Open Channels, vol. 1. Fort Collins, Colorado: Water Resources Publications.

[76] 中山大学数力系计算数学专业珠江小组, 李岳生, 杨世孝, 等. 网河不恒定流隐式方程组的稀疏矩阵解法[J]. 中山大学学报(自然科学版), 1977(3): 28-38.

[77] 徐小明, 张静怡, 丁健, 等. 河网水力数值模拟的松弛迭代法及水位的可视化显示[J]. 水文, 2000, 20(6): 1-3.

[78] 叶常明. 水环境数学模型的研究进展[J]. 环境科学进展, 1993, 1(1): 74-80.

[79] 郝芳华, 等. 流域水质模型与模拟[M]. 北京: 北京师范大学出版社, 2008.

[80] STREETER H W, PHELPS E B. A study of the pollution and natural purification of the Ohio river[J]. Public health bulletin, 1927, 42: 2139-2191.

[81] 谢永明. 环境水质模型概念[M]. 北京: 中国科学技术出版社, 1996.
[82] 津田. 河流污染与水生生物的模式圈[M]// 中国科学技术情报研究所编辑. 地理环境污染译文集: 水体污染. 北京: 科技文献出版社, 1973.
[83] FULK L L. Waste dispersion in receiving waters[J]. Joural water pollution concrol federation. 1963, 35(11): 1464-1473.
[84] BROWN L C, BARNWELL T, Computer program documentation for the enhanced stream water quality model QUAL2E[M]. Athens: Environmental Protection Agency, 1987.
[85] 郭劲松, 李胜海. 水质模型及其应用研究进展[J]. 重庆建筑大学学报, 2002, 24(2): 109-115.
[86] LAWRENCE P R, LORSCH J W, GARRISON J S. Organization and environment: managing differentiation and integration[M]. Boston, MA: Division of Research, Graduate School of Business Administration, Harvard University, 1967.
[87] FORSTHER U. Metal concentration in fresh water sediments, natural background and cultural effect in: intervention between sediment and fresh water junk[M]// NATORIM, NIKAIDO K. Interactions between sediment and fresh water. Tokyo: Springer, 1985.
[88] ERICKSON V L, LIN Y, KAMTHE A, et al. Energy efficient building environment control strategies using real-time occupancy measurements[C]// Proceedings of the First ACM Workshop on Embedded Sensing Systems for Energy-Efficiency in Buildings. ACM, 2009.
[89] YIN Y Y, CHEN C, ELLIOTT D S, et al. Asymmetric photoelectron angular distributions from interfering photoionization processes[J]. Physical review letters, 1992, 69(16): 2353-2356.
[90] YIN Y Y, HUANG G H, HIPEL K W. Fuzzy relation analysis for multicriteria water resources management [J]. Journal of water resources planning and management, 1999, 125(1): 41-47.
[91] CAMPOLO M, ANDREUSSI P, SOLDATI A. River flood forecasting with a neural network model[J]. Water resources research, 1999, 35(4): 1191-1197.
[92] 苏长岭, 丁书红, 白继平, 等. 河流水质模型研究现状及发展趋势[J]. 河南水利与南水北调, 2010(7): 83-85.
[93] 李斌, 赵弋. 风险投资项目评估应用方法. 华东经济管理[J], 2005, 19(1): 41-43.
[94] 王建功, 安长劲. 港口危险品集装箱作业的水环境风险评价[J]. 交通环保, 1996, 17(2): 7-11.
[95] 刘国东, 宋国平, 丁晶. 高速公路交通污染事故对河流水质影响的风险评价方法探讨[J]. 环境科学学报, 1999, 19(5): 572-575.
[96] 张维新, 熊德琪, 陈守煜. 工厂环境污染事故风险模糊评价[J]. 大连理工大学学报, 1994, 34(1): 38-44.
[97] 毛小苓, 刘阳生. 国内外环境风险评价研究进展[J]. 应用基础与工程科学学报, 2003, 11(3): 265-272.
[98] 韩丽, 戴志军. 生态风险评价研究[J]. 环境科学动态, 2001, 3: 7-10.
[99] 张羽. 城市水源地突发性水污染事件风险评价体系及方法的实证研究[D]. 上海: 华东师范大学, 2006.
[100] VAN BAARDWIJK F A N. Preventing accidental spills: risk analysis and the discharge permitting process[J]. Water science and technology, 1994, 29(3): 189-197.
[101] HENGEL W V, KRUITWAGEN P G. Environmental risks of inland water treatment transport[J]. Water science and technology, 1996, 29(3): 173-179.
[102] SCOTT A. Environment–accident index: validation of a model[J]. Journal of hazardous materials, 1998, 61(1): 305-312.
[103] JENKINS L. Selecting scenarios for environmental disaster planning[J]. European journal of operational research, 2000, 121(2): 275-286.

[104] 罗云. 风险分析与安全评价[M]. 北京: 化学工业出版社, 2004.

[105] 吴宗之, 高进东, 魏利军. 危险评价方法及其应用[M]. 北京: 冶金工业出版社, 2001.

[106] 徐峰, 石剑荣, 胡欣. 水环境突发事故危害后果定量估算模式研究[J]. 上海环境科学, 2003(S2): 64-71.

[107] 石剑荣. 水体扩散衍生公式在环境风险评价中的应用[J]. 水科学进展, 2005, 16(1): 92-102.

[108] 曾光明, 何理, 黄国和, 等. 河流水环境突发性与非突发性风险分析比较研究[J]. 水电能源科学, 2002, 20(3): 13-15.

[109] 毕建培, 刘晨. 珠江水质突发性污染风险评估及管理建议[J]. 人民珠江, 2015, 36(6): 106-109.

[110] 王祥. 三峡库区溢油模拟及应急对策研究[D]. 武汉: 武汉理工大学, 2010.

[111] 方雪. 尼尔基水库一维水质模拟研究[J]. 科技信息, 2008(13): 175-176.

[112] 王庆改, 赵晓宏, 吴文军, 等. 汉江中下游突发性水污染事故污染物运移扩散模型[J]. 水科学进展, 2008, 19(4): 500-504.

[113] 沈洋, 王佳妮. 基于MIKE软件的溃坝洪水数值模拟[J]. 水电能源科学, 2012(6): 62-64.

[114] 李春. 东江干流突发性重金属污染的水库调度效应研究[D]. 广州: 华南理工大学, 2013.

[115] 魏泽彪. 南水北调东线小运河段突发水污染事故模拟预测与应急调控研究[D]. 济南: 山东大学, 2014.

[116] 徐月华. 南水北调东线一期工程南四湖突发水污染仿真模拟及应急处置研究[D]. 济南: 山东大学, 2014.

[117] 郭媛. 河水库突发事件水污染模拟与应急处置研究[D]. 太原: 太原理工大学, 2015.

[118] 叶爱民, 刘曙光, 韩超, 等. MIKE FLOOD耦合模型在杭嘉湖流域嘉兴地区洪水风险图编制工作中的应用[J]. 中国防汛抗旱, 2016(2): 56-60.

[119] PRASHANT K, DHRUBAJYOTI S. Flood inundation simulation in Ajoy River using mike-flood[J]. Ish journal of hydraulic engineering, 2012, 18(2): 129-141.

[120] ALAM M. Calibration of a flood model using the mike flood modelling package employing the direct rainfall technique[C]. International Congress on Modelling and Simulation. Queensland: 2015.

[121] VIDYAPRIYA V, RAMALINGAM M. Flood mitigation techniques: a new perspective for the case study of Adayar Watershed[J]. International journal of scientific & engineering research, 2017, 7(7): 709-716.

[122] 姚双龙. 基于MIKE FLOOD的城市排水系统模拟方法研究[D]. 北京: 北京工业大学, 2012.

[123] 王晓磊, 韩会玲, 李洪晶. 宁晋泊和大陆泽蓄滞洪区洪水淹没历时及洪水风险分析[J]. 水电能源科学, 2013(8): 59-62.

[124] 潘薪宇, 张洪雨. 基于MIKE FLOOD的青龙河下游漫滩模拟研究[J]. 黑龙江水利科技, 2014(2):12-16.

[125] 许文斌. MIKE FLOOD模型应用于南昌排水防涝综合规划[J]. 中国给水排水, 2015(9):132-134.

[126] 朱婷, 王鑫. 基于MIKE FLOOD模型的中顺大围洪水风险研究[J]. 中国水运, 2016(7): 71-74.

[127] 陈沈良, 陈吉余. 三峡大坝与下游环境[J]. 科学: 上海, 2003, 55(6): 36-38.

[128] 韩剑桥, 孙昭华, 杨云平. 三峡水库运行后长江中游洪、枯水位变化特征[J].湖泊科学, 2017, 29(5): 1217-1226.

[129] 唐建华, 徐建益, 赵升伟, 等. 基于实测资料的长江河口南支河段盐水入侵规律分析[J]. 长江流域资源与环境, 2011, 20(6): 677-684.

[130] 徐建益, 袁建忠. 长江口南支河段盐水入侵规律的研究[J]. 水文, 1994(5): 1-5.

[131] 孙昭华, 李奇, 严鑫, 等. 洞庭湖区与城陵矶水位关联性的临界特征分析[J]. 水科学进展, 2017(4): 20-30.

[132] 来红州, 莫多闻. 构造沉降和泥沙淤积对洞庭湖区防洪的影响[J]. 地理学报, 2004, 59(4): 574-580.

[133] 孙占东, 黄群, 姜加虎, 等. 洞庭湖近年干旱与三峡蓄水影响分析[J]. 长江流域资源与环境, 2015, 24(2): 251-256.
[134] 孟熊, 廖小红, 黎昔春. 洞庭湖水位变化特性及影响研究[J]. 人民长江, 2014, 5(13): 17-21.
[135] 朱玲玲, 陈剑池, 袁晶. 洞庭湖和鄱阳湖泥沙冲淤特征及三峡水库对其影响[J]. 水科学进展, 2014, 25(3): 348-357.
[136] 杨国录. 河流数学模型[M]. 北京: 海洋出版社, 1993.
[137] 吴松柏, 闫凤新, 余明辉, 等. 平原感潮河网闸群防洪体系优化调度模型研究[J]. 泥沙研究, 2014(3): 57-63.
[138] 赵琰鑫, 王永桂, 张万顺, 等. 河道溢油污染事故二维数值模型研究[J]. 人民长江, 2012, 43(15): 81-84.
[139] ARMENTROUT G W, WILSON J F. An assessment of low flows in streams in northeastern Wyoming[R]. Water-Resources Investigations Report, 1987.
[140] RICHTER B D, BAUMGARTNER J V, POWELL J, et al. A method for assessing hydrologic alteration within ecosystems[J]. Conservation biology, 1996, 10(4): 1163-1174.
[141] YUNKER M B, MACDONALD R W, VINGARZAN R, et al. PAHs in the Fraser River basin: a critical appraisal of PAH ratios as indicators of PAH source and composition[J]. Organic geochemistry, 2002, 33(4): 489-515.
[142] STALNAKER C, LAMB B L, HENRIKSEN J, et al. The instream flow incremental methodology: a primer for IFIM[J]. Instream flow incremental methodology a primer for Ifim, 1995, 29: 1-45.
[143] RICHTER B D, BAUMGARTNER J V, WIGINGTON R, et al. How much water does a river need?[J]. Freshwater biology, 1997, 37(1): 231-249.
[144] RICHTER B D, BAUMGARTNER J V, BRAUN D P, et al. A spatial assessment of hydrologic alteration within a river network[J]. Regulated rivers research and management, 1998, 14(4): 329-340.
[145] 舒畅, 刘苏峡, 莫兴国, 等. 基于变异性范围法(RVA)的河流生态流量估算[J]. 生态环境学报, 2010, 19(5): 1151-1155.
[146] 杜保存. 基于RVA法的河流生态需水量研究[J]. 水利水电技术, 2013, 44(1): 27-30.
[147] DURDU Ö F. Effects of climate change on water resources of the Büyük Menderes river basin, western Turkey[J]. Turkish journal of agriculture and forestry, 2010, 34(4): 319-332.
[148] ROSE S. A statistical method for evaluating the effects of antecedent rainfall upon runoff: applications to the coastal plain of Georgia[J]. Journal of hydrology, 1998, 211(1/2/3/4): 168-177.
[149] 徐志侠, 陈敏建, 董增川. 湖泊最低生态水位计算方法[J]. 生态学报, 2004, 24(10): 2324-2328.
[150] 杨志峰. 生态环境需水量理论、方法与实践[M]. 北京: 科学出版社, 2003.
[151] 李新虎, 宋郁东, 李岳坦, 等. 湖泊最低生态水位计算方法研究[J]. 干旱区地理, 2007, 30(4): 526-530.
[152] 夏品华, 林陶, 邓河霞, 等. 贵州红枫湖水库消落带类型划分及其生态修复试验[J]. 中国水土保持(6): 58-60
[153] 刘苏峡, 夏军, 莫兴国, 等. 基于生物习性和流量变化的南水北调西线调水河道的生态需水估算[J]. 南水北调与水利科技, 2007, 5(5): 12-21.
[154] 长江水系渔业资源调查协作组. 长江水系渔业资源[M]. 北京: 海洋出版社, 1990.
[155] 邱顺林, 陈大庆. 长江中游江段四大家鱼资源调查[J]. 水生生物学报, 2002, 26(6): 716-718.
[156] 张新桥. 洞庭湖及邻近水域长江江豚种群生态学研究[D]. 武汉: 中国科学院水生生物研究所, 2011.
[157] 史璇. 江湖关系变化对洞庭湖湖滨湿地生态演变的影响与调控[D]. 上海: 东华大学, 2013.
[158] 史英标, 李若华, 姚凯华. 钱塘江河口一维盐度动床预报模型及应用[J]. 水科学进展, 2015, 26(2):

212-220.

[159] 肖成猷, 朱建荣, 沈焕庭. 长江口北支盐水倒灌的数值模型研究[J]. 海洋学报, 2000, 22(5): 124-132.

[160] CAI H, SAVENIJE H, ZUO S, et al. A predictive model for salt intrusion in estuaries applied to the Yangtze Estuary[J]. Journal of hydrology, 2015, 529(3):1336-1349.

[161] SONG Z Y, HUAN X J, ZHANG H G, et al. One-dimentional unsteady analytical solution of salinity intrusion in estuaries[J]. China ocean engineering, 2008, 22(1): 113-122.

[162] SHAHA D, CHONNAM Y, KWARK M, et al. Spatial variation of the longitudinal dispersion coefficient in an estuary[J]. Hydrology and earth system sciences, 2011(15): 3679-3688.

[163] PARSA J, AMIR E S. An empirical model for salinity intrusion in alluvial estuaries[J]. Ocean dynamics, 2011, 61(10): l619-1628.

[164] 陈立, 朱建荣, 王彪. 长江河口陈行水库盐水入侵统计模型研究[J]. 给水排水, 2013, 39(7): 162-165.

[165] 郑晓琴, 肖文军, 于芸, 等. 基于径流和潮汐的长江口盐水入侵统计预测研究[J]. 海洋预报, 2014, 31(4): 18-23.

[166] 诸裕良, 闫晓璐, 林晓瑜. 珠江口盐水入侵预测模式研究[J]. 水利学报, 2013, 44(9):1009-1014.

[167] 茅志昌, 沈焕庭, 陈景山. 长江口北支进入南支净盐通量的观测与计算[J]. 海洋与湖沼, 2004, 35(1): 30-34.

[168] HORREVOETS A C, SAVENIJE H H G, SCHUURMAN J, et al. The influence of river discharge on tidal damping in alluvial estuaries[J]. Journal of hydrology, 2004, 294(4): 213-228.

[169] 路川藤, 罗小峰, 陈志昌. 长江口不同径流量对潮波传播的影响[J]. 人民长江, 2010, 41(12): 45-48.

[170] 陈尚渭, 金兆森. 长江潮位预报方法的研究[J]. 水利学报, 1989(6): 41-47.

[171] 杨振东, 朱建荣, 王彪, 等. 长江河口潮位站潮汐特性分析[J]. 华东师范大学学报(自然科学版), 2012(3): 112-119.

[172] 孙昭华, 严鑫, 谢翠松, 等. 长江口北支倒灌影响区盐度预测经验模型[J]. 水科学进展, 2017(2): 56-65.

[173] 沈焕庭, 茅志昌, 朱建荣. 长江河口盐水入侵[M]. 北京: 海洋出版社, 2003.

[174] 顾玉亮, 吴守培, 乐勤. 北支盐水入侵对长江口水源地影响研究[J]. 人民长江, 2003, 34(4): 1-3.

[175] 李亚平, 吴三潮, 雷静, 等. 长江中下游主要城市供水保证水位(流量)研究[J]. 人民长江, 2013, 44(4): 18-20.

[176] 赵升伟, 唐建华, 陶静, 等. 三峡运行对长江入海流量及上海城市供水的影响[J]. 水力发电学报, 2012, 31(6): 62-69.

[177] 张二凤, 陈西庆. 长江大通-河口段枯季的径流量变化[J]. 地理学报, 2003, 58(2): 231-238.

附 图

图 2.1.4 长江中游干流河段（研究区域）水功能分区区位图

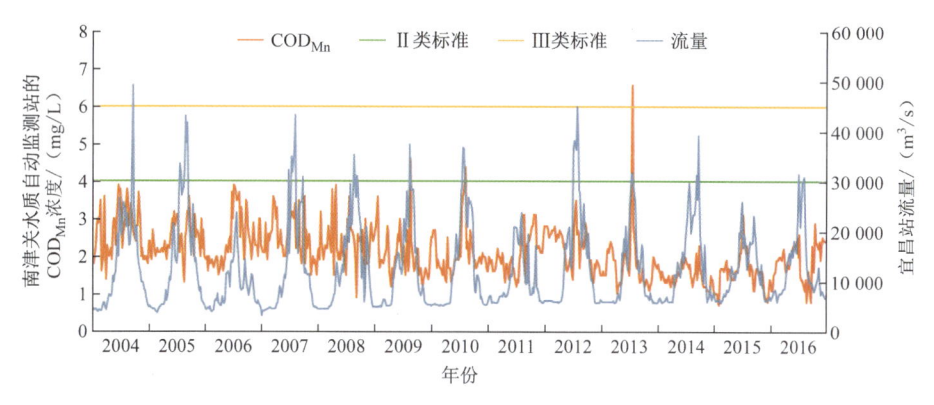

图 2.1.7 2004～2016 年南津关水质自动监测站 COD_{Mn} 浓度和宜昌站流量周平均关系曲线

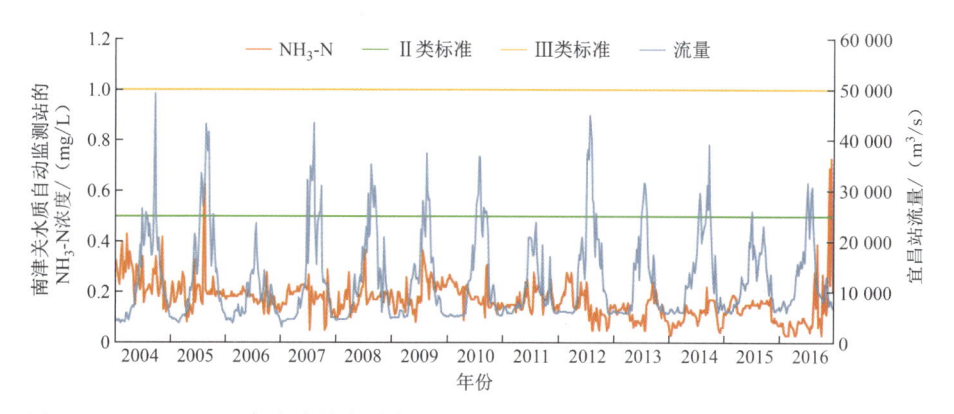

图 2.1.8 2004～2016 年南津关水质自动监测站 $NH_3\text{-}N$ 浓度和宜昌站流量周平均关系曲线

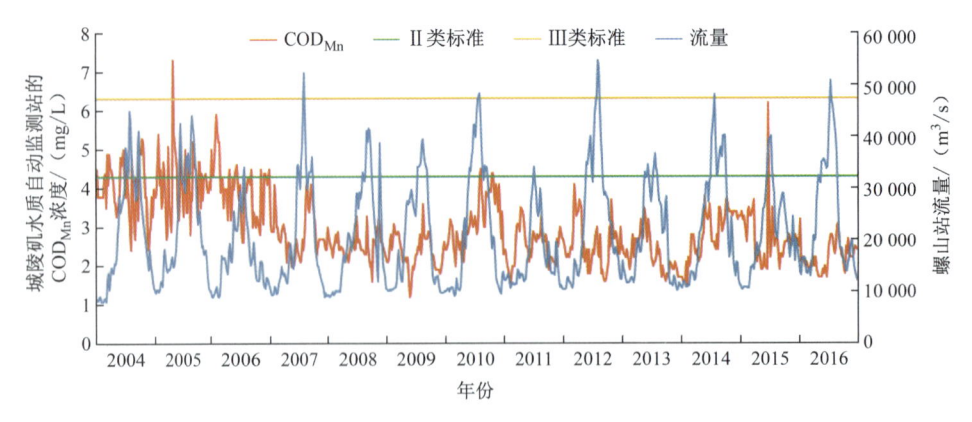

图 2.1.9 2004~2016 年城陵矶水质自动监测站的 COD_{Mn} 浓度和螺山站流量周平均关系曲线

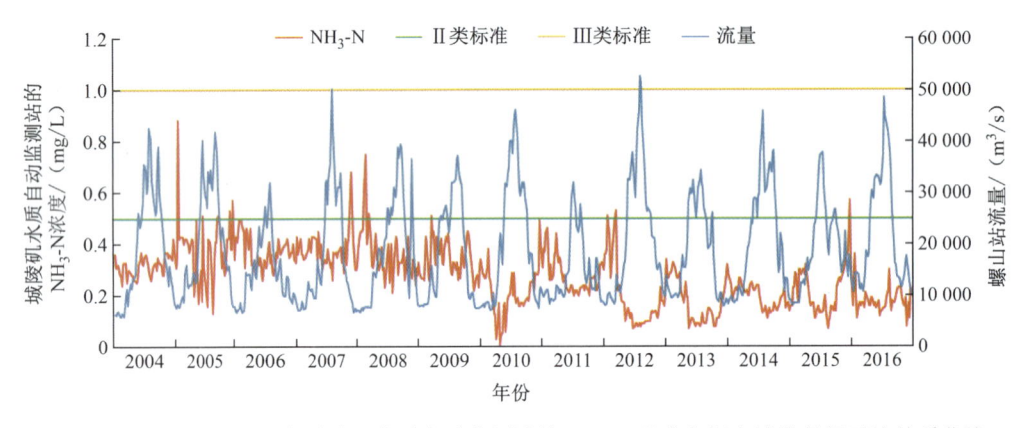

图 2.1.10 2004~2016 年城陵矶水质自动监测站的 $NH_3\text{-}N$ 浓度和螺山站流量周平均关系曲线

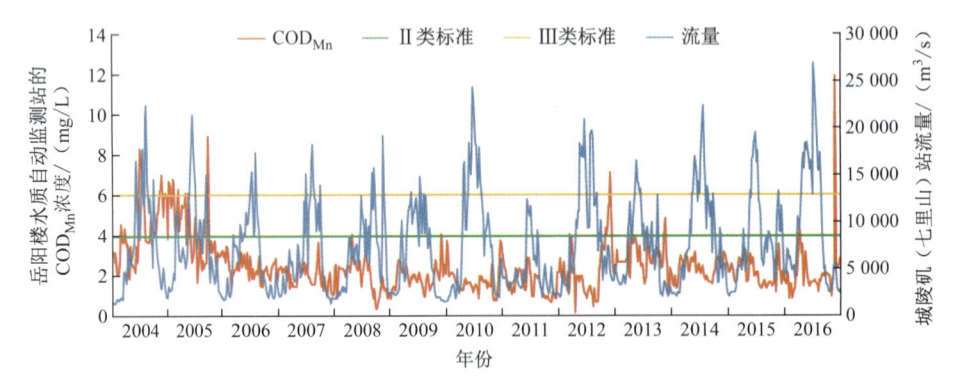

图 2.1.11 2004~2016 年岳阳楼水质自动监测站的 COD_{Mn} 浓度和城陵矶（七里山）站流量周平均关系曲线

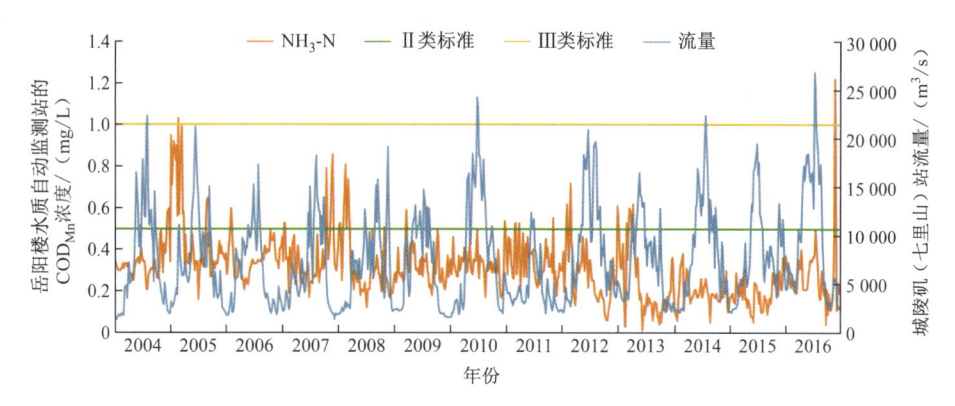

图 2.1.12 2004~2016 年岳阳楼水质自动监测站的 NH$_3$-N 浓度和城陵矶（七里山）站流量周平均关系曲线

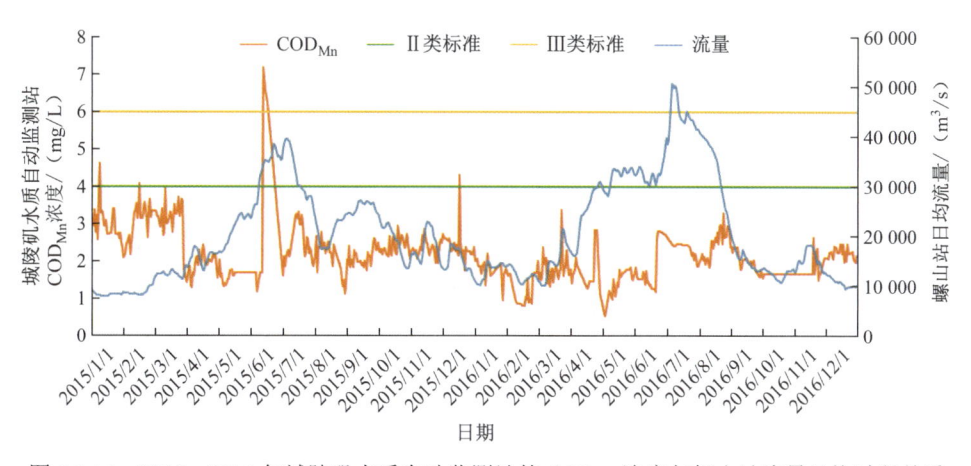

图 2.1.14 2015~2016 年城陵矶水质自动监测站的 COD$_{Mn}$ 浓度与螺山站流量日均过程关系

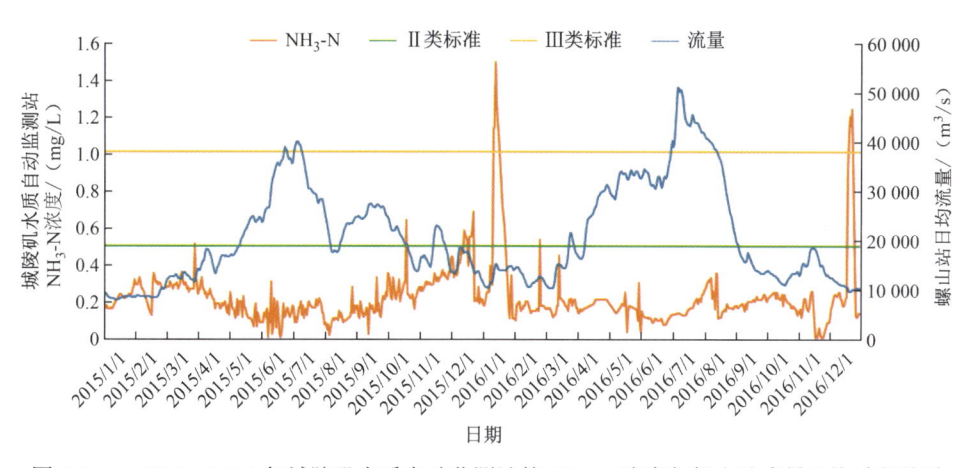

图 2.1.15 2015~2016 年城陵矶水质自动监测站的 NH$_3$-N 浓度与螺山站流量日均过程关系

图 2.1.22 长江口研究区域、潮位站及氯度测点

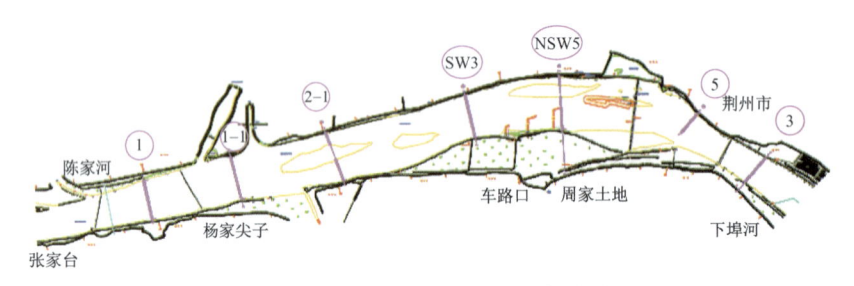

图 4.2.5 荆州河段验证断面布置图
①、1–1、2–1、SW3、NSW5、⑤、③为实测断面符号

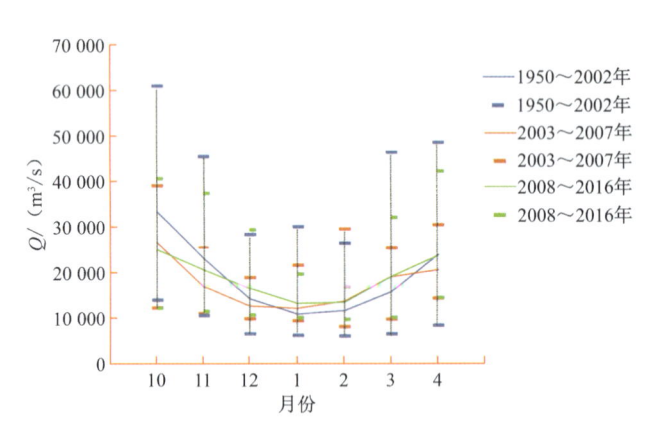

图 6.2.1 三峡水库蓄水前后大通站枯水期各月流量特征

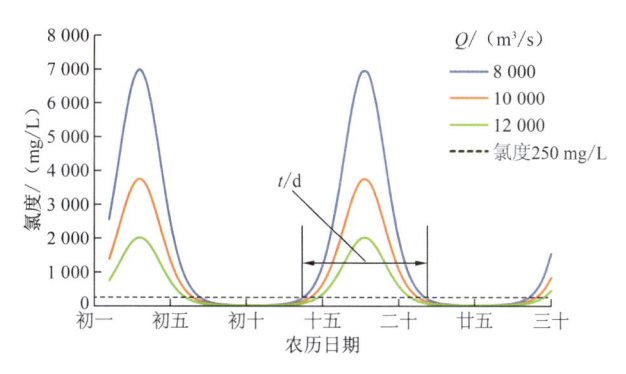

图 6.2.9 不同大通站流量下东风西沙氯度过程线（t 为氯/盐度超标持续时间）

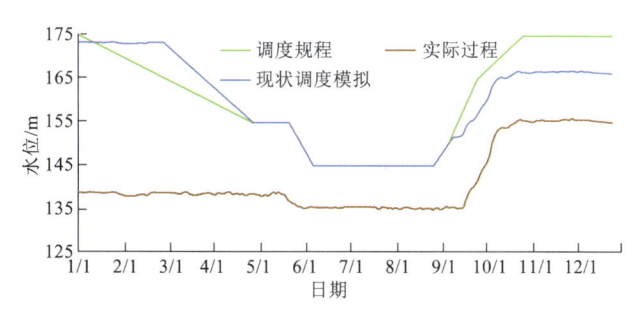

图 7.4.3 2006 年现状调度模拟、实际过程和调度规程下坝前水位套绘

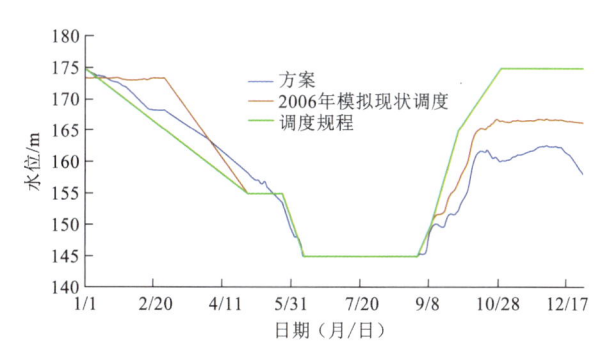

图 7.5.2 枯水年综合优化调度方案坝前水位过程

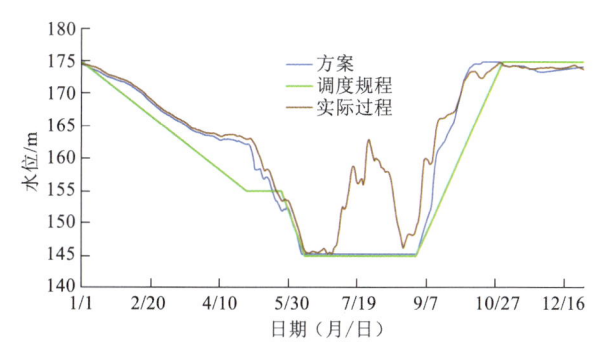

图 7.5.3 平水年优化调度方案坝前水位过程

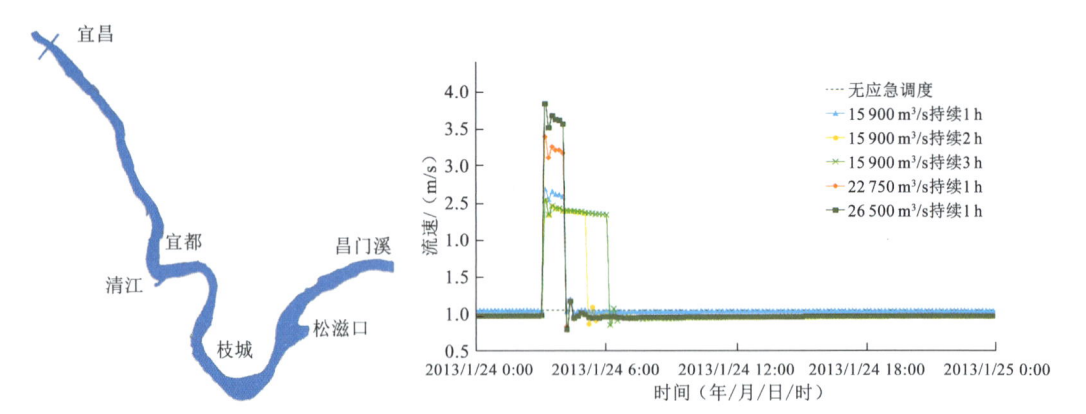

图 8.2.1　断面位置示意图

图 8.2.2　宜昌断面不同工况流速变化过程线

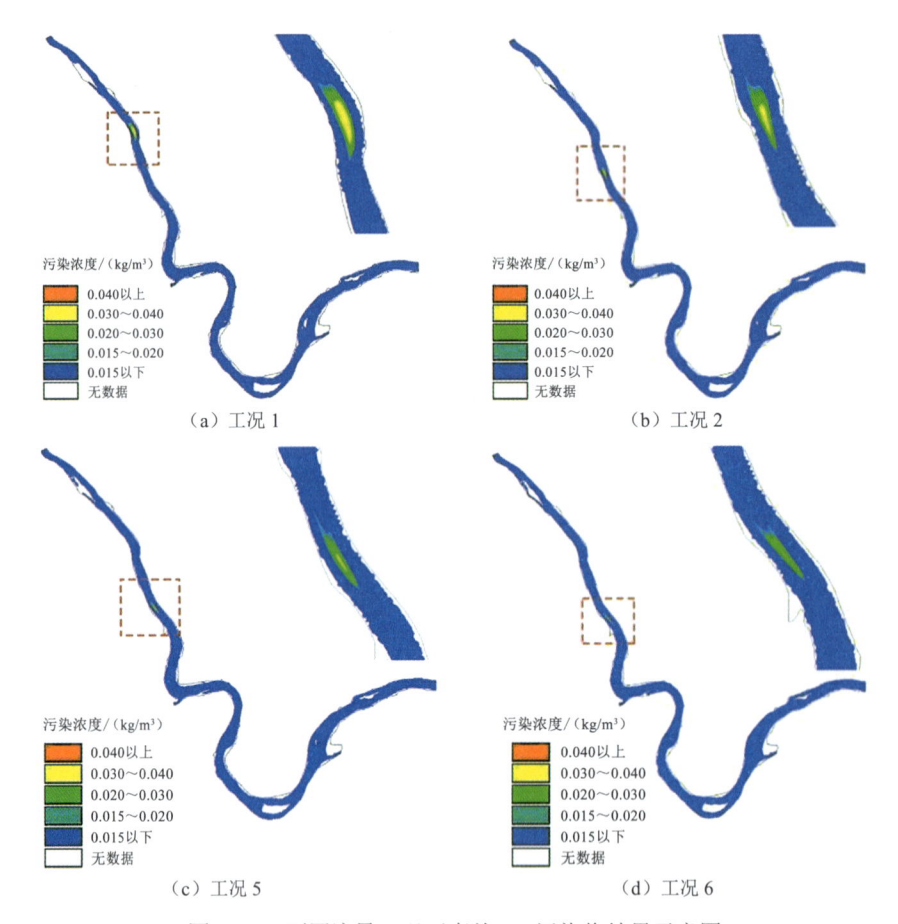

(a) 工况 1

(b) 工况 2

(c) 工况 5

(d) 工况 6

图 8.2.3　不同流量工况下事故 1 h 污染物结果示意图

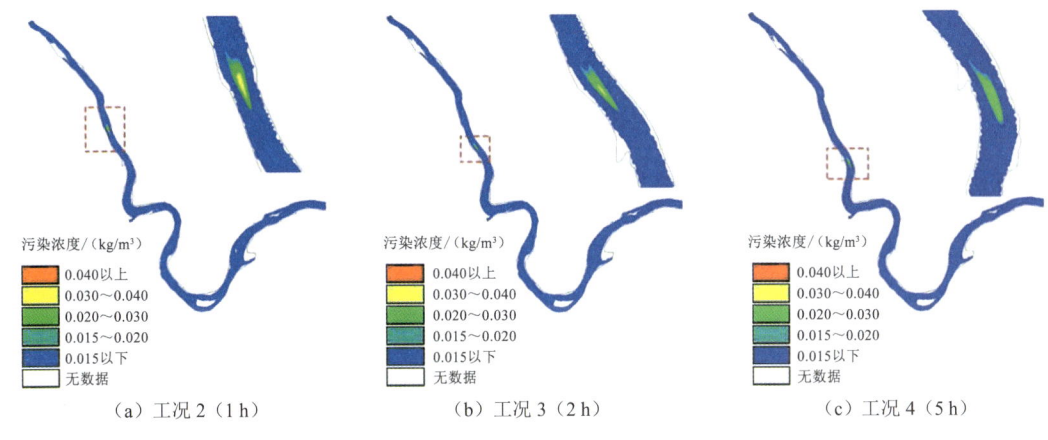

(a)工况 2（1 h）   (b)工况 3（2 h）   (c)工况 4（5 h）

图 8.2.4 相同流量工况下事故不同持续时间污染物结果示意图

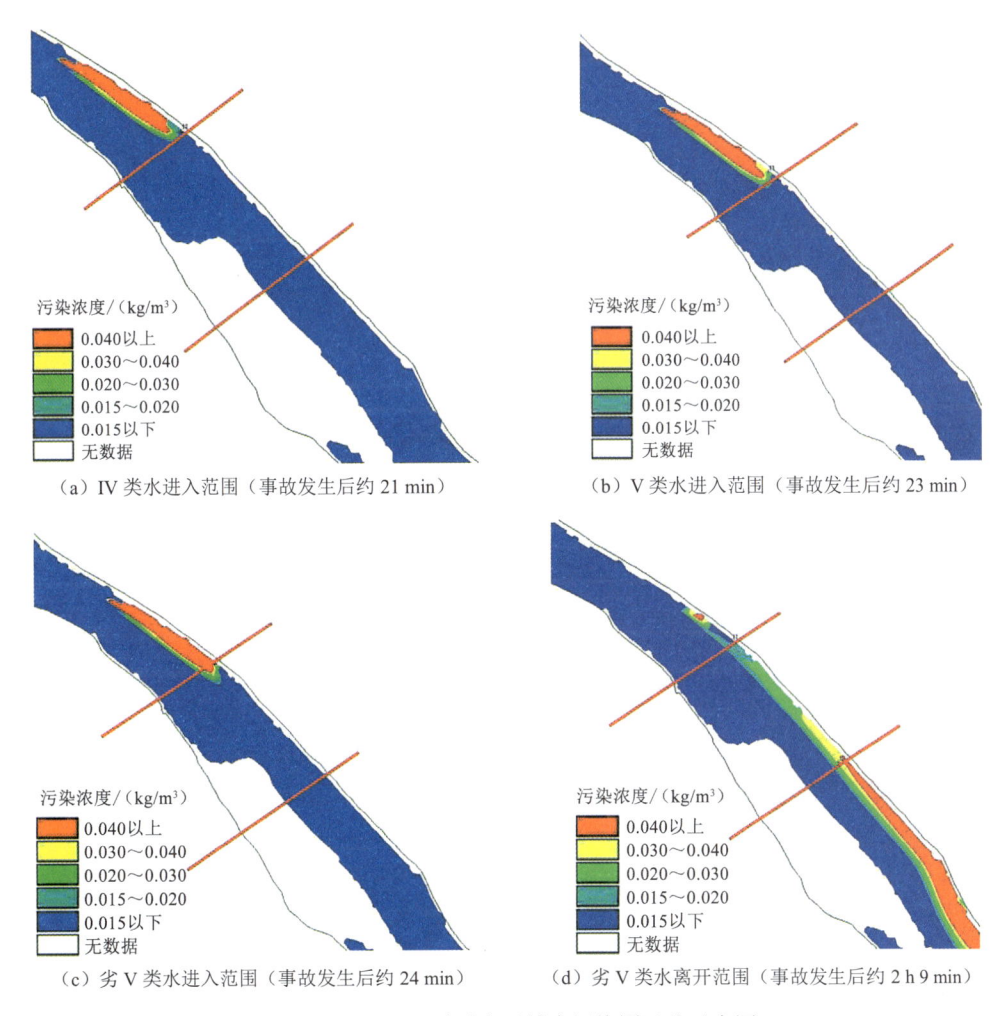

(a) IV 类水进入范围（事故发生后约 21 min）   (b) V 类水进入范围（事故发生后约 23 min）

(c) 劣 V 类水进入范围（事故发生后约 24 min）   (d) 劣 V 类水离开范围（事故发生后约 2 h 9 min）

图 8.2.5 工况 7 时重点区域内污染团迁移示意图

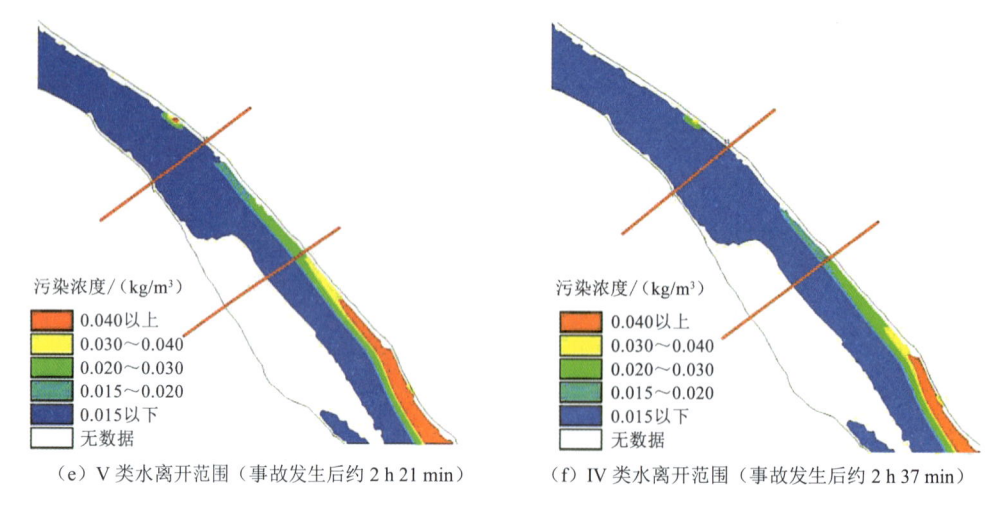

(e) V 类水离开范围（事故发生后约 2 h 21 min）　　(f) IV 类水离开范围（事故发生后约 2 h 37 min）

图 8.2.5　工况 7 时重点区域内污染团迁移示意图（续）

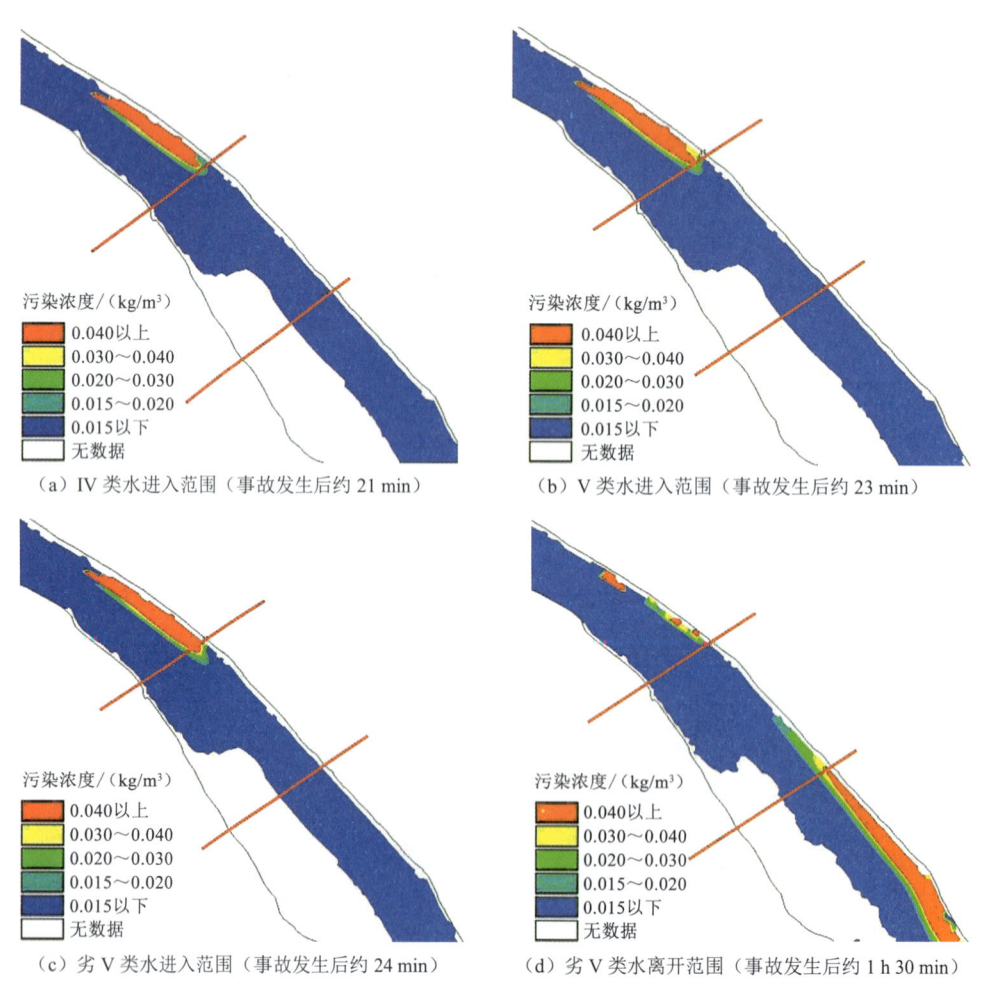

(a) IV 类水进入范围（事故发生后约 21 min）　　(b) V 类水进入范围（事故发生后约 23 min）

(c) 劣 V 类水进入范围（事故发生后约 24 min）　　(d) 劣 V 类水离开范围（事故发生后约 1 h 30 min）

图 8.2.6　工况 8 时重点区域内污染团迁移示意图

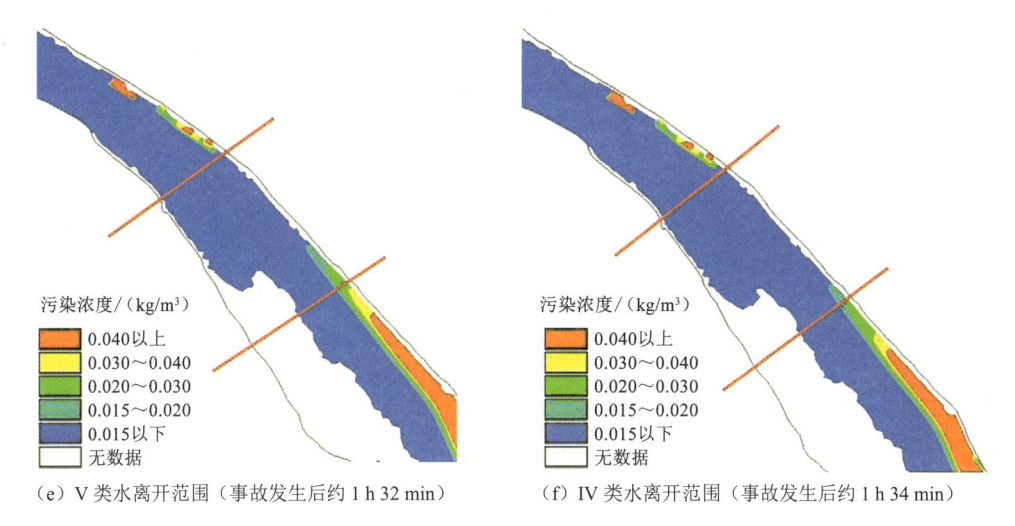

(e）Ⅴ类水离开范围（事故发生后约 1 h 32 min） (f）Ⅳ类水离开范围（事故发生后约 1 h 34 min）

图 8.2.6　工况 8 时重点区域内污染团迁移示意图（续）

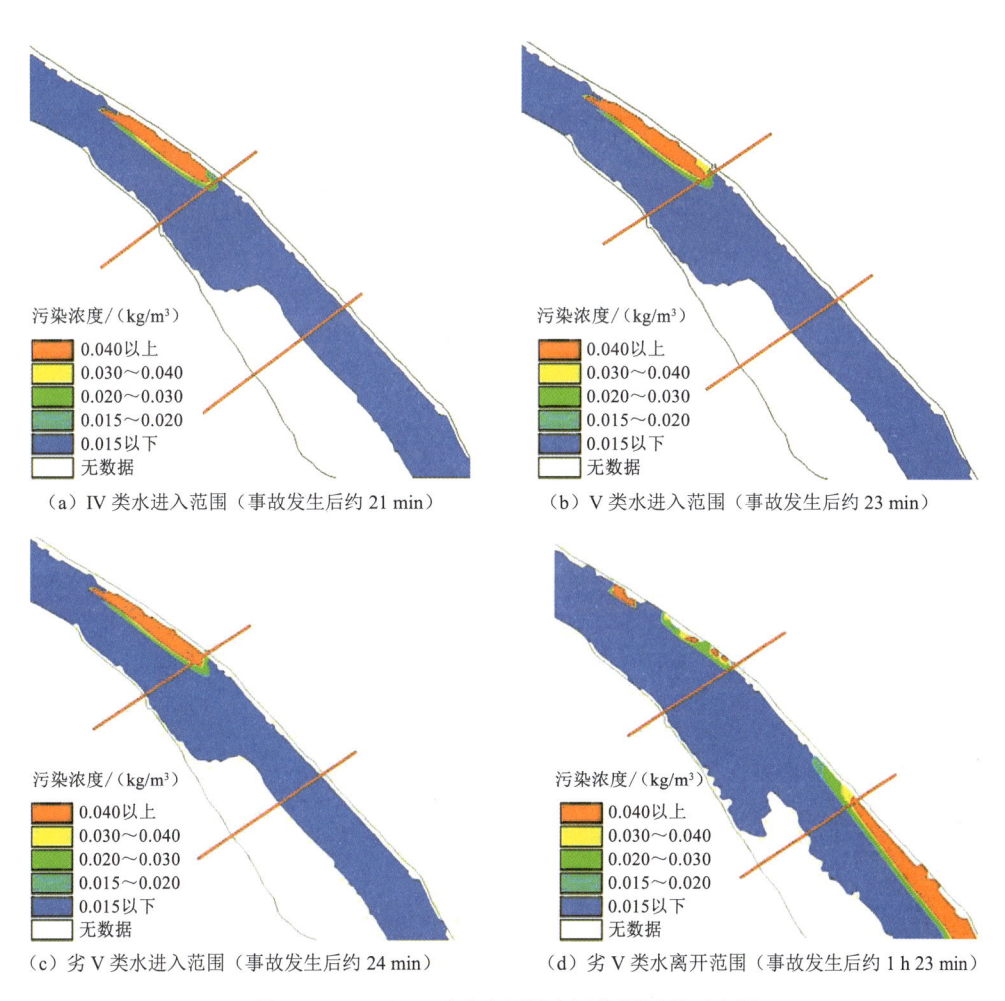

（a）Ⅳ类水进入范围（事故发生后约 21 min） （b）Ⅴ类水进入范围（事故发生后约 23 min）

（c）劣Ⅴ类水进入范围（事故发生后约 24 min） （d）劣Ⅴ类水离开范围（事故发生后约 1 h 23 min）

图 8.2.7　工况 11 时重点区域内污染团迁移示意图

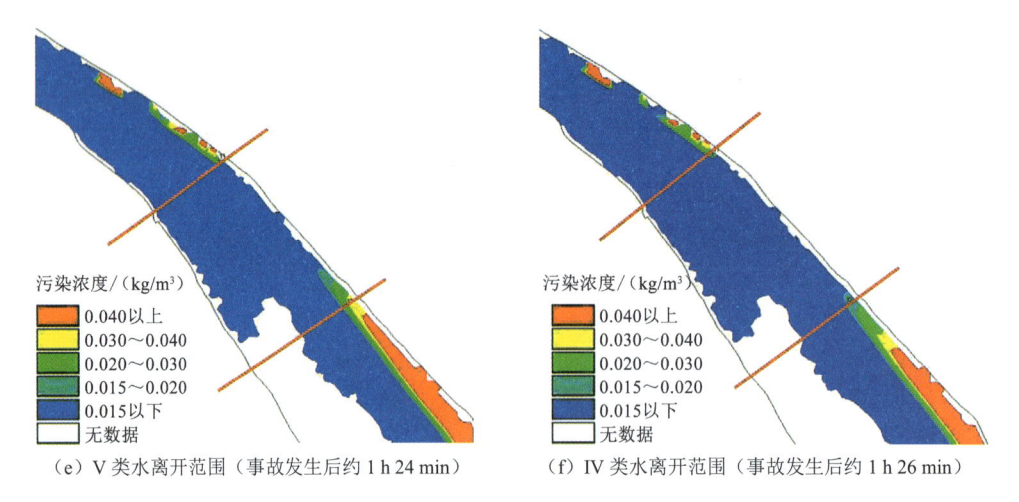

(e) Ⅴ类水离开范围（事故发生后约 1 h 24 min）　　　（f) Ⅳ类水离开范围（事故发生后约 1 h 26 min）

图 8.2.7　工况 11 时重点区域内污染团迁移示意图（续）

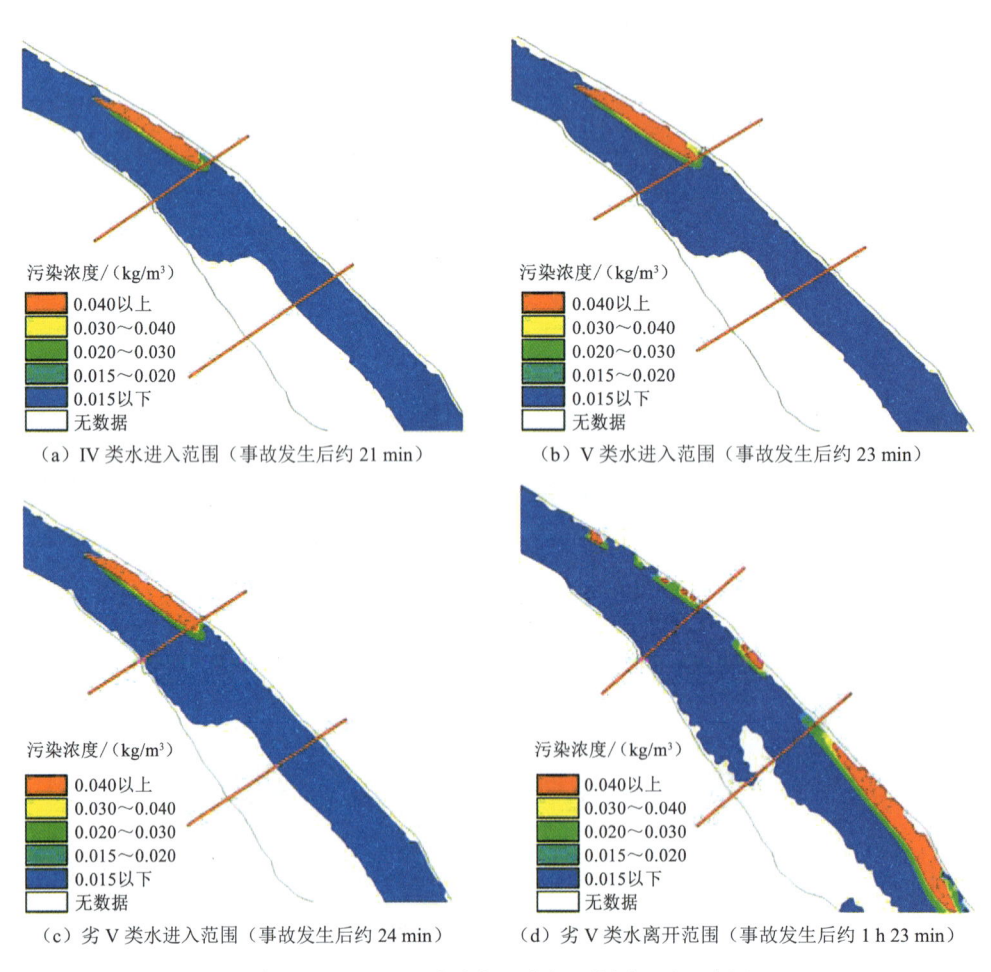

(a) Ⅳ类水进入范围（事故发生后约 21 min）　　　（b) Ⅴ类水进入范围（事故发生后约 23 min）

(c) 劣Ⅴ类水进入范围（事故发生后约 24 min）　　　（d) 劣Ⅴ类水离开范围（事故发生后约 1 h 23 min）

图 8.2.8　工况 12 时重点区域内污染团迁移示意图

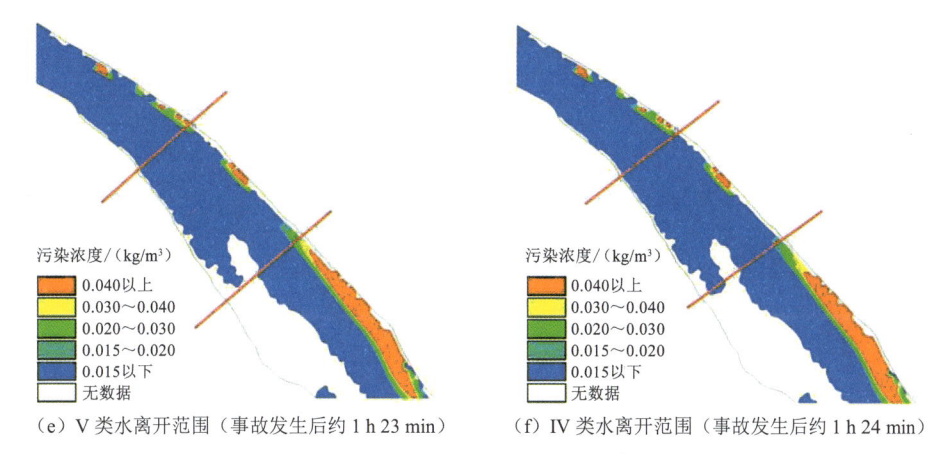

(e) V类水离开范围（事故发生后约 1 h 23 min）　　(f) IV类水离开范围（事故发生后约 1 h 24 min）

图 8.2.8　工况 12 时重点区域内污染团迁移示意图（续）

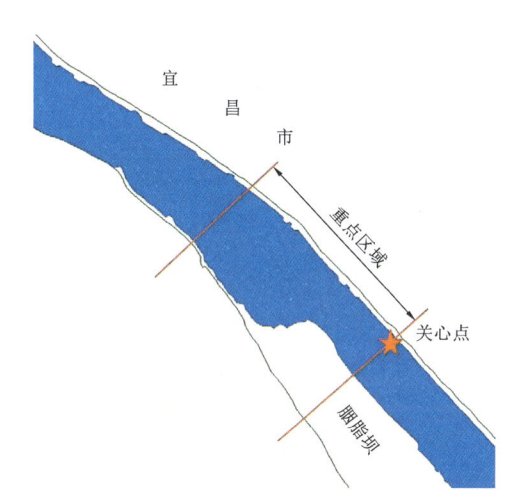

图 8.2.9　重要监测点位置示意图

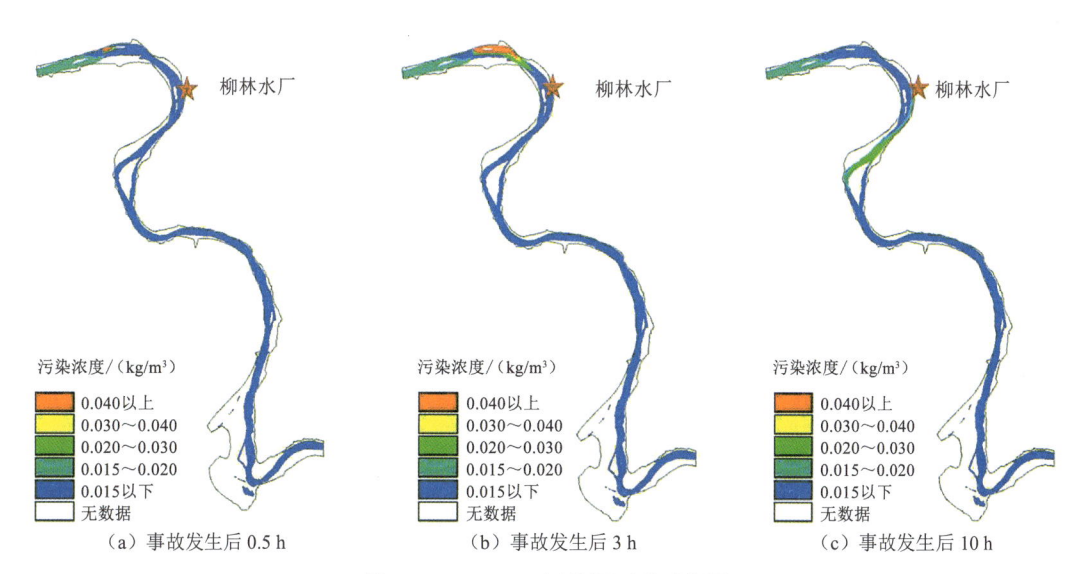

(a) 事故发生后 0.5 h　　(b) 事故发生后 3 h　　(c) 事故发生后 10 h

图 8.2.17　工况 1 污染团迁移过程图

图 8.2.18　工况 2 污染团迁移过程图

图 8.2.19　工况 3 污染团迁移过程

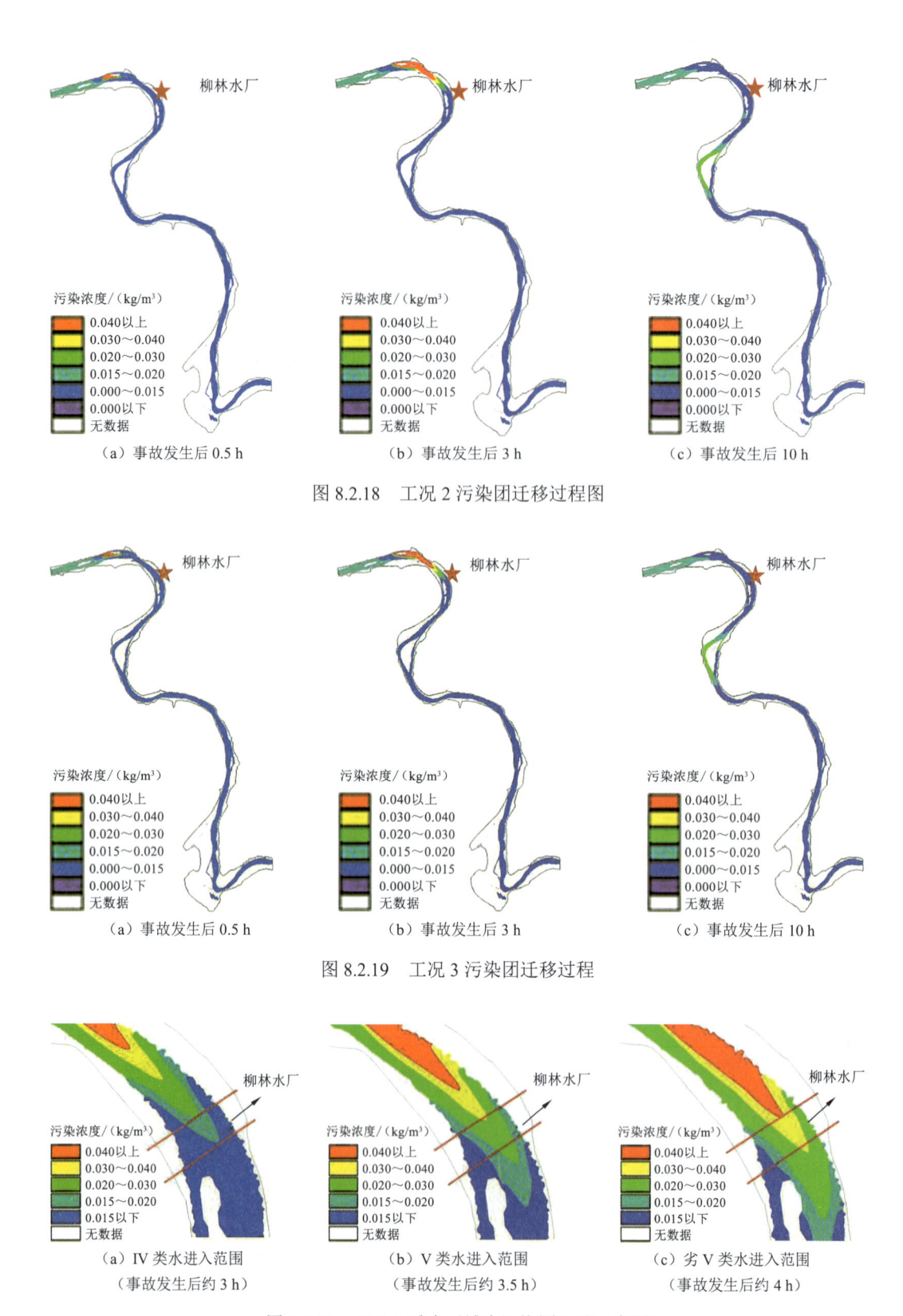

图 8.2.20　工况 1 重点区域内污染团迁移示意图

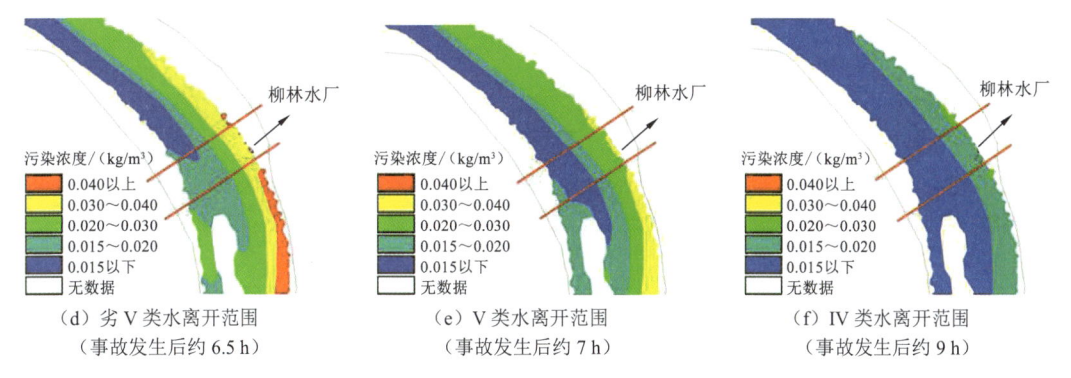

(d) 劣 V 类水离开范围　　　　　(e) V 类水离开范围　　　　　(f) IV 类水离开范围
（事故发生后约 6.5 h）　　　　（事故发生后约 7 h）　　　　（事故发生后约 9 h）

图 8.2.20　工况 1 重点区域内污染团迁移示意图（续）

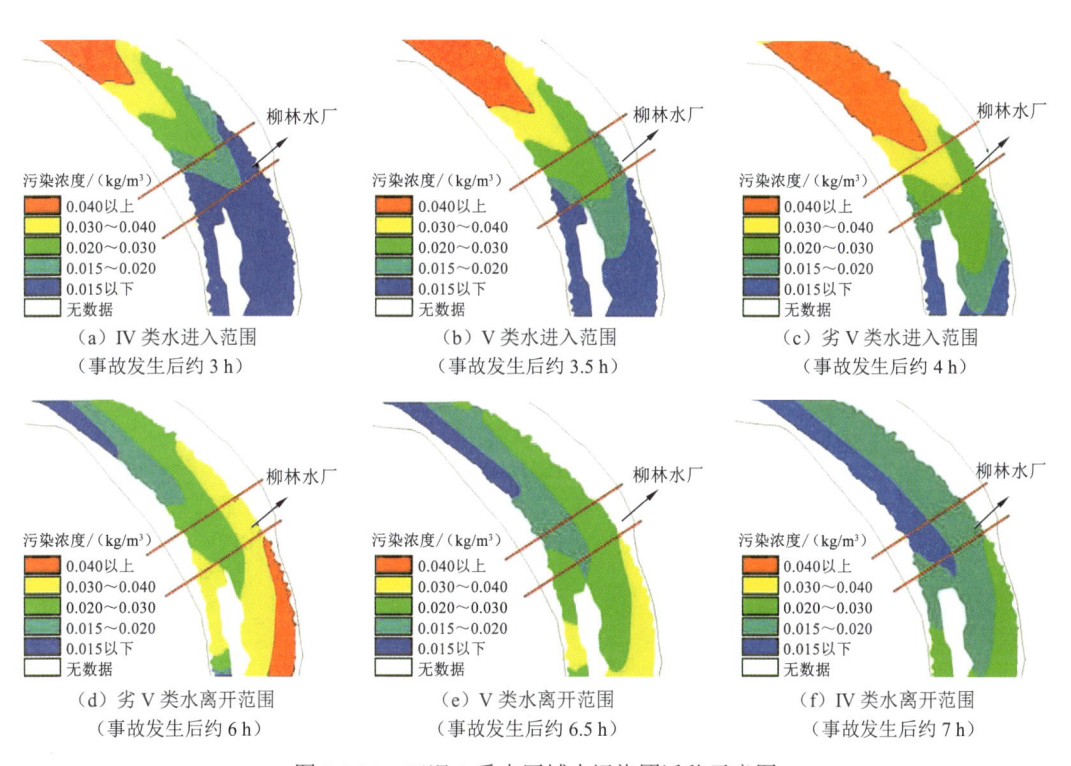

(a) IV 类水进入范围　　　　　(b) V 类水进入范围　　　　　(c) 劣 V 类水进入范围
（事故发生后约 3 h）　　　　（事故发生后约 3.5 h）　　　　（事故发生后约 4 h）

(d) 劣 V 类水离开范围　　　　　(e) V 类水离开范围　　　　　(f) IV 类水离开范围
（事故发生后约 6 h）　　　　（事故发生后约 6.5 h）　　　　（事故发生后约 7 h）

图 8.2.21　工况 2 重点区域内污染团迁移示意图

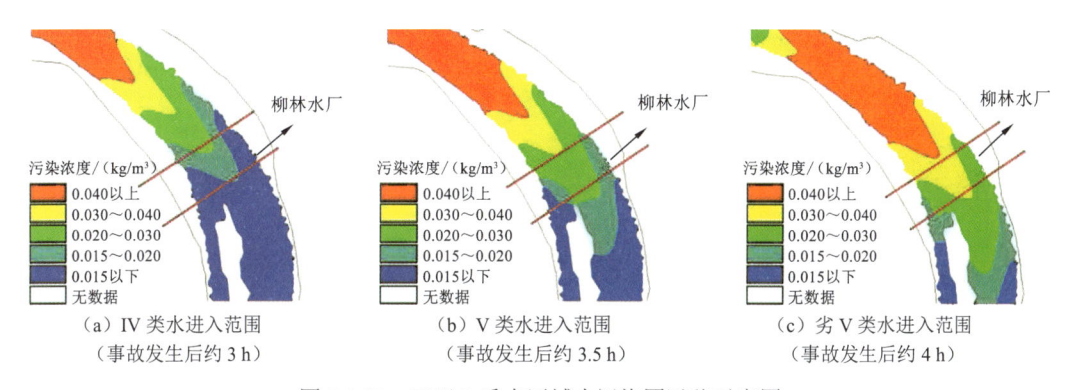

(a) IV 类水进入范围　　　　　(b) V 类水进入范围　　　　　(c) 劣 V 类水进入范围
（事故发生后约 3 h）　　　　（事故发生后约 3.5 h）　　　　（事故发生后约 4 h）

图 8.2.22　工况 3 重点区域内污染团迁移示意图

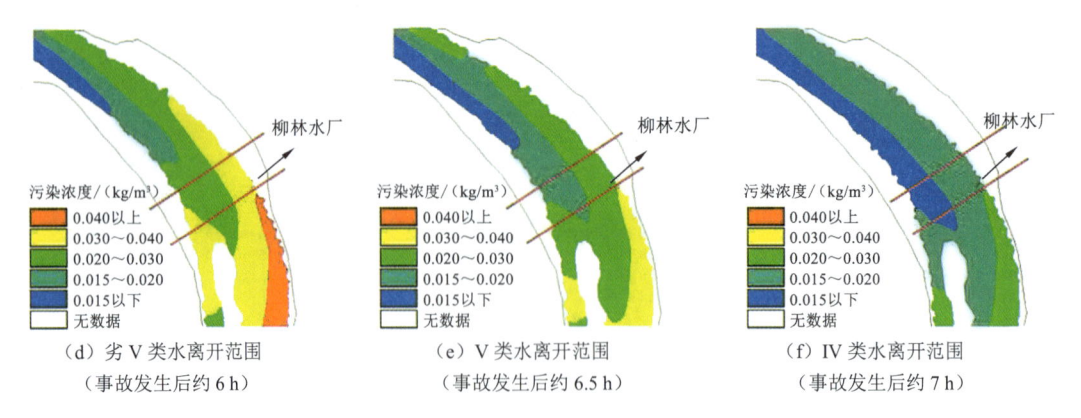

（d）劣Ⅴ类水离开范围　　　　（e）Ⅴ类水离开范围　　　　（f）Ⅳ类水离开范围
（事故发生后约6 h）　　　　　（事故发生后约6.5 h）　　　　（事故发生后约7 h）

图 8.2.22　工况 3 重点区域内污染团迁移示意图（续）

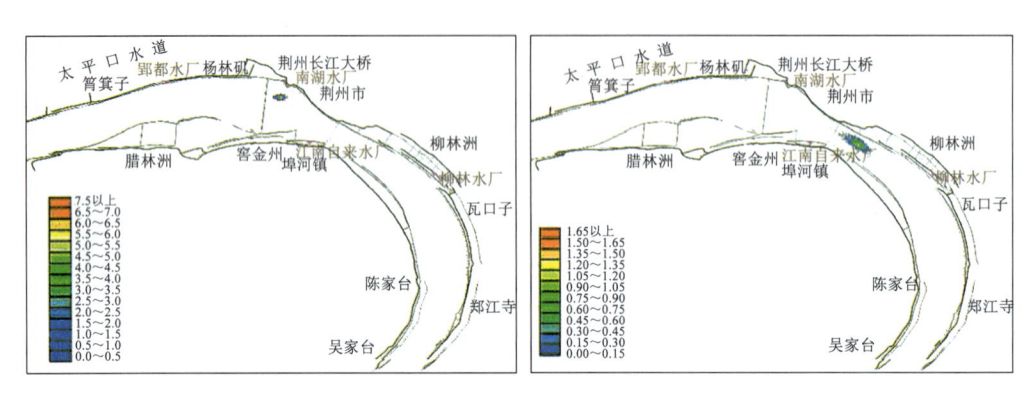

图 8.3.1　应急调度 NW 风向 0.5 h 油膜位置　　　图 8.3.2　应急调度 NW 风向 2 h 油膜位置

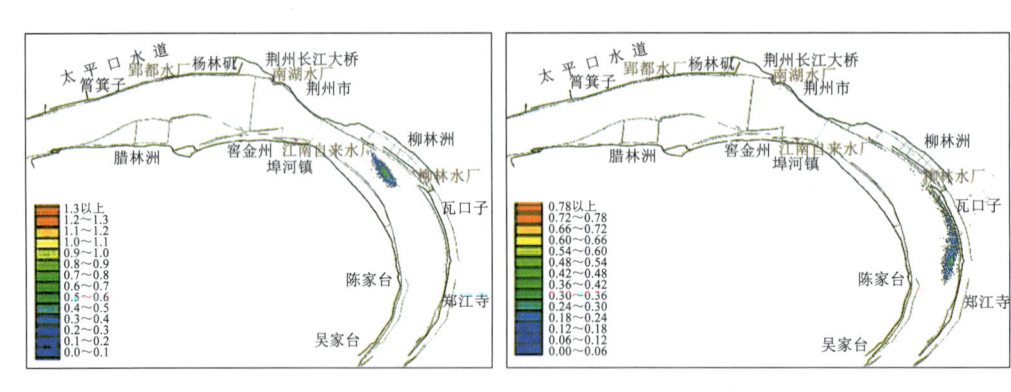

图 8.3.3　应急调度 NW 风向 3 h 油膜位置　　　图 8.3.4　应急调度 NW 风向 5 h 油膜位置

图 8.3.5　无调度 NW 风向 0.5 h 油膜位置

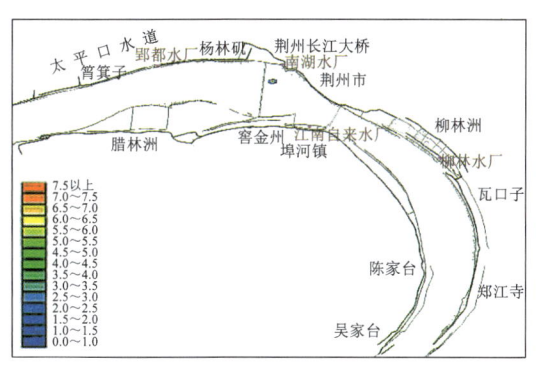

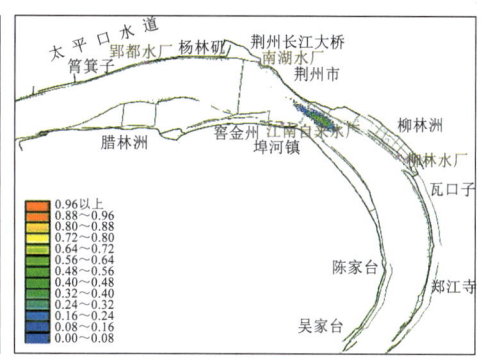

图 8.3.6　无调度 NW 风向 3 h 油膜位置

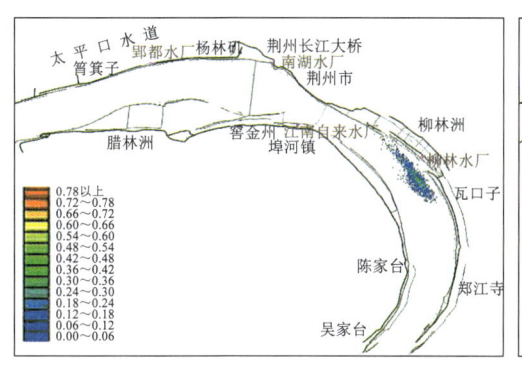

图 8.3.7　无调度 NW 风向 6 h 油膜位置

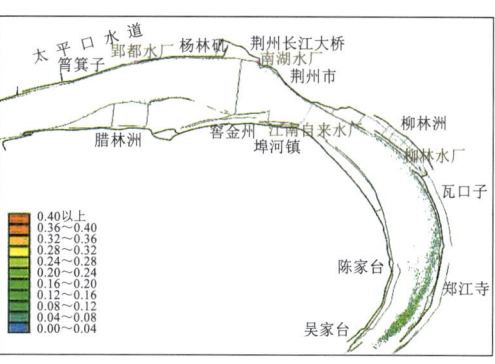

图 8.3.8　无调度 NW 风向 10 h 油膜位置